激光无线能量传输技术

金 科 周玮阳 著

科学出版社

北 京

内 容 简 介

本书较全面、系统地介绍了激光无线能量传输的基本理论、方法和一些应用。全书共 10 章,分别介绍了无线能量传输技术概述,激光无线能量传输技术基本原理及研究现状,激光器及其驱动技术,半导体激光器效率最优电流驱动技术,能量与信息复合传输技术,激光束整形、传输及跟瞄控制,光伏接收技术,激光辐照下光伏阵列全局最大功率跟踪技术,激光辐照下光伏阵列效率最优电气布局,系统功率优化控制策略等内容。本书内容丰富、论证严谨,特别注重基础理论的实用性和技术内容的先进性,不仅详细介绍了激光无线能量传输的理论知识,还较多地介绍了无线输电领域的新知识和新技术。

本书可作为理工类高等院校电气工程及其自动化专业的工具书和参考书,也可供相关专业技术人员及院校相关专业师生学习参考。

图书在版编目(CIP)数据

激光无线能量传输技术 / 金科,周玮阳著 . —北京:科学出版社,2022.6
ISBN 978-7-03-072458-8

Ⅰ.①激… Ⅱ.①金… ②周… Ⅲ.①激光-无线传输技术-能量传递-研究
Ⅳ.①TN24

中国版本图书馆 CIP 数据核字(2022)第 097642 号

责任编辑:周 涵 田轶静 / 责任校对:彭珍珍
责任印制:赵 博 / 封面设计:无极书装

科 学 出 版 社 出版
北京东黄城根北街 16 号
邮政编码:100717
http://www.sciencep.com
涿州市殷润文化传播有限公司印刷
科学出版社发行 各地新华书店经销
*
2022 年 6 月第 一 版 开本:720×1000 1/16
2024 年 4 月第二次印刷 印张:16 3/4
字数:336 000
定价:138.00 元
(如有印装质量问题,我社负责调换)

前　言

　　激光无线能量传输技术是一种新型的电能传输方式，它通过激光作为能量载体，利用光生伏特效应实现能量在自由空间中精准无线传输和智能化网络互联。相比于其他无线能量传输方式，激光无线能量传输技术具有传输距离远、功率密度高、电气隔离性良好的特点，特别适合为消费电子、通信及传感网络、工业机器人、无人机等移动用电场景提供灵活便捷和安全可靠的供电方式，具有非常广阔的发展前景，正受到越来越多的关注。

　　激光无线能量传输技术早在 20 世纪 70 年代就已伴随着激光器的发展被提出，但受限于当时激光器和光伏电池等器件效率低下的原因，激光无线能量传输技术发展较慢，难以实际应用。直到 21 世纪初，随着高功率激光器和高效率光伏电池技术的长足发展，激光无线能量传输技术再次受到关注。尽管如此，目前对于激光无线能量传输技术的研究仍处于探索阶段，可查阅的相关专业资料较少。这也让我和我的团队在 2013 年开始研究激光无线能量传输技术时只能通过新闻报道或者科技简报等有限的渠道获取相关技术信息，其间花费了大量时间去梳理和理解激光和光伏等相关技术内容，走了不少弯路。2018 年 6 月，我指导我的博士生完成了博士学位论文《激光无线电能传输系统关键技术研究》，但深感我们的研究还比较肤浅。经过近几年不间断的研究，我们对激光无线能量传输技术有了更深刻的理解，几经考虑，斗胆将我们的研究内容整理出版，奉献给从事激光无线能量传输技术的同行们，希望能起到抛砖引玉的作用，方便各位同行进行交流。我们也希望从事激光无线能量传输技术研究的各位前辈和同行批评指正，提出宝贵的意见和建议。

　　综合而言，激光无线能量传输技术是一门融合激光物理、光电技术和通信原理等学科的综合性功率变换技术。因此，本书主要从功率变换的角度去审视激光无线能量传输的全过程，重点围绕激光无线能量传输技术效率较低的瓶颈问题，介绍了激光发射、传输、接收以及系统功率控制等环节的效率优化理论和方法。希望能帮助读者从中得到一些有益的思路，并且举一反三，从而进一步丰富和发展激光无线能量传输技术。但由于当今激光无线能量传输技术的发展日新月异，作者的能力有限，不妥之处在所难免，欢迎广大读者批评指正。

　　本书共 10 章，第 1 章综合性地介绍了各类无线能量传输技术及其特点；第 2 章系统地介绍了激光无线能量传输技术的基本原理和国内外研究现状；第 3 章讨论了适合进行激光无线能量传输的激光器的特点及其驱动技术；第 4 章针对半导体激光器提出了优化其效率的方法并加以验证；第 5 章根据激光是能量和信息良好的综合载体的特点，试探性地提出了激光式能量与信息复合传输技术，以拓展激光无线能量传输系统的功能；第 6 章概述了激光束整形、传输以及跟瞄控制；第 7 章较全面地总结归纳了光伏阵列在不均匀辐照下的效率优化方法；第 8 章根据激光不均匀分布的特点，提出了激光辐照下光伏阵列全局最大功率跟踪技术；第 9 章对高斯激光能量分布进行线性化的基础上提出了激光辐照下光伏阵列电气布局优化设计的方法；第 10 章分析了激光无线能量传输系统整体的效率特性，并提出了一种系统功率优化控制策略。

本书是基于我和我的学生近年来的研究成果撰写的，这些学生是：周玮阳博士以及姜丽、檀瑞安、张冉和杨天乙等硕士，他们的努力付出丰富了本书的内容。南京航空航天大学刘福鑫教授、方天治教授、任小永教授在本书编写过程中提出了很多宝贵的建议和帮助，在此表示衷心的感谢！博士生杨晨、丁剑英、李星，硕士生胡欢、王雪、姜冬冬、汤继茂、周豆敏、江月欣等认真校阅了全部书稿，感谢他们的付出。

南京航空航天大学阮新波教授对本书相关研究工作提出了很多前瞻性建言，发挥了引领启发作用，对本书有不可磨灭的贡献，在此对其远见卓识致以崇高的敬意！

本书研究工作得到了国家自然科学基金面上项目（批准号 51377080）、江苏省自然科学基金杰出青年基金项目（BK20130036）的支持，特此致谢！

作　者

2022 年 5 月

目　　录

第1章 无线能量传输技术概述

1.1 无线能量传输技术的优势

能源的利用贯穿于人类文明进步的全过程。自 19 世纪第二次工业革命发明了发电机和电动机以来，人类文明进入高速发展的电气时代，电力被广泛应用在交通、通信、国防和工业生产等多个方面，极大地改变了我们的生产和生活方式，是推动社会发展不可或缺的力量。

随着社会的进步和科技的发展，人们对供电方式的可靠性和灵活性提出了更高的要求。然而，目前传统接触式供电方式（即通过金属导线进行物理连接供电的方式）在诸多应用领域的不足已逐渐显现，比如：

（1）存在安全隐患。在轨道交通（如电力机车和轻轨等）供电领域，传统的通过受电弓或滚轮从导轨上滑动或滚动取电的方式，易出现刮弓和意外触电等安全隐患。在矿井和油田等有爆炸危险的场合，金属触点易产生火花，引起爆炸和火灾等安全性问题。

（2）移动灵活性差。在移动设备（电动汽车和便携式电子设备等）供电领域，采用传统接触式供电方式向移动设备供电时，为满足物理接触，需要较多的附加设备（如各种杂乱交织的电源线和适配器），给用电设备的使用带来了很多的不便。

（3）限制用电设备在特殊场合的应用。在植入式医疗设备、高电位监测传感器和航空航天器供电领域，受限于特殊的场合，用电设备无法直接通过有线的供电方式获得充足的电力供应。此时一般需采用蓄电池进行供电，而有限的电池容量和更换电池带来的不便，极大地限制了这些设备的运行和使用。

在上述情况下，传统接触式供电方式安全性、移动性和适用性差的问题日益突出，人们迫切需要采用新的供电技术来摆脱电缆的束缚。因此，无线能量传输（wireless power transfer，WPT）技术受到了越来越多的关注，该技术用电磁场、微波和激光等空间能量载体代替了传统的金属导体，实现了能量的无直接电气接触的传输，弥补了传统能量传输方式的不足。与传统接触式供电方式相比，无线能量传输技术具备以下显著特点[1-5]。

（1）移动灵活：实现了"源"和"载"之间无直接物理接触的电气连接，从而使得用电设备能够摆脱电缆的束缚，提高了其在空间移动的自由度。

（2）安全可靠：由于无线能量传输技术取消了供电接口，避免了线路机械磨损和接触火花等问题，从而降低了触电、火灾和爆炸的风险。

（3）使用方便：由于摆脱了传统接触式供电中导体直接接触的牵绊与限制，避免了布线凌乱的问题，即插即用的特性可减少人工操作，实现智能控制。

由于无线能量传输技术的突出优点，近十几年来，以电磁感应方式为主的短距离无线能量传输技术取得了长足的进步，并逐渐应用到电动汽车、消费电子和医疗电子等产品的无线供电中。Research and Markets 的研究报告显示，预计到 2027 年，市场规模将达到 530 亿美元[6]。随着无线能量传输技术的不断发展和成熟，一些新技术和新应用逐渐被引入，这使得无线能量传输技术不再局限于单一的实现方式，变得更加纷呈多样。其中，以激光和微波方式为代表的远距离无线能量传输技术开始受到关注，尽管这些技术尚处于探索研究阶段，但在遥感监测、国防工业、空间科学研究、太空能源利用等领域具有广阔的应用前景，因此，研究和发展无线能量传输技术，实现小功率到大功率、远距离到近距离不同应用场合下的能量传输，具有重要的战略及现实意义。

1.2　无线能量传输技术的分类

如图 1.1 所示，按照能量传输机理的不同，现有无线能量传输技术主要可以分为以下四类：超声波式、电场耦合式、磁场耦合式和电磁辐射式[7-10]。其中磁场耦合式主要包括电磁感应式和谐振耦合式，电磁辐射式主要包括微波式和激光

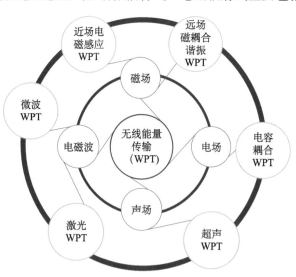

图 1.1　无线能量传输技术的分类

式。在这些方式中，磁场耦合式技术最为成熟，而电场耦合式和电磁辐射式目前仍处于研究阶段。下面将分别介绍这几类无线能量传输方式。

1.2.1　超声波式

超声波式无线能量传输（ultrasonic wireless power transfer，USWPT）技术是通过两个相隔一定距离的换能器之间产生的超声波（频率大于 20kHz 的声波）来实现能量无线传输的技术，属于近场无线能量传输技术[11]。超声波式无线能量传输系统的典型结构如图 1.2 所示。该系统主要由四部分组成：超声电源、超声波发射换能器、超声波接收换能器和接收电路。

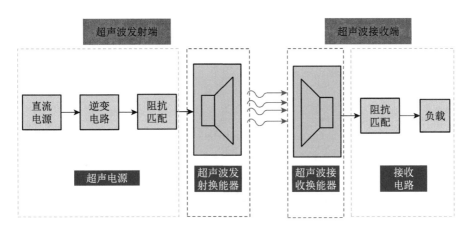

图 1.2　超声波式无线能量传输系统结构

系统工作时，发射端的超声电源将直流电压转换成与发射换能器固有频率一致的正弦交流电压。匹配电路则具有实现阻抗变换、提高电路输出效率的作用，从而实现发射换能器的机电共振，将超声波发射到介质中去。在超声波接收端，接收换能器将超声波转换成交流电，通过接收电路变换后提供给负载。

超声波可以在任何介质中传播，无电磁干扰，且定向性好，因此适用于金属密闭场合，如心脏起搏器、电子耳蜗、体内微型诊疗机器人等人体植入设备，以及核潜艇、核反应堆、压力容器等军工设备。尽管 USWPT 技术在特定领域具有广泛的应用前景，但围绕它的研究仍然处于初级阶段，以下将主要从超声波产生、接收和整体传输特性等方面，对 USWPT 技术的基本原理和特点进行概述。

1. 超声波换能器

超声波换能器有很多种类，如压电换能器、磁致伸缩换能器、机械性换能器等，其中压电换能器因其转换效率高、价格低廉、不需要极化电源、易于加工成型等优点，被广泛应用于超声波式无线能量传输系统中。

压电换能器主要利用压电材料的压电效应来实现电能和机械能之间的转换。压电效应包括正压电效应和逆压电效应，正压电效应是指当压电材料在某一特定方向上经受外力发生变形时，在内部会产生极化现象，并在材料的两个相对表面上出现与外力大小成正比且极性相反的电荷，改变外力方向时电荷极性也随之改变，去掉外力后，材料恢复不带电状态。逆压电效应是指在压电材料极化方向上施加一定的电荷时，压电材料会发生形变。逆压电效应可以将电能转换成超声波，正压电效应可以将超声波转换成电能。

压电换能器在谐振频率处的等效电路模型如图 1.3（a）所示，其中 C_p 为静态电容，所在支路为并联支路或静态支路，L_e 为动态电感，C_e 为动态电容，R 为机械损耗动态电阻 R_e 和负载电阻 R_L 的和，负载电阻大小由介质决定，所在支路为串联支路或动态支路。串联支路和并联谐振支路的谐振频率 f_s 和 f_p 可分别表示为[12]

$$f_s = \frac{1}{2\pi\sqrt{L_e C_e}} \tag{1.1}$$

$$f_p = \frac{1}{2\pi}\sqrt{\frac{C_e + C_p}{L_e C_e C_p}} \tag{1.2}$$

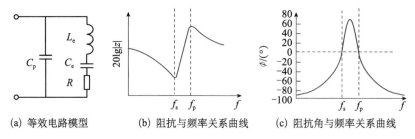

(a) 等效电路模型　　(b) 阻抗与频率关系曲线　　(c) 阻抗角与频率关系曲线

图 1.3　压电换能器等效电路及特性曲线图

当换能器机械阻抗较小时，可用串联谐振频率 f_s 和并联谐振频率 f_p 代替谐振频率 f_r 和反谐振频率 f_a，f_r 和 f_a 是指使换能器两端电压和流经电流同相的频率点。

从图 1.3（a）的等效电路模型中可得到频率与等效阻抗和阻抗角的关系曲线，分别如图 1.3（b）和（c）所示。从图 1.3（b）中可以看出，在串联谐振频率 f_s 处，换能器等效阻抗呈现最小值；在并联谐振频率 f_p 处，换能器等效阻抗呈现最大值。从图 1.3（c）中可以看出，当工作频率低于串联谐振频率 f_s 时，阻抗角为负，对外表现阻抗特性为容性；当工作频率处于串联谐振频率 f_s 和并联谐振频率 f_p 之间时，阻抗角为正，阻抗特性变为感性；当工作频率超过并联谐振频率 f_p 时，阻抗角又由正变为负，阻抗特性从感性又变为容性。因此，为减小机械损耗和无功功率，一般希望换能器工作在谐振频率处。

2. 超声电源

超声电源主要由逆变电路和阻抗匹配两部分构成。常用的逆变电路有全桥、半桥和推挽逆变等。

压电换能器工作时常呈现容性状态或者感性状态，因此需要通过阻抗匹配网络，对这部分容性阻抗或感性阻抗进行补偿，使换能器对外表现为纯阻性，以减小无功损耗，提高能量传输效率。常用的阻抗匹配网络有串联电感匹配、并联电感匹配、串联电容匹配、并联电容匹配、LC 匹配、LCC 匹配、LCL 匹配等[11,13]。文献 [14] 中采用的是如图 1.4 所示的串联电感匹配的方式。当串联电感匹配时，总的等效输入阻抗 Z_{in} 可表示为

$$Z_{\mathrm{in}}=\frac{R_{\mathrm{e}}}{1+(\omega_{\mathrm{s}}C_{\mathrm{p}}R_{\mathrm{e}})^{2}}+\mathrm{j}\left(\omega_{\mathrm{s}}L-\frac{\omega_{\mathrm{s}}C_{\mathrm{p}}R_{\mathrm{e}}^{2}}{1+(\omega_{\mathrm{s}}C_{\mathrm{p}}R_{\mathrm{e}})^{2}}\right) \tag{1.3}$$

其中 $\omega_{\mathrm{s}}=2\pi f_{\mathrm{s}}$，令 Z_{in} 虚部为零，则匹配后总的阻抗特性呈阻性，可得

$$L=\frac{C_{\mathrm{p}}R_{\mathrm{e}}^{2}}{1+(\omega_{\mathrm{s}}C_{\mathrm{p}}R_{\mathrm{e}})^{2}} \tag{1.4}$$

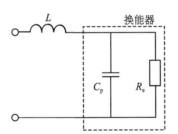

图 1.4　串联电感匹配等效电路

3. 超声电源频率跟踪控制

由于换能器特性参数容易受环境温度、老化等外部因素影响而发生变化，所以上述静态匹配电路不能始终实现超声电源与换能器的阻抗匹配，当外界环境变化时，超声波发射端的工作状态会偏离初始设计的效率最优状态，造成发射端效率的下降，因而也会影响整体工作效率。因此必须对超声电源输出电压的频率进行控制，使得其能与换能器的谐振频率相等。目前超声电源频率跟踪控制方案主要有：电流控制方案、功率控制方案和相位控制方案[14-16]。

电流控制方案：对整流输出端直流母线上的电流采样，再由数字信号处理（digital signal processing，DSP）控制软件搜索最大电流值对应的频率。换能器在谐振状态时超声波电源输出电流的有效值达到最大，同时直流母线上的电流也达到最大值，控制器通过变换开关频率搜索电流最大值，并把电源的频率调谐到谐振频率上。电流控制方案原理简单、易于实现，但频率跟踪精度较低，动态响应速度较慢，对电流波形质量要求较高。

功率控制方案：对负载的电压和电流进行采样，再通过乘法器得到功率信号。换能器在谐振状态时电源的输出功率达到最大，控制器通过变换开关频率搜索最大功率信号，并把电源的频率调谐到谐振频率上。功率控制方案也具有原理简单、易于实现的优点，但也存在着频率跟踪精度较低、动态响应速度较慢、对电压和电流波形质量要求较高的缺点。

相位控制方案：对负载的电压和电流进行采样，将二者转换成方波信号后进行相位分析比较，得到电压和电流的相位差信息。由于谐振时电压和电流的相位差为零，所以通过鉴别电压和电流相位的超前或滞后关系来调整开关频率，直至二者相位差减小为零。相位控制方案，其负载电压和电流波形的质量对采样没有影响，精度较高，且频率跟踪速度快，同时，硬件电路具有带通滤波性能，不会发生误跟踪，但也存在硬件电路比较烦琐的缺点。

锁相环是实现相位控制的关键技术，通常有模拟锁相环（APLL）和数字锁相环（DPLL）两种形式。模拟锁相环是以模拟电路实现相位差的鉴别、滤波和频率变换消除相位差等功能的，应用在超声电源的控制电路组成框图如图 1.5 所示。随着电子技术的发展，各种高性能的专用芯片大量涌现，于是各种复杂模拟电路的结构得到了简化，同时性能也在大幅提高，常用的锁相控制芯片如 CD4046 和 NE560 等。但是模拟电路有着一些固有的缺陷，比如，外围器件参数精度不高、调试困难、温度漂移，以及元件老化等，而且模拟电路的开放性较差，不利于功能的升级。

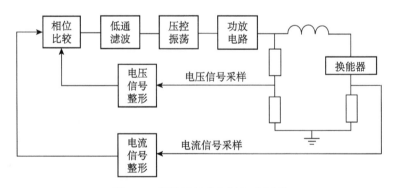

图 1.5　模拟锁相式电源组成框图

数字锁相环以数字电路代替模拟电路，不仅减少了各种元器件的数目，而且通过修改软件结构就可以实现多种控制方案，提高了系统的可靠性和可维护性，并便于系统的升级。近些年来，全数字化的锁相环研究正逐步成为热点，并受到越来越多的重视和应用。数字锁相环的结构如图 1.6 所示。数字锁相环中的信号为离散的数字信号，当输入信号 $u_i(k)$ 与输出信号 $u_o(k)$ 之间存在相位差时，数字鉴相器（DPD）输出电压 $u_d(k)$ 的大小和相位差的大小呈比例关系，经过数字滤波器（DLPF）滤波后产生的电压 $u_a(k)$ 作用于数字压控振荡器（DVCO），直至二者相位差为零。数字锁相环常通过基于 DSP 的运算电路实现。

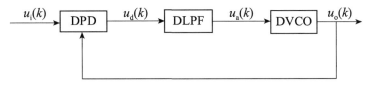

图 1.6　数字锁相式电源组成框图

4. 接收电路

超声波式无线能量传输系统的接收端主要包括两部分：接收换能器和接收电路。当换能器作为接收端使用时，其利用的是压电陶瓷的正压电效应，将接收到的超声波转换成同频率的交流电，此时换能器的等效电路如图 1.7 所示，此处 V_m 为电流控制电压源。

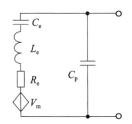

图 1.7　接收换能器等效电路模型

为使负载得到稳定的直流电压，需在阻抗匹配网络后加入整流电路和直直（DC/DC）变换器，其电路框图如图 1.8 所示[17,18]。接收端阻抗匹配与发射端阻抗匹配网络类似，可采用串联电感、并联电感等电感电容匹配方式，以减小电路无功损耗，提高传输效率。整流电路将接收到的正弦交流电转换为直流电，但此时直流电电压波动大，且大小不可控。整流电路后，直直变换器与之级联，将此直流电转换成负载所需要的稳定直流电压。

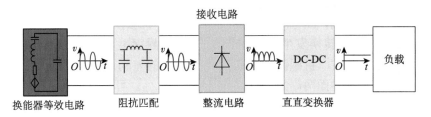

图 1.8　超声波接收端电路框图

整流电路有多种类型，如桥式整流（bridge rectifier）、半波整流（half-wave rectifier）、全波整流（full-wave rectifier）、倍流整流（current-doubler rectifier）等，因桥式整流电路简单可靠，是目前最常用的整流电路。直直变换器按输入与输出是否实现电气隔离，可分为非隔离型直直变换器与隔离型直直变换器两种类型，其中最基本的隔离型变换器有正激（forward）变换器、反激（flyback）变换器、推挽（push-pull）变换器、半桥（half-bridge）变换器、全桥（full-bridge）变换器等。隔离型变换器不仅实现了电气隔离的功能，还可以通过匹比实现变换电压的功能，多用于多路电压的输出。最基本的非隔离型直流变换器有六种单管变换器，包括 Buck 变换器、Boost 变换器、Buck-Boost 变换器、Cuk 变换器、Zeta 变换器和 SEPIC 变换器。其中 Buck 变换器为降压变换器，Boost 变换器为升压变换器，其他四个变换器均为升降压变换器。

5. 超声波无线输电效率分析

如图 1.2 所示，影响超声波式无线能量传输系统能量传输效率的主要因素有：发射换能器中电能-机械能-声能的转换效率，空气中声能-声能的传输效率，以及接收换能器中声能-机械能-电能的转换效率[19,20]。为实现能量的强耦合，应使接收换能器的各项参数等于发射换能器的参数，因此发射和接收换能器都需采用相同的压电材料，从而实现能量的共振。

影响换能器的电-机能量转换效率的因素包括：有效机电耦合系数、介电损耗和机械损耗。有效机电耦合系数是一个无量纲量，表示压电材料中电能和机械能能量转换的强弱，可由公式表示为

$$k_{\text{eff}}^2 = \frac{C_{\text{m}}}{C_{\text{o}} + C_{\text{m}}} \tag{1.5}$$

式中，C_{m} 和 C_{o} 分别是压电陶瓷的动态电容和并联钳位电容。可以看出，压电陶瓷的动态电容相对于并联钳位电容越大，电-机能量耦合的效率就越高。介电损耗则是考虑压电陶瓷作为电介质，在交变电场的作用下，由极化弛豫和漏电引起的损耗。这个损耗可用介电损耗电阻 R_{o} 表示，介电损耗可由公式表示为：$\tan\delta_{\text{e}} = 1/\omega C_{\text{o}} R_{\text{o}}$，这里，$\omega$ 为电场频率。机械损耗为压电陶瓷谐振时机械损耗的大小，反映了压电陶瓷振动时因克服内摩擦而消耗的能量，可表示为：$\tan\delta_{\text{m}} = 2\pi f_s C_{\text{m}} R_{\text{m}}$，这里，$f_s$、$C_{\text{m}}$、$R_{\text{m}}$ 分别是压电陶瓷的机械共振频率、机械支路的动态电容和机械损耗阻抗，可以发现，压电陶瓷振动的频率越高，机械损耗越大。

机械能-声能的转换发生在换能器的固-气分界面上。在不同介质的分界面上，垂直入射的声波（机械波和声波没有本质上的差别）会发生透射和反射现象，因此，假设分界面两侧的声阻抗分别为 Z_A 和 Z_B，可得反射和透射后质点的运动速度与入射质点速度的关系为

$$u_{\text{t}} = \frac{2Z_A}{Z_A + Z_B} u_{\text{i}}, \quad u_{\text{r}} = \frac{Z_B - Z_A}{Z_A + Z_B} u_{\text{i}} \tag{1.6}$$

式中，u 是质点振动的速度；i、r、t 分别代表入射、反射和透射的声波。结合声压的公式 $p=\rho cu$（其中，ρ、c、u 分别为介质的密度、介质中声波的传播速度和介质质点振动的速度）可以看出，声波通过固-气界面时，固、气两种介质的声阻抗越匹配，传输的效率越高。

分析空气中声能-声能的传输效率时，可由声波在空气中的衰减公式 $A_l= A_0 \times e^{-afl}$（其中，A_0、A_l 为发射端和接收端质点的振幅，l 为接收端与发射端的距离，f 为超声波频率，a 为衰减系数）看出，超声波的频率以及传输的距离是影响其在空气中的传输效率的主要因素。图 1.9 为接收换能器与发射换能器的声-电和电-声效率均为 75% 时，超声波输电效率与传输距离的曲线图。

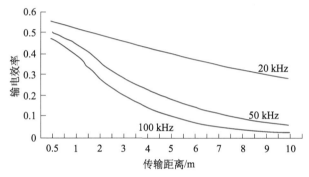

图 1.9　超声波输电效率与传输距离关系

由图 1.9 可以得出，在不同的频率下，超声波的输电效率随着距离的增加而逐渐下降；并且，输电使用的超声波频率越高，输电效率下降的速度越快；但由于频率与传输能量的平方成正比，所以在选择输电频率时，需要综合考虑所需的能量和效率。

1.2.2　电场耦合式

电场耦合式无线能量传输技术通过相隔一定距离的极板间产生的交互电场来实现能量的无线传输，属于近场无线能量传输技术[21-23]。电场耦合式无线能量传输系统的典型结构如图 1.10 所示，其中，发射极板和接收极板共同构成耦合机构；系统发射端由直流供电电源、高频逆变电路、补偿网络构成；系统接收端由整流电路以及用电负载组成。

系统中，直流供电电源可以由市电经整流后提供，也可以是蓄电池等直流电源。高频逆变电路可以是 E 类、半桥式、推挽式或全桥式逆变拓扑，其中电压型全桥式逆变电路最为普遍。由于系统中耦合电容较小，需要在高频下进行能量传输，所以输入的直流电能通过高频逆变电路变换成高频交变的电能。同时，该高频交变电能为后级电路实现谐振工作提供了必要的激励。补偿网络的作用主要是，与耦合电容进行谐振来提高极板间电压，并降低高频逆变电路输出的无功功

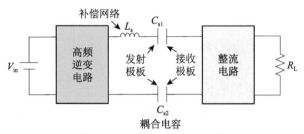

图 1.10　电场耦合式无线能量传输系统结构示意图

率。耦合机构主要由简易轻薄的铝板构成。整流电路的主要作用是将接收极板侧的高频交流电能转换为直流电能提供给负载使用。

电场耦合式无线能量传输系统的基本工作原理为：输入直流电能首先经由高频逆变电路产生高频交流电，然后，补偿网络（如图 1.10 中的电感 L_s）和耦合电容 C_{s1}、C_{s2} 进行谐振，为耦合电容提供所需的激励高电压，从而增强极板间交变电场强度，使得在较小的耦合电容上形成较大的位移电流，再经整流电路变换为负载提供所需的直流电能，即可实现能量在极板间的无线传输。

电场耦合作为同磁场耦合对偶的一种工作方式，相比于磁场耦合具有以下特点。

（1）系统耦合机构（即发射极板和接收极板）使用轻薄铝板，大大减少了系统的体积、质量和成本。由铝板构成的耦合机构，简易轻便并且形状不受限制，具有较好的柔韧性，同时成本较低；接收极板甚至可以设计成空腔结构，将接收端的电路集成到空腔内部，从而实现对封闭金属腔体内部用电设备的无线供电。

（2）当极板间存在金属物体时，耦合电场不会像磁场耦合式那样在其中产生涡流损耗，使得能量传输不受金属障碍物的影响。既能保证系统的安全运行又提高了传输效率。

（3）耦合电场基本上限制在极板之间，使得系统中的电磁干扰大大减小。

根据以上特点，电场耦合方式在诸如高速旋转轴承和植入式医疗设备等短距离（毫米及以下距离）的应用场合中具有显著的优势，因此近年来受到了越来越多的关注。对于图 1.10 所示的电场耦合式无线能量传输电路，通过耦合电容传输的功率可以表示为[24]

$$P = \omega C_s U_1 U_2 \sin\varphi_{21} \tag{1.7}$$

式中，C_s 为 C_{s1} 和 C_{s2} 串联后的等效耦合电容；U_1 和 U_2 分别为发射端和接收端两个极板间电压的有效值；φ_{21} 为电压 $\dot{U}_1$ 和 $\dot{U}_2$ 的相位差。

在中远距离场合（几十至几百毫米），由于传输距离的增加，耦合电容值骤降至皮法级别，使得传输功率难以提升至千瓦级别，因此，如何通过较小的耦合电容传输较大功率的能量是电场耦合式无线能量传输技术发展中需要解决的关键问题[25-28]。根据式（1.7）可知，在 C_s 较小的情况下，可以直接通过提高开关频率（可高达几十兆赫甚至百兆赫）的方式来保证系统较大功率的传输。也可以通过变压器升压或者引入补偿网络与耦合电容谐振等方式来提高极板上的电压（可达千伏级），从而提高系统的功率等级。还可以通过优化补偿网络来提高 $\sin\varphi_{21}$ 的值，从而提高传输功率。

图 1.11 给出了现有电场耦合式（ECPT）和磁场耦合式无线能量传输技术在传输功率、效率及距离方面的比较[29]。如图所示，磁场耦合式在较大输出功率和距离时具有明显优势，而电场耦合式则在小功率、近距离场合应用较多。但近年来，美国密歇根大学 Mi 教授对电场耦合式无线能量传输技术的进步作出了巨大贡献，其研究使得电场耦合式无线能量传输系统的传输距离和传输功率分别提高到了米级和千瓦级，同时保证了系统直流到直流 90% 以上的能量传输效率[30]。此外，系统还对极板间的偏移具有极强的鲁棒性，当两个极板的水平偏移距离为极板尺寸 1/2 时，无须调节开关频率和补偿网络参数，传输功率可维持在无偏移时的 90% 以上，并且效率仍达到 90% 以上。

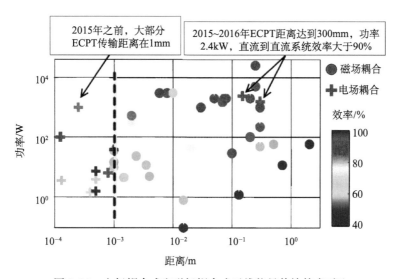

图 1.11　电场耦合式和磁场耦合式无线能量传输技术对比

目前，有关电场耦合无线能量传输的研究主要集中在以下几个方面。

1. 系统拓扑优化

由式（1.1）可知，电场耦合传递功率与谐振频率成正比。为了在提升系统工作频率（即提高系统输出功率）的同时保证较高的效率，就必须实现电力电子变换器的软开关。现有文献围绕四种高频逆变电路进行研究：E 类、半桥式、推挽式以及全桥式。

E 类放大器工作频率高,可实现零电压开关(zero voltage switching,ZVS),因此,基于 E 类放大器的电场耦合式无线能量传输谐振网络设计和调谐、E 类放大器的软开关条件等成为一个研究方向。

文献[31]~文献[33]将自激推挽变换器用于电场耦合式无线能量传输系统,分别围绕系统结构、全系统频闪映射模型、输出电压控制以及具体工程设计四个方面展开研究。其主要优点在于,驱动信号可以由主电路的振荡产生,省去了外部驱动,并且不需要外部控制和检测电路,可以自动实现零电压软开关。

而对于半桥和全桥逆变电路,其软开关实现条件和范围更为简明,将电路调谐至感性区域即可实现零电压开关,因此适合在大功率场合下应用。

文献[34]在 Cuk、Sepic、Zeta 和 Buck-Boost 四种经典 DC/DC 变换拓扑基础上,结合电场耦合式无线能量传输系统耦合机构的特征,提出了四种适用于千瓦级应用场合的单管式高频逆变器。在大功率应用场合中,相比于全桥式和半桥式逆变器,这种形式的单管逆变器的复杂度和开关损耗都得到了有效降低。然而,这类单管逆变器的设计需要结合谐振元件的参数,当系统的电路参数改变后,逆变器也要作相应变化。

综上,目前大多数电场耦合式无线能量传输系统中主要采用全桥式逆变器。

2. 耦合机构优化设计

在实际应用中,耦合机构的形式需要设计成相适应的几何形状以满足实际的空间要求。从耦合电极的形状来看,耦合机构可分为:平板式、圆环式、圆柱式、球式和阵列式[35],其结构示意图如图 1.12 所示。

如图 1.12(a)所示,平板式耦合机构是目前应用在电场耦合式无线能量传输系统中最基本和最广泛的耦合机构。这类耦合机构制作简易且成本较低,但极板在不同水平和角度偏移时,会导致极板间的耦合电容减小,交叉电容增大。另外,在中远距离的无线能量传输场合,发射与接收电极处于松耦合的状态,使得极板边缘和非耦合面的泄漏电场急剧增加。

因此,为了提高耦合机构的性能,目前对耦合机构的研究主要包括两个方面:①增大耦合电容;②增加偏移容差。

其中,在增大耦合电容方面有如下方法:①增加耦合极板的相对面积,在近距离应用中可通过增加极板的层数来实现;②减小发射接收极板间的距离,并填充高介电常数的电介质。文献[36]对比了现有多种电介质后得出,综合性能较好的介质为有机玻璃、陶瓷叠层和钛酸钡,并分别分析了三种材料的绝缘强度,以及对耦合强度和传输效率的影响。

在增加偏移容差方面,有两种常用的方法。一种是对极板的形状和尺寸参数进行优化。如图 1.12(b)和(c)所示的圆环式与圆柱式耦合机构,其主要用于发射端与接收端存在相对旋转运动的应用场合,如工业机器臂和油井钻杆等场

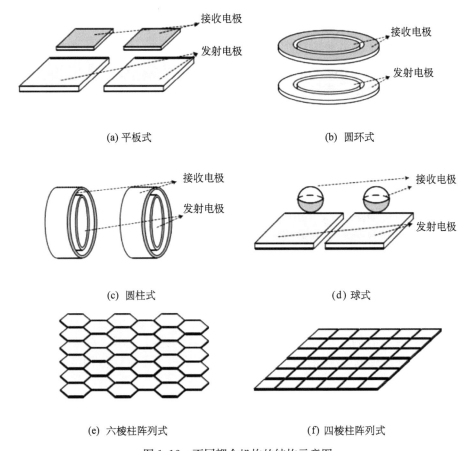

(a) 平板式　　　　　　　　　　　　　(b) 圆环式

(c) 圆柱式　　　　　　　　　　　　　(d) 球式

(e) 六棱柱阵列式　　　　　　　　　(f) 四棱柱阵列式

图 1.12　不同耦合机构的结构示意图

合。圆环式与圆柱式耦合机构的优点在于在紧密耦合条件下，可以保证绝大部分耦合电场处于极板之间，从而具有较好的电磁兼容性。而且，对于圆环式耦合结构，对其形状和尺寸参数进行优化，可以在面积一定时使耦合电容达到最大，并且允许发射电极与接收电极之间存在一定的错位，从而提高位置偏移时的冗余度。

　　另一种方法是采用如图 1.12（e）和（f）所示的阵列式耦合机构。这类耦合机构可以使接收电极在不同水平和角度偏移时，都可达到较一致的耦合电容。同时可以为多个负载供电，而且扩大了接收端的移动范围。由于六棱柱的对称轴要多于四棱柱，所以在平面错位以及旋转错位的冗余度上，六棱柱阵列式电极具有相对更好的性能。

　　而如图 1.12（d）所示的球式耦合机构主要应用在生物体内供电的场合[37]。在生物体内供电时，接收电路需要全方位供电，这就要求置于体内的电极不仅要选用轻薄的金属导体，而且还要制作成任意不规则的腔体结构。

3. 补偿网络优化设计

为了提供耦合机构所需的激励电压并提升传输效率，目前在大部分电场耦合式无线能量传输研究中都使用简单的电感串联补偿方式。文献［38］分析了不同结构的电感串联补偿方式对系统传输特性、输出电压以及机构错位冗余度的影响。除此之外，利用谐振网络来补偿也是较为多见的手段，目前主要有三种形式的谐振网络：二阶网络、三阶网络以及四阶网络。

文献［39］和文献［40］对基于二阶谐振网络的电场耦合式无线能量传输系统进行了研究。其中，文献［39］建立了基于并联 LC 谐振网络的电场耦合式无线能量传输系统的精确模型，并分析了软开关频率的分布特点。更进一步地，文献［40］针对传输距离120mm、频率6.78MHz、传输功率15W 的电场耦合式无线能量传输系统，分析了其多级 LC 补偿网络的电压增益和电流增益的表达式，以及系统利用多级网络补偿后的传输效率规律与最高效率点。

文献［41］和文献［42］中的电场耦合式无线能量传输系统都采用了三阶谐振网络。其中，文献［41］研究了 T-LCL 网络的谐振条件、输出电流增益，以及网络中两个电感的功率容量与电感值之比同频率的关系；从而有效地降低了补偿网络和耦合电容的无功，实现了在 100pF 耦合电容、1MHz 频率情况下，以80％的效率无线传输 25W 的功率。文献［42］给出了使得谐振网络具有纯阻性的参数设计方法。

文献［43］提出了一种基于四阶 LCLC 谐振网络的电场耦合式无线能量传输系统；研究了谐振网络的补偿能力和电压增益，分析了四阶谐振网络的工作原理以及耦合机构的等效电路，并在系统的传输特性基础之上给出了系统参数设计方法；通过所提出的 LCLC 补偿网络，在等效耦合电容仅有 18pF 的情况下，实现了 2.4kW、150～300mm 距离的无线能量传输，效率达到 90％以上。

综上可知，采用高阶谐振网络来构建电场耦合式无线能量传输系统可以获得较优的传输特性。采用二阶 LC 谐振网络可以将能量有效地传输给用电负载，而三阶谐振网络可获得较高的传输效率，并在一定条件下提高网络的输出电压或电流。四阶谐振网络具有扩增耦合机构传输距离的作用。

1.2.3 磁场耦合式

磁场耦合式无线能量传输技术是一种以高频交变磁场为载体，在中短距离下以较高效率传输较大功率的近场无线能量传输技术，其系统典型结构如图 1.13 所示[44,45]。

在该技术中，能量传输效率 η 与线圈间的耦合系数 k 及线圈的品质因数 Q 满足如下关系[46]：

$$\eta \propto kQ \tag{1.8}$$

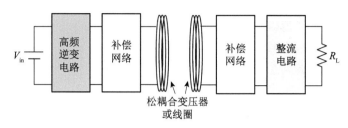

图 1.13 磁场耦合式无线能量传输系统结构示意图

由式（1.8）可知，线圈间的互感越大，线圈的品质因数越高，则系统传输效率越高。目前磁场耦合式无线能量传输技术主要包括电磁感应式和谐振耦合式。其中，电磁感应式主要依靠发射线圈与接收线圈的磁场耦合来传递能量，发射线圈与接收线圈间的磁场耦合程度决定了无线能量传输系统的性能，因此电磁感应式主要通过增大耦合系数 k 来提高传输效率[47]。而对于谐振耦合式，由于其耦合线圈距离较远，耦合系数 k 通常较小。但传输能量的大小不仅取决于磁场大小，还取决于磁场的变化率、频率，以及其他电参数，因此能量耦合程度与谐振频率、互感系数、品质因数等有关。所以，谐振耦合式主要通过提高线圈的品质因数 Q 来提高传输效率[48]。

综上，现有研究普遍认为，谐振耦合式无线能量传输是一种特殊（即具有高品质因数线圈）的电磁感应式无线能量传输。虽然从能量传输机理上来看，电磁感应式和谐振耦合式本质上相同（都是利用法拉第电磁感应原理来实现无线能量传输的），但在表现形式和实际应用上仍有所不同。

1. 电磁感应式

电磁感应式无线能量传输技术主要基于电磁感应定律，在较近距离条件下，当发射线圈通过高频交变电流时，所产生的磁通在接收线圈中产生感应电动势，从而将能量传输到负载，实现了能量的无线传输。目前电磁感应式无线能量传输技术已在消费电子、医疗设备和电动汽车等场合得到了广泛应用。

如图 1.14 所示的电磁感应式无线能量传输系统结构，其核心为松耦合变压器，发射线圈相当于变压器的一次侧，接收线圈相当于变压器的二次侧[49]。该松耦合变压器与传统变压器的区别如下。

（1）由于一次侧的发射线圈与二次侧的接收线圈之间存在较大的间隙，所以松耦合变压器磁路中的磁阻变大，励磁电感变小，从而导致磁芯磁化所需的励磁电流增大。而励磁电流的增加一方面会增大松耦合变压器的体积、质量，另一方面会降低松耦合变压器的效率。为了提高系统的能量传输效率和功率密度，松耦合变压器的一次侧就需要由高频电流激励，从而通过提高系统工作频率来提高整个系统的功率密度和能量传输效率。因此需要在松耦合变压器的一次侧加入高频逆变环节。

（2）松耦合变压器带来的另一个问题是：由于线圈间耦合系数低，其漏感较大。在系统工作过程中漏感上的分压较大，存储的能量较大，但这部分能量不能起到传输作用。因此，系统的功率传输能力受到限制。为减小漏感的影响，需在松耦合变压器两侧增加多元件谐振网络，对漏感进行补偿，使系统工作在输入零相角附近，以减小环流损耗、保证功率传输。

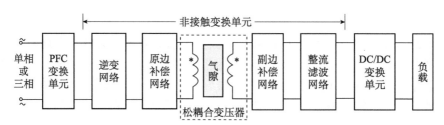

图 1.14　电磁感应式无线能量传输系统结构示意图

PFC. 功率因数校正器

电磁感应式无线能量传输技术是目前较为成熟的无线能量传输技术，其特点为：①工作频率较低，一般在几十千赫到几百千赫；②传输距离短，一般为十几厘米到几十厘米；③系统效率较高，在大功率、短距离的情况下效率可达 90% 左右；④对松耦合变压器原、副边的空间位置关系要求较高，如果存在错位现象，效率将急剧下降。目前，有关电磁感应式无线能量传输技术的研究，主要集中在以下几个方面。

1）提高变压器耦合能力

在电磁感应式无线能量传输系统中，由于松耦合变压器原、副边之间存在较大的气隙，所以其耦合系数一般在 0.01～0.5，从而制约了能量通过松耦合变换器进行传递的效率，因此松耦合变压器的设计是整个系统的关键。文献［50］指出，满载情况下，松耦合变压器的损耗占系统总损耗的 70% 以上。所以，要提高变压器的传输效率，须尽量增大变压器的耦合系数。目前，为了提高松耦合变压器在静态和动态下的耦合系数，多种结构的变压器被提出。

平面圆形结构：如图 1.15 所示，平面圆形结构的松耦合变压器是目前研究和应用得最广泛的变压器结构形式之一。文献［50］通过对该变压器进行研究指出，该变压器的耦合系数与磁芯中柱到边柱的距离 L_c 和气隙距离 g 的比值有关。L_c/g 越大，耦合系数越高，意味着变压器整体更加扁平。因此，在大气隙条件下，可以通过增加磁芯的尺寸以获得更高的耦合系数，但这种方式大大增加了系统的体积、质量。

螺线管结构：如图 1.16 所示，螺线管结构的松耦合变压器由矩形磁条相连

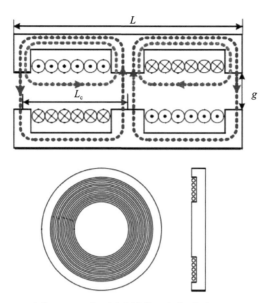

图 1.15　平面圆形结构的松耦合变压器

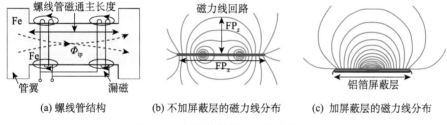

(a) 螺线管结构　　(b) 不加屏蔽层的磁力线分布　　(c) 加屏蔽层的磁力线分布

图 1.16　螺线管结构的松耦合变压器

的两个绕组线圈组成[51]。工作时，两个线圈分别形成正、负两个磁极区域，磁通沿磁芯从一端的正磁极区流向另一端的负磁极区。相比于平面圆形的松耦合变压器，螺线管结构增加了近一倍的磁通路径，即 L_c 增加了，从而使得变压器的耦合系数得到了提高。另外，对于螺线管结构，其基本的磁通路径高度 FP_z 大约是变压器长度 FP_x 的 $1/2$，这意味着，相比于同尺寸的平面圆形结构变压器，螺线管结构可以拥有更长的传输距离。

　　由于线圈绕组在绕制时是缠绕在磁芯上（双面绕制）的，所以原边激励产生磁力线的磁通路径是双面的，如图 1.16（b）所示。实际应用中，为了减小变压器磁通在其周围金属器件上产生的涡流损耗，通常需要在变压器的背面添加铝箔屏蔽层[52]，如图 1.16（c）所示。但是双向流通的磁通使得从板的正面穿出的磁通量与从板的背面穿出的磁通量相近，这意味着有相当一部分的传输能量会消耗在屏蔽层中，而不能传输至负载端。因此，加入屏蔽层会使负载品质因数下降，限制了非接触变压器的效率[53]。

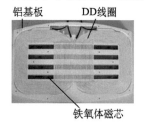

铝基板　　DD线圈

铁氧体磁芯

图 1.17　DD 变压器

DD 变压器如图 1.17 所示，文献［53］通过结合平面圆形和螺线管结构的松耦合变压器的优点，提出了一种双 D 绕组结构的松耦合变压器。DD 结构的变压器将两个用来产生正负磁极的线圈绕组（D 线圈）平铺在磁芯上方，利用磁芯实现磁屏蔽的作用，一方面实现磁力线单面流通，一方面可以减少能量的损耗。同时，DD 变压器具备螺线管变压器基本的磁通路径高度是变压器长度的 1/2 的优点，在大间距条件下也具有高耦合系数。但 DD 变压器与上述两种变压器一样，在原、副边磁芯发生偏移的时候，其耦合系数变化较大，会出现磁通相互抵消的情况，从而使得传输效率急剧下降。

针对 DD 变压器错位敏感度高的问题，文献［54］在 DD 变压器结构基础上通过在副边增加一个 Q 绕组来改善其横向错位性能，即如图 1.18 所示的 DDQ 变压器。由于 Q 绕组的引入，DDQ 变压器的有效充电区域（能够提供负载所需功率的原、副边最大的相对偏移面积）是平面圆形变压器的 2 倍。但 Q 绕组的加入使得 DDQ 变压器的质量和成本相应增加。

文献［55］在 DDQ 变压器的基础上提出了一种多极线圈结构的非接触变压器，即如图 1.19 所示的 BP 变压器。BP 变压器通过部分重叠两个 D 绕组的方式，使得其与 DDQ 变压器有相似的工作性能，而且能节省 25% 的用铜量，因此 BP 变压器成本较低，损耗更小，效率更高。

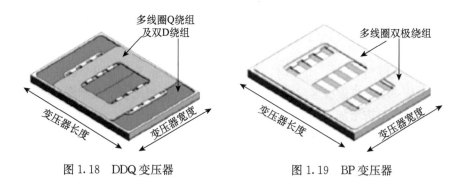

多线圈Q绕组
及双D绕组

多线圈双极绕组

变压器长度　　变压器宽度　　变压器长度　　变压器宽度

图 1.18　DDQ 变压器　　　　　　　图 1.19　BP 变压器

如上文所述，提高变压器耦合系数 k 是提高电磁感应式无线能量传输系统效率的关键，同时也是研究电磁感应式无线能量传输技术的难点[56-58]。目前，改变松耦合变压器磁芯（如使用 U 形或 S 形磁芯）和初次级绕组的几何形状、磁性材料以及相对位置（如采用分布式平面绕组结构）是提高变压器耦合能力的主要措施。此外，谐振频率、负载，以及逆变和整流电路效率也会影响电磁感应式无线能量传输系统效率。因此，频率调节和稳定技术、功率调节及负载匹配技术、补偿拓扑结构对系统效率的影响也是电磁感应式无线能量传输技术研究的重点。

2) 基本补偿网络

松耦合变压器较大的气隙导致其漏感较大，激磁感较小，从而影响能量的高效传输，为此需要在松耦合变压器的原、副边加入补偿网络对漏感和激磁感进行补偿。补偿的思想是基于谐振的概念来实现的，因此补偿网络一般由谐振电容构成，从而达到减小电路的无功负荷、保证电能传输的效率的目的。图 1.20 给出了四种最为基本的补偿网络，分别为串/串补偿、串/并补偿、并/串补偿以及并/并补偿。

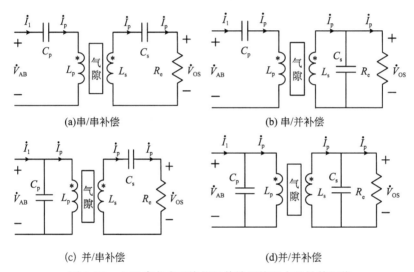

(a)串/串补偿　　　　　　　　　　　(b) 串/并补偿

(c) 并/串补偿　　　　　　　　　　　(d)并/并补偿

图 1.20　电磁感应式无线能量传输系统基本的补偿网络

在设计补偿网络时应首先保证谐振网络的输入电压和电流的相角在零附近。这样可以在减小电源伏安容量、增加系统传输功率的同时，实现前端逆变电路的软开关。基于此目标，文献 [59] 通过耦合电感模型分别对这四种基本补偿网络的设计进行了分析，得出了谐振网络实现单位功率因数的补偿电容取值公式，如表 1.1 所示。

表 1.1　四种基本补偿网络补偿电容取值

补偿网络	串/串补偿	串/并补偿	并/串补偿	并/并补偿
副边电容 C_s	$\dfrac{1}{\omega^2 L_s}$	$\dfrac{1}{\omega^2 L_s}$	$\dfrac{1}{\omega^2 L_s}$	$\dfrac{1}{\omega^2 L_s}$
原边电容 C_p	$\dfrac{1}{\omega^2 L_p}$	$\dfrac{1}{\omega^2 \left(L_p - \dfrac{M^2}{L_s}\right)}$	$\dfrac{L_p}{\dfrac{\omega^2 M^2}{R_e} + \omega^2 L_p^2}$	$\dfrac{L_p - \dfrac{M^2}{L_s}}{\left(\dfrac{R_e M^2}{L_s^2}\right) + \omega^2 \left(L_p - \dfrac{M^2}{L_s}\right)^2}$

从表 1.1 可知，副边补偿电容通常完全补偿变压器副边自感 L_s。对于并/串补偿以及并/并补偿，其原边电容的取值与负载 R_e 有关，即在不同负载条件下，需改变原边补偿电容值，从而限制了并/串补偿以及并/并补偿的应用。

此外，补偿网络在设计时还应考虑负载和变压器参数变化对输出的影响，需使系统输出在变参数条件下可靠易控。因此，表 1.2 给出了串/串补偿、串/并补偿的输出特性[60]。其中，L_{L1}、L_{L2} 分别为松耦合变压器的原、副边漏感，M 为松耦合变压器原、副边之间的互感，n 为松耦合变压器副边与原边匝数之比。

表 1.2 串/串和串/并补偿的输出特性

补偿方式	变负载下的输出特性	输出与负载无关的增益交点 ω_i	增益值	ω_i 处的输入阻抗
串/串	恒流	$\omega_i = \dfrac{1}{\sqrt{L_p C_p}} = \dfrac{1}{\sqrt{L_s C_s}}$	$\left\| \dfrac{I_2}{V_{AB}} \right\| = \dfrac{1}{\omega_i M}$	纯阻性
串/并	恒压	$\omega_i = \dfrac{1}{\sqrt{L_{L1} C_p}} = \dfrac{1}{\sqrt{L_{L2} C_s}}$	$\left\| \dfrac{V_{OS}}{V_{AB}} \right\| = n$	感性

从表 1.2 可知，对于串/串补偿网络，当变压器漏感与谐振电容完全谐振时，变换器具有的恒流输出特性与负载无关。而串/并补偿网络则具有恒压输出特性。

目前，除了上述四种基本补偿网络外，还有许多高阶补偿网络被提出，如串并/串和 LCL 网络等。但是实际变压器参数的变化往往会导致谐振变换器工作于非完全补偿条件下而影响输出特性，而对实际变参数条件下的系统整体性能优化的研究还较少。

3）控制方法

电磁感应式无线能量传输系统的控制方法与常规谐振变换器的类似，可以通过变频、调宽、锁相控制等方法对原边侧的逆变电路进行控制。对电磁感应式无线能量传输系统进行控制的主要目的是不仅要稳定输出电压或电流并保证系统高效率，而且还要保证在负载及松耦合变压器变参数条件下的可靠控制。

目前，PWM（脉宽调制）＋PLL（锁相控制）的控制策略是变换器在变参数条件下的一种有效控制方法。图 1.21 和图 1.22 分别给出了 PWM＋PLL 控制波形图及相应的控制框图[61]。

如图 1.22 所示，由电流互感器检测原边电流 i_1，送至控制电路，经过零比较器得到 i_1 的相位信息；同时将输出电压采样信号加至 PWM 控制芯片 Ucc3895 的电压反馈端，再将 PWM 芯片的输出驱动信号送至逻辑电路，得到一个反映变换器输入电压 v_s 相位信息的信号；将上述两个相位信号加至 PLL 控制芯片 CD4046 的两个输入端。当输入电压变高或负载减轻时，PWM 将使占空比减小，这意味着原边端口电压 v_s 脉宽变窄。由于 v_s 波形宽度变化时，其基波分量 v_{AB} 的幅值变化，但相位不变，若 v_{AB} 频率固定，则原边电流 i_1 相对 v_{AB} 的相位不变，所

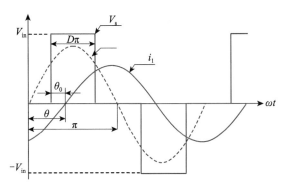

图 1.21　PWM+PLL 波形图

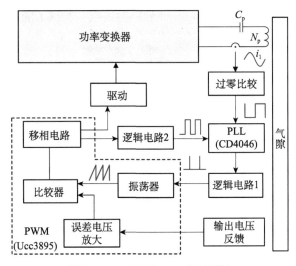

图 1.22　PWM+PLL 控制框图

以当占空比减小时，在开关转换时刻，v_s 的波形相对 i_1 的波形后移，即 θ_0 角度将减小，很容易丢失零电压软开关条件，影响变换效率。因此，为保持相位角 θ_0 不变，PLL 将输出更高频率的电压信号至 PWM 芯片的同步端，使变换器的工作频率升高，感性增强，则端口电压 v_s 和原边电流 i_1 之间的相位差 θ 增大，最终保持 θ_0 不变。占空比增大时也有同样的频率入锁结果。

尽管 PWM+PLL 控制可以适应参数变化，但是 PWM 环和 PLL 环路耦合，系统控制结构复杂，优化设计困难。锁相环还存在跟踪调节速度较慢、入锁困难、容易失锁等问题。简化控制策略，实现非接触变换器变参数条件下的快速和可靠控制，并保证变换器原边软开关和低环流成为非接触变换器控制需要解决的问题。

2. 谐振耦合式

谐振耦合式无线能量传输（magnetically-coupled resonant wireless power transfer，MCR-WPT）技术是利用两个或多个具有相同谐振频率及高品质因数的线圈，在共振激励条件下（发射线圈与接收线圈均工作于自谐振或谐振状态，其中激励频率等于绕组的固有谐振频率）将能量从发射端传输到接收端的技术。

目前，研究和应用得较多的谐振耦合式无线能量传输系统结构为如图 1.23 所示的两线圈和四线圈结构[62]。当谐振频率较低时，可采用如图 1.23（a）所示的两线圈结构。在两线圈结构中，发射端由发射线圈、电容和高频交流源串联构成；接收端由接收线圈、电容和负载串联构成。工作时，在共振激励条件下，发射线圈电感、接收线圈电感与各自串联的电容发生同频串联谐振，使得电磁能量在发射线圈与接收线圈之间交换，一部分供给负载，实现了能量的无线传输。

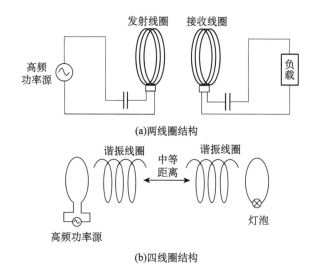

(a)两线圈结构

(b)四线圈结构

图 1.23　磁场耦合式无线能量传输系统结构示意图

谐振频率较高时（MHz）采用的是四线圈结构，如图 1.23（b）所示。四线圈结构为源阻抗匹配线圈、发射线圈、接收线圈和载阻抗匹配线圈。工作时，高频交流源首先激励源阻抗匹配线圈，使其产生的磁场在发射线圈中感应出电动势，在高频感应电动势的作用下发射线圈电感与其寄生电容发生串联谐振。进一步地，发射线圈产生的磁场耦合到接收线圈并产生感应电动势，在此感应电动势的作用下接收线圈电感与其寄生电容发生串联谐振，电磁能量在发射线圈和接收线圈之间交换，一部分通过负载阻抗匹配线圈供给负载，实现了能量的无线传输。

相比于电磁感应式无线能量传输技术，谐振耦合式无线能量传输有以下特点：①传输距离长，可达米级；②可同时向多个接收装置供电；③对收发线圈的错位敏感度小；④工作频率较高，可达 MHz 级。由于谐振耦合式无线能量传输的工作频率较高，所以系统中逆变电路的功率等级较难提升，因此谐振耦合式无线能量传输系统的功率等级通常比电磁感应式无线能量传输系统要小，若要应用于千瓦级的大功率场合仍需深入研究。目前，有关谐振耦合式无线能量传输技术的研究，主要集中在以下几个方面。

1）建模方法研究

尽管谐振耦合式无线能量传输和电磁感应式无线能量传输在能量传输方面具有相同的本质，但二者的表现形式却不尽相同。对于电磁感应式无线能量传输系统，由于其工作频率相对较低，所以松耦合变压器的等效电阻、自身谐振的频率及其寄生参数通常会被忽略，所以系统的等效模型可运用常规电路理论去分析。而在谐振耦合式无线能量传输系统中，由于工作频率较高，松耦合变压器的等效电阻、自身谐振频率及其寄生参数等对系统的输出特性影响较大，所以这些参数在建立系统模型时必须考虑，从而导致精确的谐振耦合式无线能量传输系统等效模型的建立较难。理论建模分析是理解谐振耦合式无线能量传输系统特性并对其进行优化设计的基础，因此，对谐振耦合式无线能量传输系统建模十分必要。目前谐振耦合式无线能量传输系统的建模方法主要包含耦合模理论建模、二端口网络建模以及电路理论建模三种[63]。

（1）耦合模理论建模。耦合模理论最早是由麻省理工学院（MIT）的研究人员提出的，用来解释谐振耦合式无线能量传输系统[64]。该理论是研究两个或者多个电磁波模式相互耦合规律的理论，其基本思想为，将一个复杂的耦合系统分解为一定数量的独立部分或单元，然后对各个部分之间的能量流动方程进行求解。由于谐振耦合式无线能量传输系统正是通过电磁波谐振耦合来进行能量传输的，所以，耦合模理论对于描述能量的建立与传输过程具有一定的合理性。虽然耦合模理论建模方法在能量流动方面具有一定的优势，但它不涉及无线能量传输系统具体的参数设计与获取，不能直观地对系统参数进行进一步优化。

（2）二端口网络建模。二端口网络理论是高频电子线路中常用的研究方法，只需利用输入和输出端口的参数即可完成电路的建模并对其特性进行分析[65]。如图 1.24 所示，对于一个谐振耦合式无线能量传输系统，通常将发射与接收线圈及其匹配电容看作二端口网络的内部元件。在高频状态时，可由传递函数推导得出二端口网络的 S 参数，并利用发射端至接收端的正向传输系数 S_{21} 来计算得到系统的传输效率。二端口网络建模方法可以使谐振耦合式无线能量传输系统外围电路的设计及负载特性的计算变得简洁明了。但对线圈参数的优化设计或参数变化的谐振耦合式无线能量传输系统而言，二端口网络建模方法的优势就不明显了。

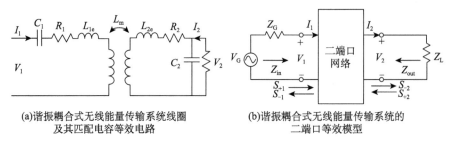

(a)谐振耦合式无线能量传输系统线圈　　　(b)谐振耦合式无线能量传输系统的
　　 及其匹配电容等效电路　　　　　　　　　　 二端口等效模型

图 1.24　谐振耦合式无线能量传输系统的二端口等效模型示意图

（3）电路理论建模。电路理论建模方法的核心思想是，通过计算发射线圈与接收线圈之间的互感，来建立输入和输出电气参数之间的关系，如输入/输出电流或功率等。图 1.25 为谐振耦合式无线能量传输系统的等效互感耦合模型示意图，基于该模型，运用基本的电路定理即可建立谐振耦合式无线能量传输系统的等效电路方程，从而可以得到各谐振线圈回路的等效电流与负载线圈电流，最终得到系统的整体效率与负载接收功率。比如，在共振状态下，系统传输效率为[66]

$$\eta = \frac{(\omega M)^2 R_{\mathrm{W}}}{(R_{\mathrm{D}}+R_{\mathrm{W}})+\left[R_{\mathrm{s}}(R_{\mathrm{D}}+R_{\mathrm{W}})+(\omega M)^2\right]} \tag{1.9}$$

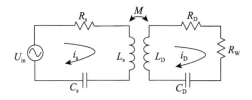

图 1.25　谐振耦合式无线能量传输系统的等效互感耦合模型示意图

根据对互感模型的分析可知，当系统中的线圈同时发生自谐振时，电抗为零，使得线圈回路的等效阻抗最低，因此传输功率最大，效率最高。由于互感模型在参数表现中与电路模型一致，其物理意义明确且易于理解与分析，其参数可以直接运用在系统的特性表达式的推导中。

2）补偿拓扑研究

由于谐振耦合式无线能量传输系统中发射线圈和接收线圈间距较远，耦合系数较小，所以其漏感较大而激磁电感较小，这样漏感上的损耗功率占较大比例，造成传输效率的下降。因此，同电磁感应式无线能量传输系统一样，为了提高传输功率和效率，必须对漏感和激磁电感进行补偿。由谐振耦合式无线能量传输系统的工作原理可知，实现系统能量传输的前提条件是收发线圈发生自谐振。因此，一般采用串联或并联电容的方式来补偿线圈的漏感。通过设定补偿电容的容值，可以在线圈自谐振频率不符合要求（线圈寄生电容很小、自谐振频率很高的情况）或两个线圈的自谐振频率相差较大时确定线圈谐振频率，以满足共振频率要求。

如图 1.26 所示，谐振耦合式无线能量传输系统的补偿电路结构与电磁感应式无线能量传输系统的补偿电路结构相近，按补偿电容在电路中的不同位置也可分为四种基本补偿方式：串/串补偿，串/并补偿、并/串补偿和并/并补偿。其中，串/串补偿的优点在于，其共振模态与传输距离和负载条件无关；而串/并补偿在距离改变时会给原边的调谐带来不便；并/并补偿为线圈本身的固有特性，因此在该状态下原、副边谐振频率偏高且不一致，且原边逆变器类型为电流源型，对实验设备要求较高。因此，串/串补偿结构在实际应用中被普遍采用[67]。

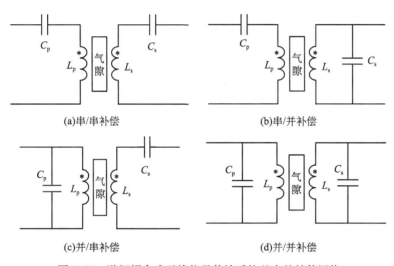

图 1.26　谐振耦合式无线能量传输系统基本的补偿网络

除了采用单一的电容进行补偿外，高阶的补偿网络也受到越来越多的关注，如 LCL 谐振补偿拓扑。当发射侧采用 LCL 谐振补偿拓扑时，在正常工作状况下，发射线圈具有恒流特性，其流过的电流与二次侧参数无关；同理，当接收侧采用 LCL 谐振补偿拓扑时，负载中流过的电流是一个恒定值[68]。

3）谐振线圈优化

谐振线圈作为谐振耦合式无线能量传输系统中关键的能量耦合器，对其结构的特性分析与优化，有利于系统传输效率、负载接收功率、传输距离等性能的提升。目前的研究中主要从以下两个方面对线圈进行优化设计。

（1）优化谐振线圈的本征参数，如形状、大小、空间结构、绕制匝数、匝间距、绕制材料等。如图 1.27 所示，根据谐振线圈结构形状的不同，谐振耦合式无线能量传输系统中的谐振线圈主要包括平面螺旋形线圈、球状螺旋形线圈和空间螺旋形线圈三种。

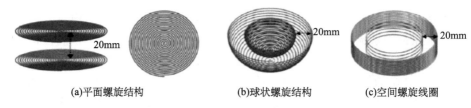

(a)平面螺旋结构　　　　　　　(b)球状螺旋结构　　　　　　　(c)空间螺旋线圈

图1.27　不同形状和结构的谐振线圈

　　针对以上三种线圈，文献［69］的研究表明，线圈的尺寸及结构不仅会影响耦合系数，而且还决定了线圈的谐振频率。线圈的结构决定磁路，因此，若发射线圈与接收线圈结构不统一，两个线圈之间就不能高效地通过磁通量。针对平面螺旋结构，文献［70］提出了其自身参数的优化方法，主要讨论了在负载不变的条件下，平面螺旋形线圈的内外圈半径、匝数、匝间距等参数对其自身电阻、匝间电容、互感系数的影响，并给出了优化过程中的约束条件。针对空间螺旋形线圈，文献［71］通过对其空间磁场的分析提出了空间螺旋形线圈的并绕优化方案。

　　（2）多谐振线圈组合的优化设计，比如，采用中继线圈延长传输距离、采用多发射线圈与多接收线圈的多相或多维结构优化等。

　　中继线圈延长传输距离：谐振耦合式无线能量传输系统的最大特点是定位自由度高，因此利用一个或者多个中继线圈可以有效地延长系统传输距离。文献［72］利用电路理论计算了多个中继线圈条件下的能量传输效率表达式，指出中继线圈可以增强耦合系数从而能够实现传输效率的提高，并分析了带有中继线圈的系统传输特性，发现系统原共振频率会因中继线圈的存在而产生偏移，且共振频率与多个线圈之间的距离有关，如图1.28（a）所示，最终实现通过8个中继线圈，将传输距离延长至2.1m外。

　　如图1.28（b）所示，文献［73］将中继线圈与发射线圈和接收线圈沿水平方向排列，而不是如图1.28（a）所示的垂直方向排列，从而在一平面上构成面积较大的线圈阵列。其目的在于向线圈中任一端的共振线圈供电，无论负载在线圈阵列的哪一处，电力都能通过共振线圈传至负载端。目前在3×3的线圈阵列中，对角的线圈间传输功率时，其对应效率在80%以上。

　　多相或多维结构优化：在实际应用中，发射线圈和接收线圈之间的位置具有任意性，而线圈之间相对位置的变化改变了线圈之间的互感，从而使系统的输出功率和传输效率在很大的范围内产生波动。为了改善发射线圈与接收线圈相对位置变化对传输特性的影响，可采用多个发射线圈或者多个接收线圈的多相或多维

(a)文献[72]中的中继线圈延长传输距离实验

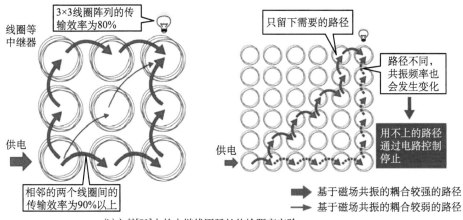

(b)文献[73]中的中继线圈延长传输距离实验

图 1.28　中继线圈延长传输距离实验

结构。

文献［74］利用如图 1.29 所示的正交线圈结构来实现空间各个方向上的能量的稳定传输。文中指出，当三相正交结构的发射线圈输入不对称的激励电流时，接收线圈只需采用单相结构即可实现系统稳定的传输效率。

如前文所述，高品质因数线圈是谐振耦合式无线能量传输系统高效传能的关键[75-77]。因此，尽管优化谐振线圈的方法多种多样，但其本质在于提高线圈的 Q 值、增强线圈间的耦合系数以及降低自身损耗等。

4）控制策略和频率跟踪技术

图 1.30 给出了谐振耦合式无线能量传输系统正向传输系数 S_{21}（表征系统传输效率）与工作频率和传输距离之间关系的曲线。从图中可知，当传输距离不断减小时，谐振耦合式无线能量传输系统将会从欠耦合状态向过耦合状态过渡，使

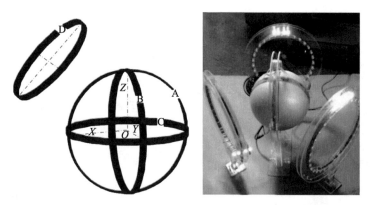

图 1.29　三维线圈结构的谐振耦合式无线能量传输系统

得系统效率最优的谐振频率分裂为两个极值点,即频率分裂现象。由于谐振耦合式无线能量传输系统的传输性能对工作频率特别敏感,当系统出现频率分裂的现象时,系统的工作频率会偏离最优的谐振频率,使得系统的传输效率与输出功率急剧衰减。所以需采用适当的频率跟踪技术来解决频率分裂带来的问题。

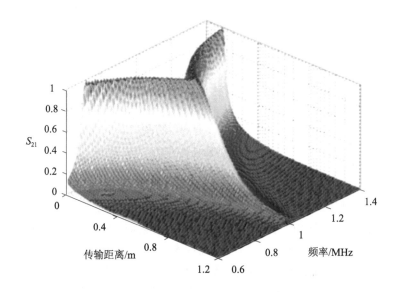

图 1.30　正向传输系数 S_{21} 与传输距离和工作频率间的相互影响关系

另外,尽管在中远距离不会出现频率分裂现象,但传输效率会随着距离的增加而不断衰减,因此需采用适当的优化手段来提升传输性能。目前,除了通过优化线圈自身参数(匝数、绕制方式、匝间距设计和材料等)来提升系统在中远距离下的传输性能外,还可采用提高线圈谐振频率来优化系统性能,即提高

线圈 Q 值（$Q=\omega L/R$）。但在实际应用中，当线圈的工作频率较高时，线圈的谐振频率易受其高频杂散电容的影响，导致系统的工作频率偏离线圈的谐振频率，从而影响系统的传输效率。因此，研究频率跟踪技术从而优化系统性能是十分必要的。

文献［78］对谐振耦合式无线能量传输系统的频率和功率的跟踪技术展开了研究，利用发射端和接收端的实时射频通信实现了 60cm 大间隙条件下的功率输出。文献［79］则应用互感模型对两线圈谐振耦合式无线能量传输系统的负载传输特性进行深入分析，得到了实现最大输出功率与最优效率的负载条件，并利用锁相环实现频率自动跟踪以满足实际调谐的需要。

1.2.4 电磁辐射式

1. 微波式

微波无线能量传输技术是利用微波（频率在 300MHz～300GHz 的电磁波）作为能量的载体实现远距离无线能量传输的技术，其系统结构框图如图 1.31 所示[80]。在微波无线能量传输系统中，微波功率源首先将电能转变为微波能量，并由发射天线向远端进行定向发射；然后微波能量经远距离自由空间传输后被整流天线捕获，并转换为直流电能提供给负载使用。

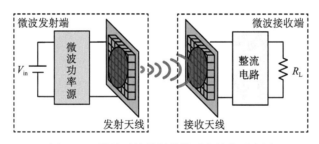

图 1.31 微波无线能量传输系统结构示意图

微波无线能量传输技术以其空间传输效率高、传输距离远（可达 km 级）、传输功率大（可达 MW 等级）等优点，在远距离、大功率能量传输场合（如空间太阳能电站、微波飞机、地面能量分配等场合）备受青睐。此外，微波无线能量传输技术在微型机器人、无线传感器以及环境能量回收等小功率场合（数瓦及以下功率）具有良好的发展势头。尽管微波无线能量传输技术应用前景广阔，但目前尚不够成熟，多为验证性的实验，例如，2003 年，法国在留尼汪岛成功进行了传输功率 10kW、传输距离 1km、微波频率 2.45GHz 的点对点微波无线供电实验[81]；2008 年，美国国家航空航天局在夏威夷实现了 20W 的微波能量无线传输，传输距离达到创纪录的 148km，但传输效率小于 10％[82]。

目前，较低的传输效率是限制微波无线能量传输技术发展的主要瓶颈[83-85]。为提高系统能量传输效率，目前国内外分别在大功率高效微波功率源、高效微波整流方式、大功率高效整流天线及其组阵技术和波束控制等方面进行了大量研究。此外，在实际应用中还必须考虑大功率微波对生物安全以及生态环境造成的负面影响。

1）微波功率源

目前，微波功率源主要有磁控管和固态功率放大器这两类。其中磁控管具有输出功率大、效率高和成本低的特点，但体积质量大、工作电压高。在 S 和 C 波段，磁控管的转换效率为 86%，相位控制磁控管效率为 65%～75%，其连续输出功率可达几千瓦。而固态功率放大器体积小，质量轻，微波输出功率和相位可调，从而有利于能量传输系统的小型化和集成化。但固态功率放大受限于固态器件的技术，目前其效率在 50%～70%，输出功率在几瓦到几十瓦，工作频率最高只有百兆左右。尽管如此，随着氮化镓（GaN）器件技术的逐渐成熟，固态功率放大器的效率、输出功率和工作频率将进一步提升，必将成为未来微波功率源的发展趋势之一。

功率放大器主要分为线性功率放大器和开关类功率放大器两种。其中线性功率放大器包括 A 类、B 类、AB 类等。线性功率放大器的晶体管工作于线性放大区，其输出失真较小，可以获得较好的输出线性度。然而，由于晶体管工作在线性放大区，其损耗较大，效率较低。开关类功率放大器主要包括 D 类、E 类、F 类以及 Φ 类等。开关类功率放大器的晶体管工作于开关状态，由于其工作时完全导通或者完全截止，其电压和电流波形没有交叠，所以理论上其工作效率可以达到 100%。下面将对常见的几种开关类功率放大器分别进行介绍。

（1）D 类功率放大器。D 类功率放大器的电路结构图如图 1.32 所示。D 类功率放大器的两个晶体管组成一个桥臂，两个桥臂互补驱动从而产生幅值为输入电压、占空比为 50%的方波。经过输出 LC 滤波网络，在负载得到只含有基波分量的高频正弦波。理想情况下，其效率能够达到 100%。同时，D 类功率放大器的晶体管电压应力较小，适合于较大功率场合。然而，由于其晶体管开关的非理想特性，所以电压或者电流存在严重拖尾而产生重叠，导致效率下降。同时，晶体管寄生电容等参数的影响限制了 D 类功率放大器的工作频率，因此其主要应用于较低频率（数兆赫以下）的应用场合，如 PWM 调制的数字音频功放，DC/DC 变换器等。

（2）E 类功率放大器。E 类功率放大器的电路结构图如图 1.33 所示。其中 L_c 为扼流电感，其感值较大，保证输入电流近似为恒定值。C_f 并联在晶体管两端，可以吸收晶体管的漏、源极寄生电容；串联电感 L_s 和串联电容 C_s 组成输出滤波网络，滤除晶体管漏、源极电压的高次谐波和直流分量；R_L 为负载电阻。

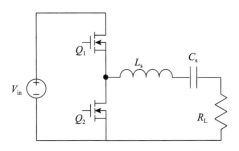

图 1.32　D 类功率放大器的电路结构图

通过合理设计 E 类功率放大器的谐振参数,可以实现晶体管导通电流和关断电压波形无重叠。同时,在晶体管导通瞬间,其所承受的电压变化率为零。因此,E 类功率放大器的效率可以达到 100%。相较于 D 类功率放大器,E 类功率放大器结构简单,成本较低;且其晶体管为共地驱动,驱动更为可靠安全。然而,E 类功率放大器依然存在以下不足:晶体管电压应力较大,理想情况下可以达到输入电压的 3.6 倍[86];输入电感为扼流电感,其感值较大,导致体积、质量较大,不利于系统集成。E 类功率放大器目前被广泛应用于通信、雷达等领域。

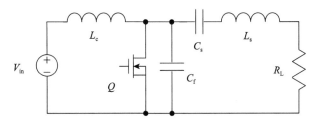

图 1.33　E 类功率放大器的电路结构图

(3) F 类功率放大器。F 类功率放大器采用了负载网络谐波控制的方法。设计负载网络在奇次谐波处呈现高阻抗,在偶次谐波处呈现低阻抗,从而在功率晶体管的漏、源极之间形成只含有奇次谐波的方波电压和只含有偶次谐波的正弦电流,从而使得理想 F 类功率放大器的电压和电流互不重叠,工作效率达到 100%。有研究表明,只对四次以及以下次谐波成分进行控制就可以达到 80% 以上的理论效率[87]。图 1.34 给出了经典的三次谐波 F 类功率放大器的电路结构图。跟 E 类功率放大器相比,F 类功率放大器晶体管的电压应力更低,且能够将电路的杂散电容、电感吸收到负载匹配的网络中。然而,其结构较为复杂,设计困难;且晶体管的输出电容不参与电路工作,影响电路工作状态。

(4) Φ 类功率放大器。Φ 类功率放大器的电路结构图如图 1.35 所示[88]。其是在 E 类功率放大器的输入端引入传输线网络,从而代替了输入扼流电感。该传

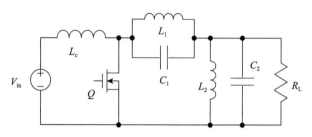

图 1.34　三次谐波 F 类功率放大器的电路结构图

输线网络对奇次谐波成分呈现高阻抗，对偶次谐波成分呈现低阻抗，从而将流过晶体管的电流整形为只含有偶次谐波的正弦波，漏、源极之间的电压被整形为只含有奇次谐波的方波。从而降低了晶体管的电压应力，减小了晶体管的开关损耗。与 F 类功率放大器相比，Φ 类功率放大器通过对输入端传输线网络的设计，实现了对流过晶体管的电流和晶体管漏、源极之间电压的整形。

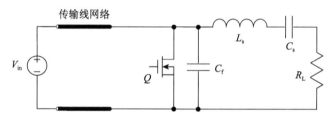

图 1.35　Φ 类功率放大器的电路结构图

与 F 类功率放大器类似，Φ 类功率放大器也存在传输线结构，所以同样存在设计困难等不足，因此有学者提出了 Φ2 类功率放大器，也称为 Φ2 类逆变器[89]。Φ2 类逆变器的电路结构图如图 1.36 所示。其中，L_f 为输入谐振电感，感值较小，体积、质量较小。L_{2f} 和 C_{2f} 组成的串联谐振支路谐振频率在两倍工作频率处，形成二次谐波陷阱。谐振电容 C_f 并联在晶体管两端，吸收晶体管漏、源极寄生电容。L_s 和 C_s 组成输出谐振网络。Φ2 类逆变器通过对谐振元件的合理设计，实现了晶体管漏、源极电压只含有基波和三次谐波成分，降低了电压应力，同时可以实现软开关，降低损耗。目前，Φ2 类逆变器广泛应用在超高频（very high frequency，VHF）功率变换器场合。

在目前常用的开关类功率放大器中，E 类功率放大器以其结构简单、设计方便等优点被广泛应用于通信、雷达等领域。然而 E 类功率放大器的晶体管电压应力较高，限制了其输出功率的提高，因此不适于微波无线能量传输的应用场合。相较于 E 类功率放大器，Φ2 类逆变器的电压应力大大降低，为较高功率输出提供了可能性，更加适合作为微波无线能量传输系统发射端功率变换器。

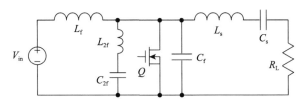

图 1.36　Φ2 类逆变器的电路结构图

2）微波发射天线

在大功率微波无线能量传输系统中，对微波发射天线主要考虑以下两方面。第一，高聚焦能力。一般要求微波无线能量传输系统发射天线辐射口径场的功率密度大约是通信系统的 4 倍。第二，微波能量的定向辐射。在一些实际应用中，要求对移动目标输能，这就需要发射天线具有定向功能。

微波的定向辐射原理是通过控制电磁波的相位使得电磁波在目标处电场强度同相叠加，在其他区域则相互抵消，从而实现微波的定向传输[90]。根据天线特性的不同，微波定向辐射的实现方式一般分为两种，分别是通过有特定辐射方向的天线（如抛物面天线）和通过相控阵天线实现微波的定向辐射。

如图 1.37（a）所示，抛物面天线利用天线的形状将射入的微波反射到焦点处。同理，当电磁波从焦点处射向天线表面时也会反射为平行波，通过调整天线口径方向即可控制微波的辐射方向。相控阵天线的天线阵元对于微波源可以等效看成是一个阻值为 50Ω 的负载。微波源产生的能量通过前级的移相器转换为相位不同的电压，然后通过各个天线阵元将微波能量辐射向自空间。当合理控制各个移相器的移相角时，可让微波在空间中一点同相叠加而在其他位置互相抵消，从而实现微波的定向辐射。相控阵天线具有输出功率高、效率高的优点，与抛物面天线相比，其辐射副瓣小，微波辐射定向性能强，但是系统复杂，成本高。

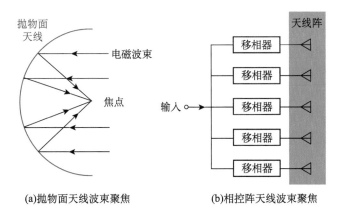

(a)抛物面天线波束聚焦　　　　　(b)相控阵天线波束聚焦

图 1.37　微波定向辐射的方式

3）整流天线

整流天线是微波无线能量传输系统的接收部件，由接收天线和整流电路组成，如图 1.38 所示。整流电路包括 LPF（低通滤波器）、整流二极管、直通滤波器和负载 R_L。

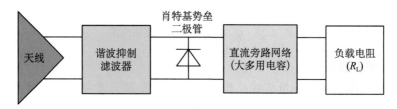

图 1.38   接收端整流变换单元结构框图

接收天线是整流天线的重要部件之一，考虑共形性，一般用平面印刷天线，高增益是保证高射频-直流（radio frequency-direct current，RF-DC）转换效率的前提。按照极化来分，接收天线有线极化、双极化和圆极化。发射天线是圆极化时，双极化天线接收的能量是单极化天线的两倍；圆极化接收天线无须极化对准，可以接收任意线极化波和旋向相同的圆极化波。常用的平面天线是印刷偶极子和微带贴片，前者增益稍高，后者容易实现圆极化工作。

LPF 的主要作用有三个：第一，让基频通过，阻止天线的其他频率分量进入整流电路；第二，反射二极管产生的高次谐波；第三，同时实现接收天线与滤波器之间的匹配。直通滤波器的作用是只让直流通过，将基频及基频以上的谐波反射回到整流二极管，一方面提高了输出直流的平稳度，另一方面将反射的 RF 能量再一次整流利用。

整流变换单元作为将空间接收到的能量转换成直流电能的重要部件，其效率将大大影响整体微波无线能量传输的效率。其中二极管整流电路的损耗占整流变换单元总损耗的绝大部分。此外，二极管整流电路的效率会随入射微波功率和负载阻抗的变化而变化[91]，因此该整流电路通常只能针对特定的输入微波功率和负载阻抗进行优化设计[92]。当外界环境变化时，整流电路的工作状态会偏离初始设计的效率最优状态，造成整流效率的下降，二极管的结电容也会随着二极管两端电压变化而变化，因而也会影响整体工作效率[93]。另外，二极管的非线性会在整流过程中产生谐波，这些谐波成分会通过天线辐射出去，降低整流效率。

接收端整流电路目前所采用的单二极管整流电路存在着输出功率低、转换效率低等问题。为此，需采用其他效率较高的整流电路。高频谐振整流电路主要包括 E 类整流电路及其衍生拓扑等。该类整流电路通常将二极管的结电容考虑在内，通过使得二极管结电容和前后级电感谐振来达到谐振开通和谐振关断的目的，从而有效减小二极管反向恢复，直至令其达到零电流关断（ZCS）的结果。

下面将对常见的几种高频谐振整流电路分别进行介绍。

（1）电压型 E 类整流电路。电压型 E 类整流电路的电路结构图如图 1.39 所示[94]。其中 L_R 为谐振电感，C_R 并联在二极管两端，可以吸收二极管的寄生电容，C_o 为输出滤波电容，减小输出负载上的电压纹波，R_L 为负载电阻。通过合理设计谐振电感与谐振电容的值，可以使得二极管能够通过谐振开通关断，减少整流期间的开关损耗。然而，电压型 E 类整流电路由于通过谐振实现软开关，二极管上的电压应力比起上述的低频整流而言将会较大，器件选择时将较为困难。电压型 E 类整流电路目前主要应用于超高频 DC/DC 中的后级整流电路，如若前级选择输出是电压型的，则可直接将该整流电路放在后级，而不需要中间再加一级匹配单元。

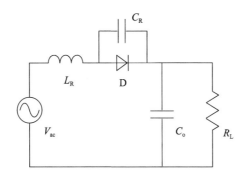

图 1.39　电压型 E 类整流电路的电路结构图

（2）电流型 E 类整流电路。电流型 E 类整流电路的电路结构与电压型类似，如图 1.40 所示[95]。与电压型 E 类整流电路的区别在于，输入是一个电流源，并且谐振电感并联在了输入两端。电流型和电压型的整流电路工作状态也十分类似，也是通过谐振电感和二极管两端电容谐振完成软开关过程的。但是电流型整流电路的谐振电感和二极管位置可以互换，因此，为了在低压大电流场合减小二极管的导通损耗，在使用同步整流拓扑时，电流型的同步整流管是与输入输出共地的，因而在设计驱动时可以大大简化其设计过程。

E 类整流电路拓扑简单，参与谐振元件少，能够有效地完成 RF-DC 整流过程，因而，无论是直接用作 RF-DC 整流，还是作为 DC/DC 变换器的后级整流电路，均可以高效地将交流电整流。

（3）电流型 DE 类整流电路。电流型 DE 类整流电路的电路基本结构如图 1.41 所示[96]。DE 类整流电路融合了 D 类和 E 类的特点，通过在 D 类整流电路中加入谐振元件，使得功率器件处于软开关的状态。由于 DE 类整流电路比 E 类的二极管要更多，因此它能够处理更大的交流功率，为了减小导通损耗，DE 类整流电路通常应用于高压低电流场合来规避二极管导通压降带来的损耗。

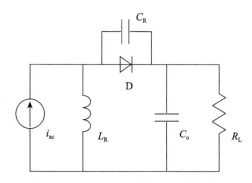

图 1.40　电流型 E 类整流电路结构图

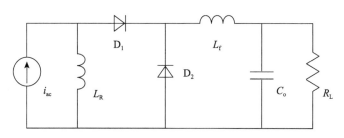

图 1.41　电流型 DE 类整流电路结构图

综上所述，高频谐振整流电路主要通过在电路结构中加入能够和功率整流器件寄生电容谐振的电感元件来减小功率整流器件的开关损耗，以达到能够在较高频率下高效整流的目的。

2. 激光式

激光无线能量传输技术是基于光生伏特效应，利用激光作为载体，在远距离条件下进行无线能量传输的技术。图 1.42 为激光无线能量传输系统结构框图，其工作原理是：发射端电网或储能单元中的电能经激光电源变换提供给激光器，激光器则将这些电能转换成激光并通过光学系统传输出去。然后，激光经自由空间传输后在接收端被光伏阵列捕获并转换回电能，并由光伏变换器变换提供给负载使用[97]。

激光无线能量传输技术具有能量密度高、方向性好、传输距离远和发射接收口径小（仅为微波无线能量传输系统的 10%）等优点，可为传感器、飞行器、航天器和太阳能空间电站等移动用电设备提供新的供能方式，从而使得这些设备的续航时间大幅提高[98,99]。

以无人机为例，由于无人机在生活、生产和军事等领域中表现出的灵活性、高效性和持续性的特点，成为各国关注发展的技术之一。但是无人机受自身携带

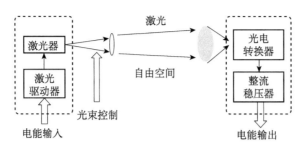

图 1.42　激光无线能量传输系统结构示意图

能量的限制,其续航时间普遍较短,不能充分发挥其效能。因此,各国都在积极发展长航时的无人机。传统通过增加自身携带能量来延长续航时间的方法,不仅会增加飞机的起飞质量,而且会减小有效的荷载能力。为此,未来长航时无人机必须在能量收集、高密度能量储存、高效推进系统和轻型结构等技术上实现突破。

通过十多年的发展,太阳能动力无人机是目前续航时间最长且最具发展前景的长航时无人机。其主要由太阳能发电获得飞行动力,再配合机上的储能装置,续航时间相比传统无人机更长。比如,太阳能动力无人机“Zephyr”的续航时间可长达 14 天。尽管太阳能动力无人机能实现长航时的飞行,但由于太阳光的能量密度较低,且机上限制了太阳能电池板的面积,所以太阳能所能提供的功率较小。因此,目前太阳能动力无人机的载荷普遍较小,执行任务比较单一。另外,由于太阳光的间歇性,夜晚太阳能动力无人机只能依靠机上的储能设备飞行,而这些储能设备往往占到整机总质量的 30%～40%,限制了长航时无人机的进一步发展。可见太阳光并非理想的能量来源。

为此,能量密度更高的激光被提出来,用以替代太阳光作为无人机新的能量来源。图 1.43 给出了无人机现有动力方式(即蓄电池、内燃机、燃料电池和太阳能)与激光动力方式在功率密度和能量密度上的比较[100]。从图中可知,激光照射到无人机的接收端上所产生能量的功率密度和能量密度远超现有动力方式的水平。根据美国 LaserMotive 公司的验证系统可知,激光动力的功率密度可高达 800W/kg,而小型无人机上的锂电池的功率密度只有 200～500W/kg。具体地,表 1.3 给出了在同一无人机平台下,使用太阳能动力和激光动力的无人机的性能参数对比。如表所示,相比于太阳能动力无人机,激光动力无人机一方面由于激光能量密度大,可大幅减少所需光伏电池的面积,从而有利于无人机的小型化;另一方面由于激光可实现不间断供电,从而大大减少了机载储能装置,进而可以提高有效载荷和动力装置质量,使飞机飞得更高更远,执行任务更加多样化。

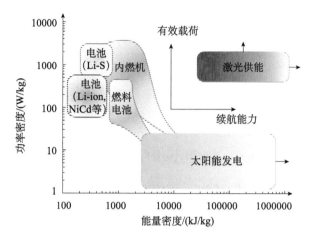

图 1.43　激光动力方式与现有无人机动力方式在能量密度和功率密度上的对比

表 1.3　同一无人机平台使用太阳能动力和激光动力的性能参数对比

参数	太阳能动力无人机 （以轻型无人机为实验平台）	激光动力无人机 （同一平台，激光代替太阳光）
机翼面积/m²	41.85	41.85
翼展/m	23	23
机身质量/kg	19.8	19.8
发动机质量/kg	0.8	0.8
发动机额定功率/W	700	700
光照强度/（W/m²）	50（平均值）	100
光伏电池质量/kg	8.1	4.1
光伏电池面积/m²	14	7.1
电池质量/kg	24	4
电池提供续航时间/h	12	2
有效载荷/kg	2	2
总质量/kg	54.7	30.7
最大飞行高度/m	21700	34300

据报道，美国 DARPA 将于 2019 年与"沉默猎鹰"无人机技术公司（Silent Falcon UAS Technologies）合作，开展"无处不在的能量补充——能量束投射演示"（SUPER PBD）的激光束驱动无人机项目。该项目旨在研制一种太阳能电池驱动、固定翼长航时无人机（翼展为 14ft（1ft＝0.3048m），长度为 7ft，质量约为 35lb（1lb＝0.4536kg），有效载荷 3kg），可利用激光束远程（激光传输距离 10km）补充能量。DARPA 将通过使用激光光源证明为飞行器远程充电的可行

性，飞行器无须降落即可补充能量，从而实现长时间连续飞行。

由此可见，在以无人机为代表的移动设备供电领域，远距离激光无线能量传输技术是一种新颖且具有发展潜力的供能方式。

目前，国内外都已开展了激光无线能量传输技术的相关研究，但受限于器件水平、大气环境和跟瞄精度等因素对系统能量传输效率的影响，该技术仍处于探索阶段。其中存在的关键技术问题如下所述。

1）大功率激光器及其光束控制技术

为实现远距离无线能量传输，激光器的选择需从激光波长、光束质量、输出功率等方面进行考虑。

首先，激光在大气中长距离传输时，会受大气环境吸收和散射的影响，使激光能量损失，从而影响传输距离和可靠性。其中，大气散射引起衰减主要是由于大气气体分子和悬浮在空中的灰尘、烟雾、水滴，以及雾、霾、雨和雪等的一次或多次散射。吸收激光的主要气体分子有 H_2O、CO_2、O_3（臭氧）分子；其他如 CH_4、N_2O、CO 等的吸收，在长距离传输时也要考虑。每一种气体分子均有若干吸收带，吸收带之间有较大透过率的波长区域称为大气窗口，主要有 $8\sim14\,\mu m$、$3\sim5\,\mu m$ 和 $1\sim2\,\mu m$ 三个窗口区。例如，在 $700\sim1100nm$ 波段，激光的大气透过率可以超过 85%（但在 $810\sim840nm$ 和 $890\sim990nm$ 波段有较强的水汽吸收，在 $950nm$ 处有较强的臭氧吸收）。此外，光伏电池的转换效率与激光波长相关，目前激光波长越长，其对应的光伏电池的理论转换效率越低。因此，在综合考虑大气衰减、光伏电池效率和激光器性能等方面后，目前在激光无线能量传输系统中普遍选择大功率的半导体激光器。

研究表明，目前大功率半导体激光器通过巴条（bar）的叠阵技术，已经可以达到万瓦级。每个巴条的功率是 $150\sim200W$，若干个巴条垂直或者水平叠层就会形成千瓦到万瓦级的功率输出。但是由于大功率半导体激光器采用巴条阵列集成来实现高功率激光输出和光束整合，而每个巴条单管发光面积约 $1\,\mu m\times150\,\mu m$，相邻单管之间距离约 $500\,\mu m$，且在平行于（慢轴）和垂直于（快轴）PN 结的两方向发散角相差很大（慢轴发散角 $\sim10°$，光场为多模高斯分布，快轴发散角 $\sim30°$，光场为基模高斯分布），且两个方向上光束束腰不在同一位置，存在固有像散。因此由若干个单管集成的一维条型和二维堆叠阵列半导体激光器，无论采用直接输出还是采用光纤输出的方式，其输出光束都存在均匀性差、发散角大的缺点，此类光束不能满足远程能量传输的要求，需要采用光学元件对半导体激光束进行整形处理。目前对条型或堆叠阵列大功率半导体激光器光束进行整形的研究，国内外有诸多新颖的整形理论和方法，如微透镜阵列整形、衍射光学元件（二元光学元件）整形、非球面透镜组整形、闪耀光栅阵列法整形、基于变形镜的激光束整形等，不同方法整形得到的激光束特性参数不同，分别用于不同领域，比如，作为泵浦源、照明光源、激光加工热源等，但针对用于远程能量传输方面的整形研究还鲜有报道。

此外，大气的相关因素，如风场、温度、湿度、能见度、光学湍流、气溶胶等会对激光束的传输有影响（造成光束的闪烁、弯曲、分裂、扩展、空间相干性降低、偏振状态起伏等），高强度激光与大气相互作用还可能出现非线性效应，这些都将破坏靶光斑的质量，从而使得激光能量传输受到影响。目前，有关激光在大气中传输方面的研究工作，大多是围绕着激光通信、激光制导和激光雷达、激光用于大气环境探测等方面开展的，比如，研究激光通过大气传播过程中，大气与激光相互作用产生的一系列线性与非线性效应，以及这些效应对激光传输的影响，了解与掌握激光大气传输规律，回避或尽可能地减小大气对激光传输的影响等，已积累了一些研究成果。这些研究成果虽不能直接用于远程激光输电技术，但它们在理论方面、技术层面提供了可借鉴的研究方法。

2）高效率光伏电池技术

将单色激光高效率转换成电能的光伏电池技术是激光无线能量传输系统中最核心的关键技术。但目前，光伏电池较低的光电转换效率是制约激光无线能量传输技术应用的主要问题。基于半导体器件结构的光电转换机理，激光照射下光电池的转换效率与入射激光波长、强度有关，在一定光强下，当入射光子的能量与光电池材料的带隙宽度匹配时，其光电转换效率明显高于太阳光下的转换效率。对于波长为 808nm 的半导体激光器，可采用以砷化镓（GaAs）为材料的光伏电池与其匹配使用。在完全理想的模型下，GaAs 激光电池的效率可达 70%～90%，但是由于半导体光电转换机理的限制，实际可达到的光电转换效率在 45%～65%。而目前实验上的光电转换效率大多在 50% 以下。如果激光器的电光转换效率为 60%，则经过激光电池输出能量的整体效率不足 30%，激光无线能量传输技术的实际应用优势和必要性会下降。

值得注意的是，由于单片光伏电池的输出电压较低，Si 激光电池的输出电压约为 0.6V，GaAs 激光电池约为 1V，难以满足实际工作的需要，因此须将多个电池单体连接成电池阵列使用。由于激光束本身能量分布的不均性和大气湍流对激光束能量分布的破坏，照射到光伏阵列上的激光能量分布均匀性较差，导致光伏阵列中各个光伏电池之间出现电气失配现象，使光伏阵列输出的全局峰值功率降低。这意味着光伏阵列整体的光电转换效率要远小于光伏电池单体的效率，即光伏电池单体的光电转换能力不能得到充分利用，从而进一步制约了激光无线能量传输系统整体效率的提升。因此，需要进一步开展激光辐射下高效率的光伏电池研究，深入研究结构设计、材料生长工艺以及器件工艺技术，进一步提升光伏电池的效率，使得面向无线传能需求的光伏电池效率达到 70%～80%。

在光伏电池的激光-电能转换过程中，由于其较低的光电转换效率，所以入射的激光能量大部分转化成热，消耗在光伏电池基板上，从而使得光伏阵列上的温度上升，不但光伏电池的输出性能变差，而且会造成热损伤或者影响其他部件，带来更多需要解决的问题。具体地，以 40cm×40cm 的光伏阵列为例，假设入射激光功率为 2kW，阵列光电转换效率按 35% 计算，其产生的热量为 1.3kW。如果这些热量通过翅片散热，在不加风扇散热的情况下，可以发现电池单体的最高温度超过 120℃。因此，在大功率能量传输场合，光伏阵列的热管理技术（解决光伏阵列热量耗散问题，使其工作在适宜温度范围内）是提高系统效率和安全性的关键技术之一。

与上述激光在自由空间中传输不同，基于光纤的激光无线能量传输技术则是利用光纤作为传输介质，可在不受大气环境影响的情况下将激光器产生的高功率激光传输至远端单元，然后采用光伏电池将激光转换为直流电，为远端负载供电。然而，在光纤激光无线能量传输技术中，由于光纤大大限制了系统能量传输的上限，所以该项技术适用于向传感网络和通信节点供电的小功率场合。在光纤传能领域，捷迪讯（JDSU）公司已推出了传输距离 500m、传输功率 1W 的光纤激光供电系统[101]。此外，在目前的研究报道中，采用特殊设计的传能光纤可以实现高达 60W 的激光功率传输[102]。

1.3　本章小结

表 1.4 给出了几种无线能量传输方式的主要特点。其中，超声波式和电场耦合式无线能量传输技术分别应用于短距离/小功率场合和短距离/中大功率场合，目前这两种技术尚不成熟且应用场合有限。磁场耦合式无线能量传输技术主要包括电磁感应式和电磁共振式，该技术相对成熟，具有传输功率大且效率较高的优点，但传输距离较短且移动灵活性较差，制约了该技术的进一步推广和应用。而电磁辐射式无线能量传输技术（主要包括微波式和激光式）传输距离远，移动灵活性好，具有向空间中任意一点传输任意等级功率的能力。

相比于微波无线能量传输技术，激光无线能量传输技术尽管会受到大气环境的影响，但由于激光方向性、单色性和高亮度的特点，适合为飞行器、卫星和深空探测器等移动设备或平台提供技术先进、应用灵活的能量获取手段。尤其是在军事领域，激光无线能量传输技术可为无人机进行远程非接触供电，在提高供电可靠性和安全性的同时突破了传统思维领域无人机续航时间的极限，从而大大提高了无人机的作战效能。同样，在生产生活中，如电力领域，激光无线能量传输技术是一种较新颖的面向电网监测传感器网络的供电技术，其突出优点是能量以光的形式进行传输，完全实现了高低压间的电隔离，且不易受电磁干扰的影响，可长期安全、可靠地供电。因此，对激光无线能量传输的关键技术进行研究，无论是在生产生活领域还是军事领域都具有重要的理论意义和实际应用价值。

表1.4 各无线能量传输技术实现方式的主要技术特点

	超声波式	电场耦合式	电磁感应式	电磁共振式	微波式	激光式
传输距离	短 （毫米级）	短 （毫米级）	短 （厘米级）	中 （米级）	远 （千米级）	远 （千米级）
功率等级	小 （瓦级）	中大 （百瓦～千瓦级）	大 （千瓦级）	中大 （百瓦～千瓦级）	大 （千瓦级）	中大 （百瓦～千瓦级）
传输效率	低 （5%～15%）	高 （70%～90%）	高 （70%～90%）	中 （40%～60%）	低 （20%～40%）	低 （10%～15%）
体积质量	小	小	中	中	大	小
受电端位置	相对静止 （收发线圈需精确对准）	相对静止 （收发线圈需精确对准）	相对静止 （收发线圈需精确对准）	移动性较好 （接收线圈可在一定范围移动）	相对静止 （设备体积质量大，移动性差）	移动灵活性好 （可为快速移动目标供电）
典型应用场合	医疗设备、压力容器	植入式医疗设备	电动汽车充电站	便携式充电设备	空间电站	无人机、卫星等移动设备

第 2 章　激光无线能量传输技术基本原理及研究现状

从工作机理上来看，激光无线能量传输系统与常见的光伏发电系统本质上相同，都是利用半导体 PN 结的光生伏特效应来工作的。但由于激光的单色性和高能量密度特性，激光无线能量传输系统与光伏发电系统在实现和应用上具有较大的差异，比如，普通太阳能电池不能直接应用在单色激光辐照的场合。因此，本章将对激光能量传输的基本原则进行总结归纳，并重点介绍激光无线能量传输技术领域对激光器和光伏电池所提出的要求，以及目前激光无线能量传输系统存在的关键问题。

2.1　激光无线能量传输基本原理

2.1.1　激光无线能量传输系统对激光器的约束条件

在激光无线能量传输系统中，为了实现大功率、远距离的无线能量传输，激光器的输出光功率不仅要足够大，还需要选择合适的激光波长和较好的光束质量。其中激光波长的选择决定了激光的大气传输效率和光伏电池的输出特性，而光束质量最终反映了激光经远距离空间传输后辐照在光伏阵列上的能量密度。

1. 激光无线能量传输系统对激光波长的要求

激光在大气中传输时会由于大气折射、湍流，以及大气分子和气溶胶吸收、散射等，使部分激光能量被散射而偏离原来的传播方向，部分能量被吸收而转变为其他形式的能量，从而影响了激光在大气中的传输效率，进而限制了激光无线能量传输系统的传输距离和传输功率。如图 2.1 所示，激光的大气传输效率与激光波长密切相关，因此在选择激光器时，应首先考虑其波长是否在传输效率较高的光谱段内[103]。

从图 2.1 中可以看出，虽然激光在 3～4 μm 和 8～13 μm 波段内具有较高的大气传输效率，但是相应波长的激光器技术目前尚不够成熟，其电光转换效率还比较低。因此，在综合考虑激光大气传输效率和相应激光器效率的情况下，目前在激光无线能量传输系统中一般选择波长在 780～1100nm 范围内的激光器，如图 2.1 中虚线区域所示[104]。

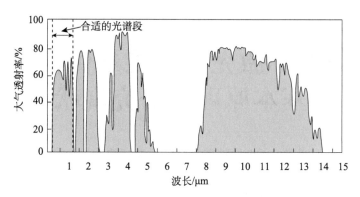

图 2.1   不同波长的激光在大气中的传输效率

2. 激光无线能量传输系统对光束质量的要求

在激光无线能量传输系统中，传输能量的多少与激光传输到光伏阵列上的功率密度 Φ 有关。理论上，为体现激光能量传输的高能量密度的优势，Φ 应尽可能地大于 $1000\mathrm{W/m^2}$。而光伏阵列上的激光功率密度不仅与激光输出功率有关，还与激光束质量有关。然而，随着激光器功率的增加，其输出光束的质量不断下降，从而会影响接收端的激光功率密度，降低光伏阵列的光-电转换效率，进而影响系统总体传输效率，并且制约了系统能量传输的距离。因此，在激光无线能量传输系统中应平衡激光器输出功率和光束质量之间的关系，选择合适的高亮度、大功率激光器。

假设激光经过距离 L 照射到接收端光伏阵列上的功率密度为 Φ，则有[105]

$$\Phi=\frac{R_{\mathrm{source}}A_{\mathrm{source}}\eta_{\mathrm{tran}}}{L^2} \tag{2.1}$$

式中，A_{source} 为出射光束的截面积，即激光光学发射系统中光学镜头的面积；η_{tran} 为激光的大气传输效率；R_{source} 为激光辐射亮度（单位：$\mathrm{W/(sr\cdot m^2)}$），其大小反映了光束质量的优劣，对激光器来说，其激光辐射亮度 R_{source} 可由以下公式得到：

$$R_{\mathrm{source}}=\frac{P}{\lambda^2 B_x B_y} \tag{2.2}$$

式中，P 为激光功率；λ 为激光波长；B_x，B_y 为反映光束质量的无量纲数。

明显地，式（2.1）给出了激光器光束质量、激光传输距离和激光功率密度这三者之间的具体关系。对一个实际的激光无线能量传输系统来说，若已知其中两个变量，那么根据式（2.1）就能获得第三个变量的约束条件。例如，假设在理想情况下，激光大气传输效率 $\eta_{\mathrm{tran}}=1$，若要设计一个传输距离 $L=1\mathrm{km}$ 的激光无线能量传输系统（根据实际需求，Φ 至少要大于 $1000\mathrm{W/m^2}$），那么根据式

(2.1) 可知，$R_{source}A_{source}$ 应满足如下条件：

$$R_{source}A_{source} \geqslant 1 \times 10^9 \qquad (2.3)$$

假设光学镜头的直径为 1m（$A_{source} \approx 0.8m^2$），则在该激光无线能量传输系统中应选择 $R_{source} > 1.25 \times 10^9 W/(sr \cdot m^2)$ 的激光器。表 2.1 给出了目前常见激光器的辐射率，由表可知，即使是亮度较差的半导体激光器，其辐射率理论上也能满足激光能量传输 1km 的要求。

表 2.1　不同类型激光器的性能参数

类型	波长/nm	效率	辐射率 $R_{source}/[W/(sr \cdot m^2)]$
半导体激光（10kW）	850	50%	1×10^{10}
光纤激光器（20kW）	1060	25%	1.4×10^{13}
薄片激光器（25kW）	1060	25%	2.4×10^{15}
二极管泵浦碱金属蒸气激光器（48W）	795	25%～40%	6×10^{15}

2.1.2　激光无线能量传输系统对光伏电池的约束条件

在激光无线能量传输系统中，光伏电池是最核心的器件，其光-电转换效率对系统总体效率有着重要的影响。光伏电池发展至今已有 100 多种不同材料（如常见的 Si 和 GaAs 电池）、不同结构（如单结和多结电池）的光伏电池被提出，这些光伏电池因材料和结构的不同，其工作特性和应用场合存在着很大的差异。

目前常见的光伏电池（如单晶硅或多晶硅太阳能电池）主要应用于太阳能光伏发电场合，其转换效率通常在 20%～30%。在这类光伏电池中，由于不同半导体材料对不同波长的光的吸收能力不同，因此需通过设计多个不同半导体材料叠层的多结结构来拓展电池的响应光谱范围，从而使得电池对广谱光源的太阳光具有良好的吸收能力。然而，由于构成这类电池的不同半导体材料是串联组合在一起的，所以在单一波长的激光辐照下，只会有某一种材料对激光敏感，而其他不敏感的材料反而会成为负载，消耗光生功率，从而使得这类多结光伏电池对激光不敏感。因此，在激光辐照下需要研究具有特定结构的单结光伏电池来吸收单色激光能量。

此外，根据如图 2.2 所示的光伏电池光谱响应特性可知，不同光伏材料吸收单色激光的能力与其入射激光波长有关，每种材料都有其对应的吸收峰值波长。因此在激光能量传输的场合，为了保证光伏电池的光-电转换效率，所选择的光伏电池材料需与入射激光波长相匹配。但是，目前这种适合应用于激光场合下的商用单结光伏电池较少，多数还处于实验研究阶段。

表 2.2 给出了不同材料的单结光伏电池在激光辐照下的特性对比。其中，Si 电池成本较低且应用广泛，对 950nm 左右的激光敏感，但光-电转换效率较低。

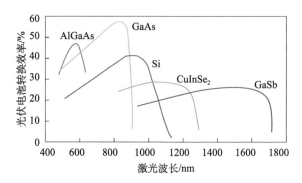

图 2.2　不同材料的光伏电池的光谱响应特性

而且，950nm 的激光在大气传输中效率较低。因此，Si 电池并不适合应用在激光无线能量传输系统中。而 InGaAs/InP、InGaP 和 CIS 这类单结电池的峰值响应波长大于 1000nm，适合与大功率、高亮度的泵浦固体激光器配合使用，而且该波段的激光在大气中传输损耗较小，因此这类电池具有一定的应用前景。但是，目前该类电池所能承受的激光功率密度普遍较小，且效率仍有待提高。

表 2.2　不同材料光伏电池的特性对比

材料	吸收峰值波长/nm	效率/%	辐照光强/(kW/m²)
		40.4	60
GaAs	810	53.4	430
		60	110
Si	950	28	110
InGaAs/InP	>1000	40.6	2.37
InGaP	>1000	40	2.6
CIS	>1000	19.7	10

　　单结 GaAs 电池对波长为 810nm 左右的激光具有较高的转换效率，且具有良好的温度特性和抗辐射特性，是目前研究的热点。相比于由上述材料所构成的光伏电池，GaAs 电池可在辐照强度高达 $100\sim400\mathrm{kW/m^2}$ 的情况下高效工作，其电-光转换效率可达 $40\%\sim60\%$，因此被广泛应用在激光无线能量传输系统中[106-109]。但目前 GaAs 电池成本较高，不适合大规模应用。

　　对于以上所有光伏电池，在入射激光功率密度较大时，电池温度会相应升高，从而导致转换效率下降。因此在实际应用中必须对光伏阵列采取必要的散热措施。

　　综上，光伏电池的最佳选择是基于选定的激光工作波长，设计能够承受高功率激光辐照的高性能光伏电池。

2.2　激光无线能量传输系统典型架构

从文献［110］～［119］对激光无线能量传输系统的研究中可知，目前激光无线能量传输系统结构简单且单一，其通用结构如图 2.3 所示，主要由发射端的激光器和激光电源，以及接收端的光伏阵列和光伏变换器组成。在目前的研究中，主要通过优化激光器和光伏阵列的效率，并从中选择高效可靠的器件来提高系统的总体效率。

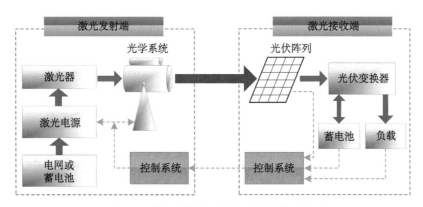

图 2.3　激光无线能量传输系统结构示意图

2.2.1　激光器和光伏电池的选择

根据上文可知，在激光无线能量传输系统中，激光器和光伏电池在效率方面存在着相互的影响，进而决定了系统总体效率理论最大值的上限（即系统电-光-电最大转换能力的大小）。因此，为使系统总体效率的理论最大值尽可能大，在选择转换效率较高的激光-光伏电池组合时应注意以下两点：①激光器的波长应与光伏电池的吸收波长峰值相匹配；②光伏电池应能承受高功率密度的激光辐照。

如表 2.1 所示，半导体激光器和固体激光器（薄片激光器和光纤激光器均属于固体激光器）因其在输出功率和光束质量方面的优势，成为适合应用于激光无线能量传输系统的激光器。其中，半导体激光器现有技术水平如表 2.3 所示，由于半导体激光器的工作波长可为 850nm，所以适合与单结 GaAs 光伏电池匹配，从而使得系统具有较高的电-光-电转换效率。而固体激光器的工作波长大于1000nm，从光伏电池材料对激光波长响应的角度来分析，固体激光器不适合与常见的 Si 和 GaAs 单结光伏电池进行匹配，而需与诸如硒铟铜（copper indium selenide，CIS）或铟镓砷（indium gallium arsenide，InGaAs）等光伏电池组合使用。而这类光伏电池一方面缺少成熟的产品、价格昂贵，另一方面光-电转换效率还比较低，如 CIS 光伏电池对 1060nm 激光的转换效率只有 17%～20%。

表 2.3　半导体激光器现有技术水平

	厂商或研究院	波长/nm	功率/W	类型	效率/%
商业产品	DILAS 公司	808	900	模块	59
		976	1200	模块	48
	nLight 公司	915	220	模块	43
	IPG 公司	976	1500	模块	<60
实验室研究	nLight 公司	795，808	50	巴条	70
	JDSU 公司	940	100	巴条	76
	FBH 研究院	808	80	巴条	70

综上，半导体激光器与泵浦固体激光器对激光无线能量传输系统特性影响的对比如表 2.4 所示，泵浦固体激光器具有更大的功率和更高的亮度，适合大功率、远距离的无线能量传输；但半导体激光器和单结 GaAs 电池的组合在效率上更具优势，适合应用在短距离、中小功率的验证系统中，是目前激光无线能量传输系统中研究及使用得较为广泛的激光器和光伏电池组合。

表 2.4　半导体激光器与固体激光器对激光无线能量传输系统特性影响的对比

激光器类型	激光波长	激光器效率	光伏电池类型	光伏电池效率	传输距离
半导体激光器，10kW	850nm	50%	GaAs	50%	<10km
固体激光器，20kW	1060nm	25%	CIS	17%	<100km

2.2.2　激光电源

根据上文可知，由于半导体激光器的效率优势，其被广泛应用在激光无线能量传输系统中，因此本节将针对半导体激光器的驱动电源进行介绍。

半导体激光器是一种电流注入型器件，因此其对输入电流的质量有着较高的要求，不适当的电流输入很容易造成器件的损坏。所以，为了保证半导体激光器的安全使用，对其输入电流质量提出了较高的要求：①输入电流稳定度要高且电流纹波要小，否则会影响激光器的输出光功率和光束质量，从而危及器件的安全使用；②必须防止瞬时电流/电压的冲击，否则会影响半导体激光器的性能和寿命。根据上述半导体激光器特性，一般要求激光电源为电流源，并且具有很小的电流纹波系数（一般小于 5%）。

为了满足半导体激光器对电流纹波的严苛要求，在中、小功率场合（百瓦级以下），一般采用如图 2.4 所示的线性电源作为半导体激光器的驱动电源[120]。图中线性电源虽然具有结构简单、输出电流纹波小、动态响应好的特点，但在大功率场合下效率很低，需要较大的散热器，不利于电源功率密度的提升。

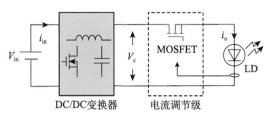

图 2.4　半导体激光器线性驱动电源结构

而在千瓦级的大功率场合，半导体激光器驱动电源一般采用效率更高的开关电源，但对于所有开关电源来说都存在输出电流纹波的问题。因此如图 2.5 所示，在开关电源（通常为 Buck 类变换器，如 Buck、双管正激等变换器）的输出端引入高阶滤波器，是常见的半导体激光器驱动电源架构。但高阶滤波器不仅设计复杂、体积质量大，而且会影响电源的动态特性[121]。为此，文献［122］采用交错并联结构来减小半导体激光器的输入电流纹波，这种方式虽然可以达到简化输出滤波器的目的，但电源结构及控制较复杂，而且输出电流纹波的大小与占空比有关（对于 n 相交错并联结构，只有在占空比 $D＝(n-1)/n, \cdots, 2/n, 1/n$ 时，输出电流纹波才为零），并不能很好地在全输出范围内实现低纹波甚至零纹波的要求。

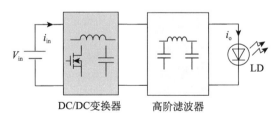

图 2.5　典型半导体激光器开关驱动电源结构

因此，为了在满足低纹波的同时提高电源功率密度，文献［123］和［124］通过有源纹波补偿电路来抑制电流纹波，其典型电路结构如图 2.6 所示。图中有源补偿方式主要通过 MOSFET 或三极管来实现，补偿电路通过采样电源输出电流或电感电流纹波，对 MOSFET 或三极管进行调节，使得补偿电路输出补偿电流 i_{com} 具有 $i_{com\_dc}-\Delta i$ 的形式（其中，i_{com_dc} 为直流分量，根据补偿电路具体结构的不同，其值可为零。另外，为保证效率，i_{com_dc} 应尽可能小），从而起到抑制输出电流纹波的作用。该类半导体激光器驱动电源由于引入有源纹波补偿电路，大大减少了电源输出端的滤波电容,有利于电源功率密度的提升;而且,由于纹波补偿电路处理的功率较小,所以电源效率较高。

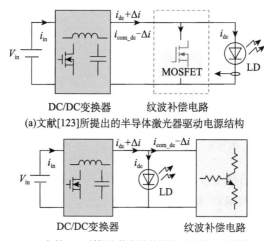

(a)文献[123]所提出的半导体激光器驱动电源结构

(b)文献[124]所提出的半导体激光器驱动电源结构

图 2.6   有源纹波补偿的半导体激光器开关驱动电源结构

2.2.3   光伏变换器

目前,在所研究的众多激光无线能量传输系统中,其负载一般是直流负载。在小功率场合,直流负载可以直接接至光伏阵列的输出端。若在中、大功率场合,可通过一级 DC/DC 变换器(通常为 Boost 变换器,如图 2.7 所示)来控制光伏阵列工作在其最大功率点处,以实现光伏功率的最大输出。

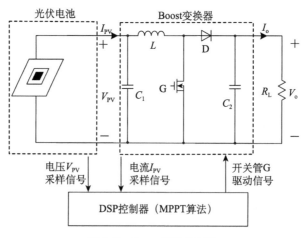

图 2.7   Boost 变换器结构

2.3　激光无线能量传输系统国内外研究现状

在 20 世纪 70 年代，激光无线能量传输技术伴随着激光器的发展而产生，最初是由美国国家航空航天局为实现太空无线能量传输而提出的，主要围绕空间太阳能电站的能量回传、空间探测器的能量补给等方面展开研究。但当时受限于激光器和光伏电池等器件效率低下的原因，激光无线能量传输技术发展较慢，难以实际应用。直到 21 世纪初，随着高功率激光器的长足发展和高效率光伏电池技术的发展，激光无线能量传输技术再次受到关注，目前国外开展激光无线能量传输技术研究的主要有美国、日本和欧洲等。其中具有代表性的工作如下所示。

2002 年，欧洲宇航防务集团进行了远距离的地面激光能量传输实验。实验中利用 Nd：YAG 激光器（光功率 500W，光波长 940nm）在自动跟瞄系统的控制下，为相距 250m 远的微型小车供能（接收功率约为 1W）。该实验标志着激光无线能量传输技术开始得到初步应用[110]。

2003 年，美国国家航空航天局首次进行了微型飞行器的激光无线供能飞行实验。实验中利用激光（光功率 500W，光波长 940nm）对 15m 外微型飞行器表面的三结 Ga：In：P_2 光伏阵列（转换效率 17.7%）进行照射，为微型飞行器提供了 6W 的电力，使其持续飞行时间超过 15min[111]。

2008 年和 2011 年，美国克利夫兰大学的 Raible 分别在其硕士和博士论文中系统地介绍了激光无线能量传输相关技术，如激光器和光伏电池的匹配原则、光束整形技术、光伏阵列效率优化技术和激光能量/信息复合传输技术等，这些研究成果为激光无线能量传输技术的应用提供了有力的理论支撑[111,112]。

2011 年，美国杜克大学从激光安全传输的角度对激光无线能量传输系统展开了研究。根据 IEC 60825-1 安全标准规定，激光辐照人体的最大允许辐照量与它的波长和照射时间有关，一般波长越长、照射时间越短，对人体越安全。因此杜克大学选择波长为 1400nm 的半导体激光器和 GaSb 光伏电池组成激光无线能量传输系统为相距 4m 的手机进行充电[113]。

2016 年，俄罗斯"能源"火箭航天集团公司利用一种将红外激光转变成电能的光电接收-转换装置（光电转换效率约为 60%），将 1.5km 外发射的激光转换成电能并成功为一部手机进行了充电。未来，俄罗斯还准备采用这一技术为无人机和人造卫星等航空航天器进行远程充电[114]。

相比于以上的研究，美国 LaserMotive 公司对激光无线能量传输技术的研究则更加深入[115,116]。2009 年该公司开展了激光驱动太空电梯的实验。实验中激光功率为 1kW，传输距离为 1km，系统整体效率超过了 10%。2010 年，该公司对四旋翼无人机（质量约 1.1kg）进行了激光无线供能实验，使得无人机持续飞行时间超过 12h，创造了小型无人机滞空时间的世界纪录。2012 年，该公司与洛克希德·马丁公司合作，将激光无线能量传输系统应用于美军现役的"Stalker"无人机上，分别成功完成了激光供能的室内测试和外场试验，其中在室内测试时，无人机的续航时间提高了 24 倍（持续飞行超过 48h）。虽然美国 LaserMotive 公司在激光供能领域取得了较大的进展，但相关技术细节却未见报道。

相比于国外的研究，国内的研究还处于起步阶段。近年来，武汉大学，南京航空航天大学，中国科学院上海光学精密机械研究所、西安光学精密机械研究所、苏州纳米技术与纳米仿生研究所等科研院校对大功率激光器、高效率光伏电池和激光大气传输等方面进行了研究。其中具有代表性的工作有如下。

2013 年，清华大学提出了反馈谐振式激光能量传输理论，以提高系统电能传输效率。该理论方法通过在激光无线能量传输系统发射端和接收端形成激光谐振腔来重复利用接收端光电池表面反射的激光，使得系统整体效率从 4.7% 提高到 6%[117]。

2014 年，北京理工大学提出了一种能够承受 60 倍标准光强辐照的 GaAs 光伏电池并基于该优化电池进行了 100m 距离的激光无线能量传输实验，实验表明在 793nm 的激光照射下，电池在 24W 入射光功率下（光功率密度为 6×10^4 W/m^2）的转换效率为 40%，系统整体效率为 11.6%[118]。

2014 年，山东航天电子技术研究所对面向航天器的激光无线能量传输系统进行了实验验证。系统中，激光器波长为 810nm，激光功率为 28W，系统最大传输距离为 200m，系统总体传输效率（即系统输出电功率与输入电功率之比）约 15%[119]。

2018 年，武汉大学研制了一套无人机激光供电演示系统，该系统采用波长为 808nm、输出功率为 20W 的半导体激光器，通过精密跟瞄系统准确照射 300m 外快速飞行的旋翼无人机上的光伏电池，经过光电转换和电源管理电路，输出 2W 电能，点亮了机上的 LED 灯。

2014 年以来，南京航空航天大学针对激光无线能量传输技术先后围绕着激光-光电池最优效率匹配、激光器和光伏接收器转换效率提升、半导体激光束匀化整形、系统能量控制和目标检测与位姿测量技术等开展了初步的研究工作。构建了一套 50W 的系统演示平台，传输效率在 10% 左右。

综上所述，目前对于激光无线能量传输技术的研究尚处于探索阶段，且多局限在提升器件性能层面。表 1.2 总结了已有文献报道的激光无线能量传输系统的主要技术参数。从表中可知，多数激光无线能量传输系统为传输功率较小、传输距离较近的验证性实验，实际的整体传输效率较低，只有 10% 左右，使得激光无线能量传输技术的发展和应用受到了严重的制约。因此提高激光无线能量传输系统效率是当前研究的核心。

2.4　激光无线能量传输系统总体效率及存在的问题

2.4.1　激光无线能量传输系统总体效率情况

从系统效率角度出发，激光无线能量传输系统总体传输效率主要涉及激光器的电-光转换效率、光伏阵列的光-电转换效率和激光大气传输效率。以效率优势明显的半导体激光器和单结 GaAs 电池为例，其中产品级的大功率半导体激光器目前的电-光转换效率最高可达 60%，而与之相匹配的高效率单结 GaAs 光伏电池的光-电转换效率可高达 55%。另外，激光在大气中传输时易受大气分子和云、雨、雾等环境因素影响，因此在天气环境良好的情况下，激光远距离大气传输效率最高为 80%。综上，图 2.8 给出了激光无线能量传输系统各能量转换环节目前最优的效率[105]。

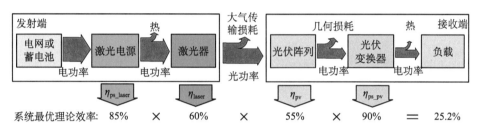

图 2.8　激光无线能量传输系统各部分最优效率

从图 2.8 可以看出，在不考虑大气传输损耗的情况下，发射端激光电源和接收端光伏变换器技术成熟，且效率较高。而激光器和光伏接收器的转换效率较低，是制约系统效率提升的瓶颈。系统总体效率的理论最大值可达 25% 左右。尽管目前激光无线能量传输系统总体效率的理论最大值还较低，但文献 [125] 指出，随着激光器和光伏电池技术的进一步发展，激光无线能量传输系统总体效率的理论值上限将有望提升至 50%。

2.4.2　激光无线能量传输系统存在的问题

由表 2.5 给出的激光无线能量传输系统实际工作效率和图 2.8 给出的系统各部分最优效率可知，在选择高效可靠的器件的前提下，目前激光无线能量传输系统实际的总体传输效率与其 25% 的理论最大值还存在着较大的差距，且只有理论最大值的一半。究其原因在于，系统中主要能量转换环节受其他电气因素的影响，使得其转换能力不能得到最大程度的利用。其中以下环节的效率受影响较大。

表 2.5 国内外激光无线能量传输系统主要技术参数

参考文献	激光发射端			光伏接收端				总体系统		
	激光器类型	波长/nm	激光器效率/%	光伏材料	电池效率/%	辐照功率或辐照强度	阵列效率/%	距离/m	输出功率/W	系统效率/%
[36]	半导体400W	808	—	GaAs	—	300W	14	50	40	<14
[43]	固体	523	—	GaInP	—	<5W	40	280	>1	—
[44]	半导体1.5kW	940	50	Si	14.6	560W/m²	17	15		<8.5
[48]	固体8kW	1060	25	Si	35	2kW	5	10^3	100	1.25
[51]	半导体25W	793	30	GaAs	—	$6×10^4$W/m²	40.4	100	9.7	11.6
[57]	固体	1060	50	Si	50	300W/m²	14	3	19	<14
[59]	半导体2kW	810	50	GaAs	50	$3×10^3$W/m²	21.9	100	200	—

在激光发射端，由于半导体激光器是电流注入型器件，其输入电流的质量对其输出特性有着明显的影响。因此提高半导体激光器电-光转换效率不仅依赖于半导体激光器的结构、材料和制作工艺，还依赖于高质量的电流输入。根据半导体激光器的电气特性可知，在整个工作电流范围内，半导体激光器并非时刻工作在效率最优点处，不同幅值和形状的输入电流会导致半导体激光器电-光转换效率的变化。由此可见，不同特征的电流在半导体激光器内部产生的损耗不同，从而使得电-光转换效率不同，甚至较差质量的输入电流会直接导致激光器的失效。而目前国内外对不同特征的电流影响半导体激光器效率的机理的研究较少。

在激光发射和传输过程中，一方面半导体激光器光束均匀性差和大气非理想因素对光束质量的破坏限制了系统的功率、传输距离和效率[113]。另一方面，运动的光伏接收器较远以及大气对激光传输产生干扰等因素，都易导致光束跟瞄过程中光斑脱靶，使系统效率下降[126,127]。为此，山东航天电子技术研究所针对100W 的激光采用透射式光学系统对出射激光进行了整形，实现了百米级的能量传输[128]。日本近畿大学则在实验室环境中通过捕获接收端角棱镜反射的引导激光进行定位跟踪的方式实现了激光束的自动跟瞄[129]。然而在大功率移动供电场合，一方面，由于激光功率较大（千瓦级以上），光学整形系统需承受较高的光功率密度，对光学系统的材料、结构设计等提出了较大的挑战；另一方面，由于镜头畸变、视角和光照等影响因素，光伏接收器目标识别稳健性不佳，现有基于图像单映性或迭代法的位姿测量技术的精度和稳定性不高易影响目标位姿获取的精度, 这些都会影响最终的跟瞄精度[130]。所以目前关于大功率激光整形技术和复杂环境下基于激光无线能量传输系统特性的跟瞄技术只掌握在国外少数几家机构手中 (如美国 LaserMotive 公司), 且具体理论研究鲜有报道。

在光伏接收端, 光伏阵列受激光不均匀辐照影响严重, 存在较大的失配损耗。因此在目前的研究中, 主要通过优化阵列的静态电气连接方式来提高不均匀辐照下的光-电转换效率。在光伏阵列处, 虽然其上的激光能量分布不均匀, 但仍然具有一定的规律性和稳定性, 因此理论上必定存在着某一电气连接方式使得光伏阵列的效率最大。但目前缺少有效的理论来指导具体的优化措施。比如, 美国空军实验室依据光斑能量分布规律, 对串-并联 (series-parallel, SP) 结构的光伏阵列进行优化, 使得光伏阵列的效率提高到 21.9%, 但与预期相比仍存在 78% 的能量损失[131]。

综上, 为提高系统总体效率, 可从以下三个方面进行研究。

(1) 对系统各个能量转换环节进行优化。主要从功率变换的角度去提高激光器和光伏电池的实际工作效率, 充分利用它们的电光/光电转换能力, 从而使系统实际的工作效率尽可能地接近系统理论上的最优效率。

(2) 对激光发射和传输进行控制。一方面, 研究激光束的匀化准直发射理论, 以优化激光器输出光束的均匀性、方向性和光强度, 从而实现激光大功率、远距离的传输要求。另一方面, 研究高可靠、智能化的高精度跟瞄理论与方法, 以提升光伏接收效率。

(3) 对系统整体进行功率控制。由于激光无线能量传输系统多为开环系统, 系统中缺少使得激光器和光伏阵列相互高效配合的机制, 从而制约了系统效率进一步优化的可能性。

综上所述, 目前激光器和光伏阵列较低的转换效率是阻碍激光无线能量传输技术发展的主要瓶颈[111,112]。因此需以提高系统总体传输效率为核心, 从功率变换的角度, 分别对激光器电-光转换效率优化、光伏阵列光-电转换效率优化和系统整体功率控制这三方面的关键技术进行研究, 从而实现系统的最大传输效率。

2.5　本章小结

本章针对激光无线能量传输系统, 对激光能量传输基本原则进行了总结归纳, 其中重点阐述了在选择激光器和光伏电池时为实现系统高效率的电-光-电能量转换所需满足的约束条件。基于对激光能量传输原则和技术发展的归纳总结, 从能量变换的角度分析了制约系统效率提升的原因, 后文将主要针对以下内容进行讨论: ①优化激光器电-光转换效率; ②激光束整形及精准传输; ③优化光伏阵列光-电转换效率; ④提出系统整体功率控制策略。

第 3 章　激光器及其驱动技术

激光器作为激光发射技术的硬件基础，发展至今已有众多种类，按工作介质可分为气体激光器、固体激光器、半导体激光器和染料激光器。本章首先介绍了几种主要激光器在激光无线能量传输技术领域应用的特点；然后针对效率较优的半导体激光器，介绍了其驱动电源的相关内容。

3.1　激光无线能量传输系统中各种激光器的特点

根据第 2 章可知，得益于激光技术的发展，从输出功率、转换效率和光束质量等指标对相关文献进行归纳总结可得，目前适用于激光无线能量传输系统的激光器主要有固体激光器和半导体激光器两种。因此以下将对这两种激光器的特点进行介绍。

1. 固体激光器

在表 2.1 中，薄片激光器和光纤激光器均属于固体激光器。固体激光器是以光为激励源、固体激光材料为工作物质的一类激光器。常用的激励源有氪灯、氙灯以及半导体激光器。其中利用半导体激光器进行泵浦的激光器被称为二极管泵浦固体激光器（diode pumped solid state laser，DPSSL）。

由表 1.3 可知，泵浦固体激光器的突出优点在于能获得足够高的输出功率和足够好的光束质量，从而能满足激光远程输能的要求。目前商用泵浦固体激光器的输出功率最高可达几十千瓦，适合应用在大功率、远距离的激光无线能量传输系统中[132]。但由于泵浦固体激光器输入的电功率需经泵浦源间接激励激光器，因此其电-光转换效率普遍较低，其中百瓦级的泵浦固体激光器的效率可以达到 30% 左右，而千瓦级的泵浦固体激光器只有 20% 左右。

值得注意的是，泵浦固体激光器所产生的激光波长大于 1000nm，对目前普遍采用 Si 和 GaAs 作为材料的太阳能电池板来说，在这个波长段内其光电转换效率还很低。因此在选用泵浦固体激光器为激光发射器的远程充电场合下，需选用其他材质和工艺的光伏电池。比如，现在已经商用的硒铟铜（copper indium selenide，CIS）光伏电池（在波长 $\lambda = 1060\text{nm}$ 处的光电转换效率为 17% ~ 20%）和正在研发过程中的铟镓砷（indium gallium arsenide，InGaAs）太阳能电池板（在波长 $\lambda = 1060\text{nm}$ 处的光电转换效率可达 50%）[100]。

2. 半导体激光器

在表 1.3 中，半导体激光器又称激光二极管（laser diode，LD），是采用半导体材料作为工作物质而产生受激发射的一类激光器，可用简单的注入电流的方式来激励，其工作波长覆盖范围为紫外至红外波段，半导体激光器的输出波长范围：紫光，400～410nm；蓝光，445～450nm，462～465nm；绿光，510～520nm；橙红及红光，635～638nm，650～660nm；红外线，780～2000nm。半导体激光器是成熟较早、发展较快的一类激光器，具有体积小、质量轻、寿命长和效率高的特点。尤其是近年来，受工业和军事领域需求的推动，高功率半导体激光器作为一个重要发展方向，取得了较大的进展。现在，诸多百瓦级和千瓦级的大功率、高效率半导体激光器均已商品化，其中国外商用的千瓦级半导体激光器的效率普遍高达 45%～60%。而国内样品器件的输出也已达到千瓦级别[133,134]。

国际上，德国的 Dilas 公司报道了输出功率为 900W（光纤芯径为 200μm，数值孔径 NA 为 0.22）的 976nm 半导体激光器，而且该公司基于巴条封装的叠阵产品单列达到了连续 6kW 水平（快轴发散角控制在 0.3°以内）。美国的 Teradiode 公司报道了他们利用光谱合束技术研制的 1040W（200μm，NA 为 0.18）的 966nm 单波长光纤耦合输出模块，并在 2016 年实现了宽光谱 8000W 激光输出，光束质量 6mm · mrad。

国内，苏州长光华芯光电技术股份有限公司、北京凯普林光电科技股份有限公司、中国科学院长春光学精密机械与物理研究所、中国工程物理研究院十所等单位在激光器输出功率、电光转换效率等方面都取得了一定的进展。其中，北京凯普林光电科技股份有限公司光纤耦合输出模块最高输出功率在 400W 左右，苏州长光华芯光电技术股份有限公司利用自行研制的芯片开发了 800W（200μm，NA 为 0.22）光纤耦合输出模块。中国工程物理研究院十所在叠阵封装方面实现了单列叠阵 8kW 连续输出，快轴发散角 0.3°以内，指向精度达±0.1°，达到了国际水平。同时，开展了光谱合成高亮度半导体激光器光源的研究，国内率先实现了 500W 以上的合成输出，达到了 710W，束参积 7.3mm · mrad。

尽管不同材料的半导体激光器输出波长不同，但只有输出波长在 800～1000nm 范围的半导体激光器易实现高功率输出，因此对于目前普遍采用 Si 和 GaAs 作为材料的光伏电池来说，在这个波长段内其光电转换效率较高，理论上可超过 60%。所以单从能量传输效率的角度考虑，半导体激光器相较于泵浦固体激光器更适合应用在激光无线能量传输技术领域。但是，目前半导体激光器存在电-光转换效率低、输出光束质量较差（发散角大、均匀性差）的问题。根据第 2 章公式（2.3）可知，为了满足激光远距离的传输，至少需要直径 100m 的光学镜头才能将其准直，这显然不符合实际。尽管半导体激光器出射激光经过长距离传输，光束质量变差，会导致激光无线能量传输系统接收端的激光能量密度下降，从而严重影响激光无线能量传输技术的实际应用价值，但目前美国和欧洲等的一些前期验证实验中采用的都是半导体激光器。不过，随着技术的进步，半导体激光器仍然会有不俗的发展潜力。

3. 二极管泵浦碱金属蒸气激光器

除了表 1.3 中所示的半导体激光器和泵浦固体激光器外，二极管泵浦碱金属蒸气激光器（diode pumped alkali laser，DPAL）兼具泵浦固体激光器和半导体激光器的优势，具有转换效率高、输出功率大（理论上）、光束质量好的特点[135]。同时由于其输出激光波长可为 800nm 左右，因此在激光无线能量传输系统中适合与光-电转换效率较高的 Si 和 GaAs 光伏电池匹配使用。所以，DPAL 在激光无线能量传输技术领域具有广阔的前景，但是目前 DPAL 技术尚不成熟，输出光功率还相对较低，并不能满足实际应用的需求。

3.2 半导体激光器驱动电源

3.2.1 半导体激光器驱动电源需满足的条件

通过 3.1 节的介绍可知，半导体激光器在输出功率和效率方面具有突出的优势，从而在激光无线能量传输技术领域被广泛应用。因此本节将对其驱动电源进行介绍，从而满足半导体激光器安全使用的要求。

半导体激光器是一种高功率密度并具有极高量子效率的器件，对电冲击的承受能力很差，微小的电流变化将导致光功率输出的极大变化和器件参数（如激射波长、噪声性能、模式跳动）的变化，这些变化直接危及器件的安全使用，因而在实际应用中对激光器的驱动技术有着极高的要求。半导体激光器对其驱动电源的基本要求如下所述。

● 电流可调节，电压负载自适应：可以短路输出，负载变化或短路自动适应。即串联中的某个半导体激光器短路时，电源自动降压，保持原先设定的恒流输出状态。

● 输出电流纹波：需要符合激光器的要求，纹波加噪声再加额定输出电流不能超过激光管可承受的最大电流。

● 输出电压纹波：纹波电压噪声不会立即损坏激光器，但会严重影响激光器的寿命。

● 软启动：输出电流从零缓慢上升到设定工作电流，避免启动时有冲击电流，从而保护大功率半导体激光器的启动安全。

● 输出电流稳定性：需要符合激光器的要求。驱动电流要保持足够稳定，因为在阈值电流以上的微小的驱动电流变化都会导致激光器光功率输出的极大变化。

● 无反向电流,任何时间无电流过冲(overshoot)和下冲(undershoot)。

● 激光器工作在脉冲模式时,其调制信号(即输出电流基准)中的低电平对应的输出电流应小于激光器的阈值电流,而且该电流越小越好,从而能降低电源的功耗,延长激光器的寿命。

● 寿命要求:如果采用钽电容,基本可以保证 20000h 的寿命,如果采用电解电容,是否有足够的降额,应附有寿命计算。

总体而言,半导体激光器对其激光电源的要求就是,无论如何不损坏激光器,安全可靠地驱动激光器,并保证寿命。表 3.1 列出了一些半导体激光器电源工作在恒流模式下的具体技术指标。

表 3.1 半导体激光器电源工作在恒流模式下的具体技术指标

指标	美国 AMETEK 公司	日本 TDK-Lambda 公司	德国 Liminapower 公司	美国 Newport 公司
输出功率	10kW	10kW	6kW	3kW
输出电压	160V	200V	24V	24V
输出电流	63A	50A	250A	125A
电流纹波	1%(满载)	1%(满载)	0.5%(满载)	0.48%(满载)
电流稳定度	0.05%	0.05%	0.01%	—
电源效率	87%(满载)	88%(满载)	—	—
电流上升时间 (10%~90%)	—	—	>25ms	>25ms
过流保护	有	有	有	有

满足以上性能要求的半导体激光器电源可按其输出电流的大小分为如表 3.2 所示的以下几类。从表 3.1 中可知,中、小功率的激光器电源一般采用线性电源的结构来获得较好的输出电流稳定度和较小的电流纹波。而大功率的激光电源需采用开关电源的结构,在保证电流稳定度和电流纹波的同时,尽可能地提高电源效率。以下将对这些电源结构进行详细介绍。

表 3.2 电源结构详细介绍

类型	电流范围	电源结构	应用场合
小电流简易型	0.2A 以下	线性电源	激光笔等
小电流型	0.5A 以下	线性电源	科研用
中小电流型	1~10A	线性电源,一般要求恒流自适应电压,可调制	多用在舞台灯光、打标雕刻、医疗设备等场合

续表

类型	电流范围	电源结构	应用场合
大电流型	20～150A 电压 2～100V	开关电源	应用在激光加工和激光制造场合
准连续电源	调制频率小于 1kHz，一般占空比小于 30%，电流小于 50A	开关电源	—
大电流脉冲电源	电流 150A 以下，电压 300V 以下	开关电源，150A 以下输出电流，48V 以下输出电压，可脉冲调制，也可连续输出	多用于激光美容仪、激光脱毛机等设备上

3.2.2　半导体激光器驱动电源拓扑

1. 半导体激光器线性驱动电源

在中小功率场合（百瓦级以下），典型的半导体激光器恒流驱动电源架构如图 3.1 所示[120]。该电源架构主要由前级的 DC/DC 稳压单元和后级的线性调节单元组成。其中，前级 DC/DC 变换器输出稳定的电压 V_c，该电压值 V_c 应尽可能地接近激光器的输入电压，以减小后级线性单元上的损耗。后级线性调节单元通过控制串联在主功率回路中的 MOS 管工作在饱和区，使其工作时相当于一个可变电阻，以达到稳定输出电流的目的，其具体电路结构如图所示。

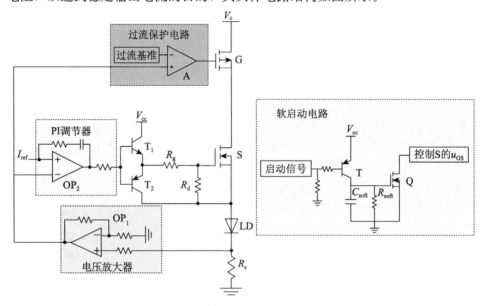

图 3.1　半导体激光器恒流驱动电源架构

在图 3.1 中，利用平均电流控制的方法对 MOS 管 S 的栅源极电压 u_{GS} 进行控制，进而调整 MOS 管 S 的导通程度，从而输出期望的恒定电流 ki_{ref}（k 为任意整数）。此外，图 3.1 中所示的软启动电路是由 RC 组成的阻容充放电电路，由电容上的电压控制 MOS 管 S 的缓慢启动。该电路包括由三极管 T、R_{soft} 和 C_{soft} 组成的 RC 放电电路和 MOS 管。当启动信号没有到来时，电容 C_{soft} 上的电压是一个高电平，使 Q 完全导通，从而使得 $u_{GS}=0$，即 MOS 管 S 此时关断。当启动信号为高电平时，三极管 T 关断，C_{soft} 通过 R_{soft} 放电，使得 Q 逐渐关断，u_{GS} 逐渐上升，使得 MOS 管 S 逐渐导通，从而输出电流也从零逐渐上升到期望电流值。另外，图 3.1 中所示的过流保护电路主要由 MOS 管 G 和运算放大器 A 构成的迟滞比较器组成。该电路主要通过采样电源的输出电流与过流基准进行比较，从而判断是否关断 MOS 管 G，以保护电源和半导体激光器。尽管以上线性调节单元具有输出电流纹波小、动态特性好的优点，但由于 MOS 管 Q_1 工作在饱和区，损耗较大，效率较低，因此不适合应用在大功率能量传输的场合。

2. 半导体激光器开关驱动电源

在中大功率场合（百瓦级以上），为了保证电源的效率，一般采用高效率的开关变换器来为半导体激光器提供能量。激光驱动电源的输入通常为市电（220V 的交流电），而半导体激光器的输入电压普遍较低（例如，500W 半导体激光器的输入电压为 30～40V 的直流电），因此需要研究的激光器驱动电源为 AC/DC 变换器。考虑到电源的高功率因数输入要求，采用 PFC（功率因数校正器）为输入级，通常会选择结构简单的 Boost 电路拓扑。单相 PFC 级输出电压通常为 400VDC，如果采用两级的结构。那么后级 DC/DC 变换器需要从 400VDC 的高压输入变换为几十伏的低压恒流输出，由于输入输出压差大，电源中变压器的原、副边匝比较大，导致其寄生参数大，不利于纹波的消除。因此，可采用三级结构的电路拓扑，其中第二级采用不调压直流变压器（DC transformer，DCX），在实现电气隔离的同时实现了高降压比和高效率。该级可使用半桥 LLC 电路拓扑。第三级为 DC/DC 恒流调节级，可以提供高稳定度低纹波的恒流输出，该级一般采用 Buck 类的电路拓扑。该级除了恒流以外还需要具有抑制输出电流纹波的作用。半导体激光器驱动电源电路框图如图 3.2 所示。

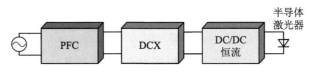

图 3.2　半导体激光器驱动电源主体框图

1）PFC 电路

在半导体激光器驱动电源中，PFC 电路的主要作用：一是使输入电流跟随输入电压并使其正弦化，整个电路对输入端呈纯阻性，二是稳定输出电压，作为整个电源装置的电压预调节器。可实现 PFC 功能的拓扑有 Boost 变换器、Flyback 变换器、SEPIC 变换器等。其中，Boost PFC 变换器具有以下优点：

（1）在全输入电压范围内可以获得较高的功率因数；

（2）Boost 电感的位置是在输入端串联，高频的输入电流纹波较小；

（3）输出电压高，输出储能电容储能能力大，体积小；

（4）电路结构简单，成本低，可靠性高，控制技术较为成熟。

正是因为这些优点，Boost PFC 变换器被广泛应用。其缺点是开关管工作在硬开关状态，二极管存在反向恢复，开关损耗较大；需要检测输入电压和电感电流，控制电路中需要乘法器，采用电压电流双闭环控制，控制较为复杂，成本较高。

根据 Boost PFC 变换器的电感电流是否连续，其可分为三种工作模式，即电流连续模式（continuous current mode，CCM）、电流断续模式（discontinuous current mode，DCM）和电流临界连续模式（critical continuous current mode，CRM）。当 Boost PFC 变换器工作在 CCM 时，输入功率因数高，电感电流脉动小，导通损耗低，输入滤波器较小，一般应用于中大功率场合。CCM Boost PFC 变换器可采用多种控制策略。其中平均电流控制策略采用最为广泛，其工作原理如图 3.3 所示[136,137]。该电路由双环控制，其中外环是电压环，通过采样变换器的输出电压 V_o，使其与电压基准 V_{f1} 进行比较，再通过电压调节器进行调节，得到电流内环基准的幅值信息。控制电路的内环为电流环，采用平均电流的控制方式。平均电流控制法的电流调节器是采样电流 I_{f1} 与电流基准 I_{ref} 经过 PI 调节器（图 3.3（a）中的 EA_2）实现的。PI 调节器 EA_2 的输出直接用于控制开关管的占空比，从而完成了对电流的平均控制过程。电流基准 I_{ref} 由输入电压信号 V_{b1} 和电压调节器输出 V_{l1} 相乘得到，其中 V_{b1} 决定了 I_{ref} 的相位是否与输入电压相位保持一致，V_{l1} 决定了 I_{ref} 的幅值大小，使其能满足负载需求。

图 3.3（b）为半个输入电压周期内，CCM Boost PFC 的电感电流与开关管门极控制信号的波形图。

图 3.4 给出了 Boost PFC 变换器工作于 CCM 时一个开关周期内的开关模态，其中 t_s 为一个开关周期内的时刻。开关管 Q_b 导通时，漏、源极电压 v_{DS} 为 0，电感电流 i_b 上升；开关管 Q_b 关断时，漏、源极电压 v_{DS} 为输出电压 V_o，电感电流 i_b 下降。v_{DS} 和 i_b 的波形如图 3.5 所示。

目前针对 Boost 拓扑结构，已有很多 PFC 的控制芯片面世，如 Unitrode 公司的 UC3854/A/B 和 UC3855，Toko 公司的 TK3854，Micro Linear 公司的 ML4821，Siemens 公司的 TDA4815 和 TDA4819，东芝公司的 TA8310 等。

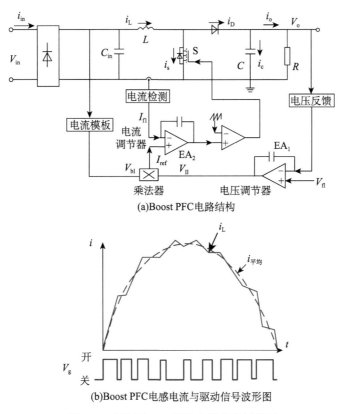

(a)Boost PFC电路结构

(b)Boost PFC电感电流与驱动信号波形图

图 3.3　CCM Boost PFC 变换器的原理图

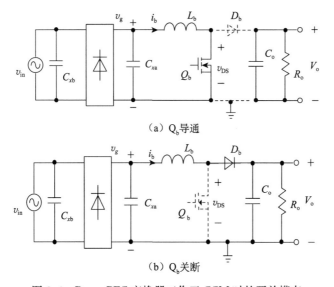

（a）Q_b导通

（b）Q_b关断

图 3.4　Boost PFC 变换器工作于 CCM 时的开关模态

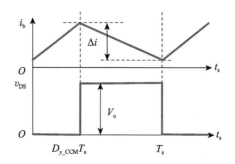

图 3.5　Boost PFC 变换器工作于 CCM 时 i_b 和 v_{DS} 的波形

　　理想情况下，对于功率因数为 1 的 Boost PFC 变换器，其输入电压和输入电流可表示为[138]

$$v_{\text{in}}(t) = \sqrt{2}V_{\text{in}}\sin(\omega t) \tag{3.1}$$

$$i_{\text{in}}(t) = \sqrt{2}I_{\text{in}}\sin(\omega t) \tag{3.2}$$

式中，V_{in} 为输入电压的有效值；I_{in} 为输入电流的有效值。

　　根据式（3.1）和式（3.2）可得 PFC 变换器瞬时输入功率为

$$p_{\text{in}}(t) = v_{\text{in}}(t) \cdot i_{\text{in}}(t) = V_{\text{in}}I_{\text{in}} - V_{\text{in}}I_{\text{in}}\cos(2\omega t) \tag{3.3}$$

假设变换器的效率为 1，则平均输入功率与输出功率相等，有

$$P_{\text{in\_avg}} = V_{\text{in}}I_{\text{in}} = P_{\text{o}} \tag{3.4}$$

$$p_{\text{in}}(t) = P_{\text{o}} - P_{\text{o}}\cos(2\omega t) \tag{3.5}$$

　　式（3.5）表明，PFC 输入的瞬时功率是随时间不断变化的脉动量，与其恒定的输出功率存在矛盾，需要额外的储能单元来平衡功率脉动。

　　图 3.6 给出了 PFC 变换器输入电压、输入电流、输入功率、输出功率和储能电容电压波形。假设 ΔV 为储能电容的电压变化的幅值，$V_{C_{\min}}$ 和 $V_{C_{\max}}$ 分别为储能电容脉动电压的最小值和最大值，T_s 为电网工频周期。

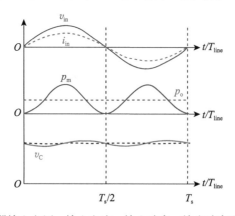

图 3.6　PFC 变换器输入电压、输入电流、输入功率、输出功率和储能电容电压波形

为了实现功率解耦，必须在功率因数校正电路输出端并联电解电容作为解耦电容。同时，为了实现电压脉动在 2% 以内，保证输出电压波形质量不会对负载产生影响，只能应用大容值的电解电容来实现输出功率和输入功率的平衡。

在输出功率相对较低的应用场合（小于 100W），如手机充电器、笔记本适配器等，一般采用单路 Boost PFC 变换器，而在输出功率相对较大的应用场合（100～1000W），如桌面电脑、入门级的服务器、大屏幕智能电视以及网络通信电源等，可采用多个 Boost PFC 变换器并联工作。这些变换器可以采用交错控制，即各变换器开关管的驱动信号依次移相 $360°/N$（N 为并联的变换器数量），这样能等效地提高输入电流的开关频率，降低输入和输出电流脉动，减小输入和输出滤波器。

2）LLC 谐振变换器

LLC 谐振变换器原边电路可以采用全桥电路或半桥电路，下文中将以半桥谐振变换器为例进行分析。图 3.7 给出了半桥谐振变换器的电路拓扑，根据谐振变换器中各元件的功能，可以将其划分为开关网络、谐振网络和整流滤波网络三部分。其中 Q_1 和 Q_2 为原边开关管，D_1 和 D_2 分别为 Q_1 和 Q_2 的体二极管，C_1 和 C_2 分别为 Q_1 和 Q_2 的结电容，Q_1 和 Q_2 为 180° 互补导通；D_{R_1} 和 D_{R_2} 是输出整流二极管，C_o 为输出滤波电容，R_{Ld} 是负载，n 为变压器原、副边匝比。谐振元件包括电感 L_r、L_m 和电容 C_r，其中 L_m 与变压器并联，可以由变压器的励磁电感来实现，因此称之为励磁电感。谐振电容 C_r 串联在原边回路中，它同时起到隔直流作用，稳态时其直流电压分量为 $V_{in}/2$。

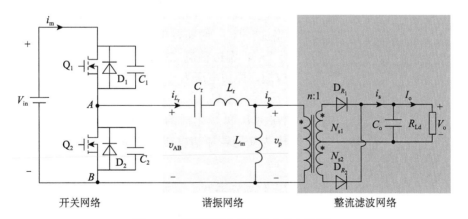

图 3.7　半桥谐振变换器的电路拓扑图

定义谐振电感 L_r 和谐振电容 C_r 的谐振频率为 f_r；励磁电感 L_m、谐振电感 L_r 和谐振电容 C_r 的谐振频率为 f_m。这两个谐振频率的表达式分别为

$$f_{\mathrm{m}} = \frac{1}{2\pi\sqrt{L_{\mathrm{r}}C_{\mathrm{r}}}} \tag{3.6}$$

$$f_{\mathrm{m}} = \frac{1}{2\pi\sqrt{(L_{\mathrm{r}}+L_{\mathrm{m}})C_{\mathrm{r}}}} \tag{3.7}$$

谐振角频率 ω_{r} 的表达式为

$$\omega_{\mathrm{r}} = 2\pi f_{\mathrm{r}} = 1/\sqrt{L_{\mathrm{r}}C_{\mathrm{r}}} \tag{3.8}$$

根据开关频率 f_{s} 与谐振频率 f_{r} 的大小关系，谐振变换器存在以下三种工作模式[139]。

工作模式 1：$f_{\mathrm{s}} < f_{\mathrm{r}}$，图 3.8（a）所示为其主要工作波形。在这种模式下，当谐振电流等于励磁电感电流后，会出现 L_{r}、C_{r} 和 L_{m} 一起谐振的时段，即图中 $[t_1, t_3]$ 时段，此时谐振电感电流等于励磁电感电流，变压器副边电流为零，整流二极管可以实现 ZCS，无反向恢复问题。该工作模式下输出整流后的电流是断续的，因此称该工作模式为电流断续模式。

工作模式 2：$f_{\mathrm{s}} = f_{\mathrm{r}}$，图 3.8（b）所示为其主要工作波形。在这种工作模式下，励磁电感 L_{m} 的电压一直被输出电压箝位在 nV_{o}，不参与谐振。电流临界连续，整流二极管也能实现 ZCS。

工作模式 3：$f_{\mathrm{s}} > f_{\mathrm{r}}$，图 3.8（c）所示为其主要工作波形。励磁电感 L_{m} 不参与谐振，可以看作串联谐振变换器的负载。由图中可以看出，此时电流连续，副边整流二极管为硬关断，存在反向恢复损耗。

由于工作模式 1 包含了后两种工作模式的所有模式，所以下面以工作模式 1 为例，分析 LLC 谐振变换器的工作原理，图 3.9 为其各开关模态的等效电路。

（1）开关模态 1 $[t_0, t_1]$，对应于图 3.9（a）：t_0 时刻，Q_1 导通，A、B 两点的电压 v_{AB} 为 V_{in}，$i_{L_{\mathrm{r}}}$、$i_{L_{\mathrm{m}}}$ 开始增加，且 $i_{L_{\mathrm{r}}}$ 增加较快。此时 $i_{L_{\mathrm{r}}}$ 大于 $i_{L_{\mathrm{m}}}$，它们的差值流入变压器原边绕组同名端 "•"，副边整流二极管 D_{R_1} 导通，将变压器的副边电压箝位在输出电压 V_{o}，相应地，原边电压为

$$v_{\mathrm{p}} = nV_{\mathrm{o}} \tag{3.9}$$

此时段中，（$V_{\mathrm{in}} - nV_{\mathrm{o}}$）加在由 L_{r} 和 C_{r} 组成的谐振网络上，L_{r} 和 C_{r} 谐振工作。L_{m} 不参与谐振，其两端电压为变压器原边电压，其电流线性上升，其表达式为

$$i_{L_{\mathrm{m}}}(t) = \frac{nV_{\mathrm{o}}}{L_{\mathrm{m}}}(t-t_0) + I_{L_{\mathrm{m}}}(t_0) \tag{3.10}$$

（2）开关模态 2 $[t_1, t_2]$，对应于图 3.9（b）：在 t_1 时刻，$i_{L_{\mathrm{r}}}$ 等于 $i_{L_{\mathrm{m}}}$，变压器原边电流减小到零，副边整流二极管 D_{R_1} 的电流也相应到零，因此它为零电流关断，不存在反向恢复问题。该时段内 L_{r}、L_{m} 和 C_{r} 共同谐振。

（3）开关模态 3 $[t_2, t_3]$，对应图 3.9（c）：在 t_2 时刻，关断 Q_1，$i_{L_{\mathrm{r}}}$ 给 Q_1 的

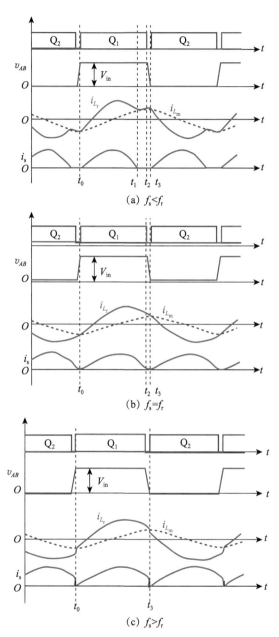

(a) $f_s < f_r$

(b) $f_s = f_r$

(c) $f_s > f_r$

图 3.8　谐振变换器工作模式

结电容 C_1 充电，同时给开关管 Q_2 的结电容 C_2 放电。由于 C_1 和 C_2 限制了 Q_1 的电压上升率，因此 Q_1 为零电压关断。在 t_3 时刻，C_2 的电压下降到 0，Q_2 的反并二极管导通，此时可以零电压开通 Q_2。

从 t_3 时刻开始，进入另半个工作周期，变换器的工作原理与上述半个周期类似，这里不再赘述。

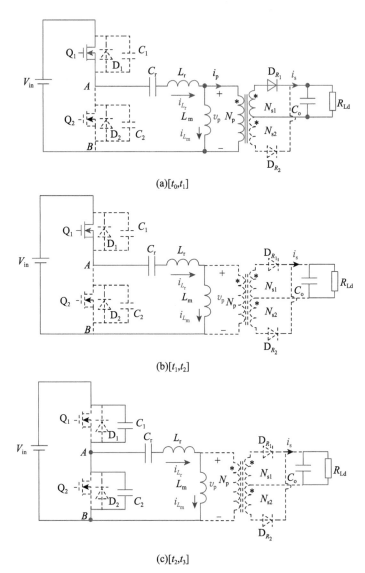

图 3.9　谐振变换器各开关模态的等效电路

电压增益特性是谐振变换器的一个重要特性，是设计变换器参数的重要依据，它与开关频率和负载有关。为了尽量提高谐振变换器的效率，一般使其工作在谐振频率点附近。此时，可以采用基波分量分析法对谐振变换器进行近似的分析。基波分量分析法假设只有开关频率的基波分量才传输能量，从而可以将谐振变换器简化为一个线性电路来进行分析。下面采用基波分量法对开关网络和整流滤波网络进行简化分析。

（1）开关网络的简化。开关网络的输入电压为 V_{in}，开关管 Q_1 和 Q_2 为 $180°$ 互补导通。则 A、B 两点间的电压 v_{AB} 如图 3.9 所示。对 v_{AB} 进行傅里叶分析，可得

$$v_{AB}(t) = \frac{V_{in}}{2} + \frac{2V_{in}}{\pi} \sum_{n=1,\ 3,\ 5,\ \cdots} \frac{1}{n} \sin(n\omega_s t) \tag{3.11}$$

式中，$\omega_s = 2\pi f_s$ 为开关角频率。上式中 v_{AB} 的直流分量加在 C_r 上，而交流分量加在谐振网络上。由上式可得，v_{AB} 的基波分量 v_{AB1} 和其有效值 V_{AB1} 为

$$v_{AB1}(t) = \frac{2V_{in}}{\pi} \sin(\omega_s t) \tag{3.12}$$

$$V_{AB1} = \frac{\sqrt{2} V_{in}}{\pi} \tag{3.13}$$

（2）整流网络的简化。当开关频率 f_s 接近谐振频率 f_r 时，变压器的原边电流 i_p 可近似认为是一正弦基波电流，其表达式为

$$i_p(t) = \sqrt{2} I_{p1} \sin(\omega_s t - \varphi) \tag{3.14}$$

式中，φ 为 i_p 对 v_{AB} 的相位差；I_{p1} 为 i_p 的有效值。

根据图 3.7，$i_s = n \cdot i_p$，i_s 经过电容滤波，得到恒定的负载电流 I_o，于是有

$$I_o(t) = \frac{1}{T_s} \int_0^{T_s} n \cdot |i_p(t)| \, dt = \frac{2\sqrt{2} \cdot n}{\pi} I_{p1} \tag{3.15}$$

由式（3.14），可得 I_{p1} 为

$$I_{p1} = \frac{\pi}{2\sqrt{2} \cdot n} I_o \tag{3.16}$$

由式（3.14）和式（3.16），可得 i_p 为

$$i_p(t) = \frac{\pi}{2n} I_o \sin(\omega_s t - \varphi) \tag{3.17}$$

对 v_p 进行傅里叶分析得

$$v_p(t) = \frac{4nV_o}{\pi} \sum_{n=1,\ 3,\ 5,\ \cdots} \frac{1}{n} \sin(n\omega_s t - \varphi) \tag{3.18}$$

则 v_p 的基波分量 v_{p1} 及其有效值 V_{p1} 为

$$v_{p1}(t) = \frac{4nV_o}{\pi} \sin(\omega_s t - \varphi) \tag{3.19}$$

$$V_{p1} = \frac{2\sqrt{2} nV_o}{\pi} \tag{3.20}$$

i_p 与 v_{p1} 同相，并且波形一致，因此可以将整流滤波电路等效为一个纯阻性电阻 R_{ac}，一般将此电阻称为交流等效电阻，其大小为

$$R_{\mathrm{ac}}=\frac{v_{\mathrm{p1}}(t)}{i_{\mathrm{p}}(t)}=\frac{8n^2}{\pi^2}\frac{V_{\mathrm{o}}}{I_0}=\frac{8n^2}{\pi^2}R_{\mathrm{Ld}} \tag{3.21}$$

（3）LLC 谐振变换器的简化电路。根据以上分析可得 LLC 谐振变换器的等效简化电路如图 3.10 所示。

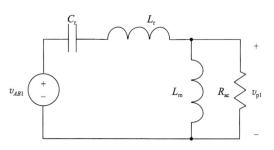

图 3.10　LLC 谐振变换器简化电路

根据图 3.10，可以得半桥 LLC 谐振变换器的简化电路的传递函数 $H(\mathrm{j}\omega_{\mathrm{s}})$ 为

$$H(\mathrm{j}\omega_{\mathrm{s}})=\frac{V_{\mathrm{p1}}}{V_{AB1}}=\frac{\mathrm{j}\omega_{\mathrm{s}}L_{\mathrm{m}}\parallel R_{\mathrm{ac}}}{\mathrm{j}\omega_{\mathrm{s}}L_{\mathrm{r}}+\dfrac{1}{\mathrm{j}\omega_{\mathrm{s}}C_{\mathrm{r}}}+\mathrm{j}\omega_{\mathrm{s}}L_{\mathrm{m}}\parallel R_{\mathrm{ac}}} \tag{3.22}$$

定义半桥 LLC 谐振变换器的电压增益 M 为

$$M=\frac{nV_{\mathrm{o}}}{V_{\mathrm{in}}/2}=\frac{\pi V_{\mathrm{p1}}/2\sqrt{2}}{\pi V_{AB1}/2\sqrt{2}}=\frac{V_{\mathrm{p1}}}{V_{AB1}} \tag{3.23}$$

因此，对式（3.23）取模值，即可求得 LLC 谐振变换器的电压增益表达式为

$$M=\parallel H(\mathrm{j}\omega_{\mathrm{s}})\parallel=\left\|\frac{\mathrm{j}\omega_{\mathrm{s}}L_{\mathrm{m}}\parallel R_{\mathrm{ac}}}{\mathrm{j}\omega_{\mathrm{s}}L_{\mathrm{r}}+\dfrac{1}{\mathrm{j}\omega_{\mathrm{s}}C_{\mathrm{r}}}+\mathrm{j}\omega_{\mathrm{s}}L_{\mathrm{m}}\parallel R_{\mathrm{ac}}}\right\| \tag{3.24}$$

对式（3.24）进行适当数学变换，可得 LLC 谐振变换器的电压增益为

$$M=\frac{1}{\sqrt{\left[\left(1-\dfrac{1}{(f_{\mathrm{s}}^{*})^2}\right)Qf_{\mathrm{s}}^{*}\right]^2+\left[\left(1-\dfrac{1}{(f_{\mathrm{s}}^{*})^2}\right)\dfrac{1}{\lambda}+1\right]^2}} \tag{3.25}$$

式中，$\lambda=L_{\mathrm{m}}/L_{\mathrm{r}}$，$Q=Z_{\mathrm{r}}/R_{\mathrm{ac}}$ 为谐振电路的品质因数，$Z_{\mathrm{r}}=(L_{\mathrm{r}}/C_{\mathrm{r}})^{0.5}$ 为特征阻抗，$f_{\mathrm{s}}^{*}=f_{\mathrm{s}}/f_{\mathrm{r}}$ 为标幺化开关频率。根据式（3.25）可得其在 $\lambda=10$ 且为纯阻性的电压增益曲线，如图 3.11 所示。

如图 3.11 所示，以纯阻性曲线和直线 $f_{\mathrm{s}}^{*}=1$ 为界，可将整个工作区域划分为三个部分。

区域 1：在 $f_{\mathrm{s}}^{*}=1$ 以及纯阻性曲线右侧，电压增益 $M<1$，为降压模式，变换器呈感性，开关管工作在 ZVS 状态；

区域 2：在 $f_{\mathrm{s}}^{*}=1$ 的左侧以及纯阻性曲线右侧，电压增益 $M>1$，为升压模

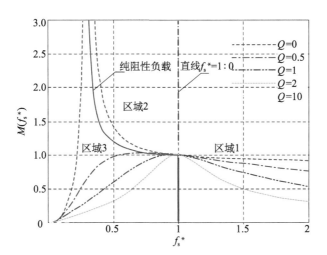

图 3.11 LLC 谐振变换器的电压增益特性曲线

式，变换器呈感性，开关管工作在 ZVS 状态；

区域 3：在 $f_s^*=1$ 以及纯阻性曲线左侧，此时变换器呈容性，开关管工作在 ZCS 状态。

当开关频率较高时，开关管一般选取 MOSFET，而 MOSFET 适合工作在 ZVS 状态，即图中的区域 1 和区域 2。根据以上分析可知，当 $f_s>f_r$ 时，副边整流二极管为硬关断，存在反向恢复损耗，因此，变换器不适合工作在区域 1。综上，在设计参数时，可以让 LLC 谐振变换器工作于区域 2。

LLC 谐振变换器工作于谐振频率点时，变换器的电压增益与负载无关，且效率最高。因此，为了使高压母线变换器的输出电压较平稳，并使其效率尽可能高，应使变换器的开关频率略低于谐振频率，这样可以实现原边开关管和副边整流二极管的 ZCS。

3）DC/DC 恒流调节级

DC/DC 恒流调节级需具有如下特性：①大电流；②输出电流纹波小。因此，在低纹波、大电流的场合，可采用多相交错并联和耦合电感的技术来提高电流输出能力和减小电流纹波。

交错并联技术是指并联运行的多相电路工作频率一致，但开关相角互相错开。与传统的变换器相比，其交错并联 DC/DC 变换器具有如下优点：

（1）多相变换器将功率平均分配到各个变换通道中，避免开关管、整流管、输出电感等器件发热过于集中。

（2）由于各相中承担的电流变小，可以简化电感设计和方便器件选型。而且，由于输出电流纹波的脉动提高，可以减小输出电感的感值，较小的输出电感可以使负载突变时的瞬态响应速度大大提高。

（3）由于各个变换通道交错开闭，电流相互叠加，所以总输出电流的纹波小于各相电流的纹波，而且脉动频率随之提高到单相电流纹波的 n 倍。此时，如果电容容量不变，其输出电压纹波减小，如果保持纹波不变，则可以减小输出滤波电容容量，进而有利于电源功率密度的提升。

耦合电感是一种磁集成方法，可以把一个或多个电感耦合在一个磁芯上，使其比原来多个分立电感更能提高电路的性能。耦合电感在稳态时能增加电路中的等效电感，有利于减小系统输出纹波，在动态时等效电感减小，可以提高电源的动态特性。同时耦合电感也有利于消除电路中的共模噪声。

交错并联技术常用在输出电流较大的 DC/DC 变换器中，因此适合应用在为半导体激光器提供较大驱动电流的场合中。而且，由于半导体激光器输入电压较低，需采用降压型 DC/DC 变换器。所以下面以两相交错并联 Buck 变换器为例进行分析，如图 3.12 所示，其开关管 S_1、S_2 的驱动信号相差 180°。若是 n 相交错并联，则驱动信号各相差 $360°/n$。i_{L_1} 和 i_{L_2} 分别为电感 L_1 和 L_2 的电流，i_o 为变换器的输出电流。

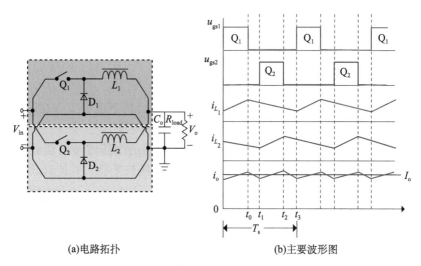

(a)电路拓扑   (b)主要波形图

图 3.12   两相交错并联 Buck 变换器

以 $0 < D < 0.5$ 的情况为例，根据图 3.12，对变换器工作模态的分析如下。

（1）阶段 1 $[0, t_0]$：Q_1 开通，D_2 续流，Q_2、D_1 截止，L_1 储存能量同时电流上升，C_o 充电，到达 t_0 时刻，L_1 的电流达到最大峰值，L_2 通过 D_2 继续释放能量。在此阶段

$$\Delta i_{L_1} = \frac{V_o}{Lf_s}(1 - D) \tag{3.26}$$

$$\Delta i_{L_2} = -\frac{V_o}{Lf_s}D \tag{3.27}$$

则总的输出电流纹波为

$$\Delta i_{\mathrm{o}} = \Delta i_{L_1} + \Delta i_{L_2} = \frac{V_{\mathrm{o}}}{Lf_{\mathrm{s}}}(1-2D) \tag{3.28}$$

（2）阶段 2 $[t_0，t_1]$：Q_1、Q_2 截止，D_1 和 D_2 续流，L_1 和 L_2 电流减小，C_{o} 放电。到 t_1 时刻，L_2 的电流达到最小值。在此阶段

$$\Delta i_{L_1} = \Delta i_{L_2} = -\frac{V_{\mathrm{o}}}{Lf_{\mathrm{s}}}(0.5-D) \tag{3.29}$$

则总的输出电流纹波为

$$\Delta i_{\mathrm{o}} = \Delta i_{L_1} + \Delta i_{L_2} = \frac{V_{\mathrm{o}}}{Lf_{\mathrm{s}}}(1-2D) \tag{3.30}$$

（3）阶段 3 $[t_1，t_2]$：Q_2 开通，D_1 续流，Q_1、D_2 截止，L_2 储存能量同时电流上升，C_{o} 充电，到达 t_2 时刻，L_2 的电流达到最大峰值，L_1 通过 D_1 继续释放能量。在此阶段

$$\Delta i_{L_1} = -\frac{V_{\mathrm{o}}}{Lf_{\mathrm{s}}}D \tag{3.31}$$

$$\Delta i_{L_2} = \frac{V_{\mathrm{o}}}{Lf_{\mathrm{s}}}(1-D) \tag{3.32}$$

则总的输出电流纹波为

$$\Delta i_{\mathrm{o}} = \Delta i_{L_1} + \Delta i_{L_2} = \frac{V_{\mathrm{o}}}{Lf_{\mathrm{s}}}(1-2D) \tag{3.33}$$

（4）阶段 4 $[t_2，t_3]$：Q_1、Q_2 截止，D_1 和 D_2 续流，L_1 和 L_2 电流减小，C_{o} 放电。到 t_3 时刻，L_1 的电流达到最小值。此阶段方程与阶段 2 $[t_0，t_1]$ 相同。

由以上分析可知，总输出电流的纹波为

$$\Delta i_{\mathrm{o}} = \frac{V_{\mathrm{o}}}{Lf_{\mathrm{s}}}(1-2D) \tag{3.34}$$

使用相同电感时，单 Buck 变换器的输出电流纹波为

$$\Delta i_{\mathrm{o}} = \frac{V_{\mathrm{o}}}{Lf_{\mathrm{s}}}(1-D) \tag{3.35}$$

由式（3.10）和（3.11）可得，两相交错并联 Buck 变换器输出电流纹波为单 Buck 变换器的 $K(K<1)$ 倍，即

$$K = \frac{1-2D}{1-D} \tag{3.36}$$

当 $0.5<D<1$ 时，分析过程与 $0<D<0.5$ 类似，最后可得

$$K = \frac{2D-1}{D} \tag{3.37}$$

以上数学分析证明了交错并联电路拓扑有利于总输出电流纹波的减小。

在变换器输出电压恒定的条件下，可得多相交错并联 Buck 变换器输出电流

纹波 i 与占空比 D、交错并联相数 n 的关系，如图 3.13 所示[140]。

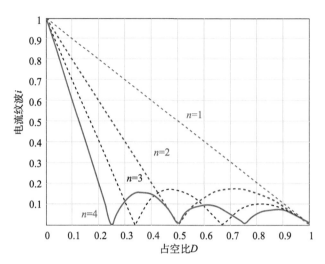

图 3.13　多相交错并联 Buck 变换器输出电流纹波 i 与占空比 D、交错并联相数 n 的关系

　　通过图 3.13 可知，交错并联变换器的纹波抑制效果不仅与交错并联的模块数 n 有关，还与变换器的占空比 D 有关。要得到最优的输出电流纹波特性，须根据 Δi_o 的表达式及输出功率、电压增益共同确定合理的 n 和 D。例如，$D=0.5$ 时，采用两模块交错并联拓扑可实现零纹波输出，而 $n=3$ 的交错并联拓扑输出电流纹波幅值和单模块相比减小了 2/3，为获得最优的输出电流纹波特性，n 相交错并联拓扑中单模块占空比 D 应等于或约等于 $j/n(j=1, 2, \cdots, n-1)$。由输出电流零纹波条件可知，在占空比 D 确定的情况下，$n_{\min}=1/D$ 为实现零纹波输出的最小并联通道数，例如，$D=0.5$ 时，$n=2, 4, 8, \cdots$ 均可实现零纹波输出，此时 2 为实现零纹波特性的最小并联通道数。满足功率冗余的前提下，最好采用最小并联通道数 $n_{\min}$ 的拓扑结构。

　　在多相交错并联变换器中，多个磁件是影响变换器体积、质量的主要因素。因此可以采用磁集成技术来减小磁件的体积、质量。磁集成将多个分立的磁性元件集成在一起，绕制在相同的磁芯上，这不仅大大减小了磁性元件的体积和质量，还能在一定程度上改善系统的动态性能。对于多路交错并联 Buck 变换器，有数个电感，各路电感中的绕组电压有相位差，可以利用磁集成技术将多个电感绕在同一个磁芯上，组成耦合电感，从而减小磁性元件的数量。

　　根据磁通作用的不同可以将磁集成分为正向耦合方式和反向耦合方式，图 3.14 给出电感耦合的两路交错并联 Buck 变换器。其中，v_1 和 v_2 分别为两路电感绕组上的电压，i_{L_1} 和 i_{L_2} 分别为流过两路电感绕组的电流，i_o 为输出电流。L_1 和 L_2 分别为两路电感绕组的自感值，M 是两路电感绕组的互感值。假设耦合电感两路绕组是对称的，有 $L_1 = L_2 = L_{cp}$。定义耦合系数为 $\alpha = M/L_{cp}$，其值越大，耦合越强。当 $\alpha = 0$ 时，电感非耦合，独立电感值为 L_{nc}。假设耦合前后电感自感值不变，即 $L_{cp} = L_{nc}$[141]。

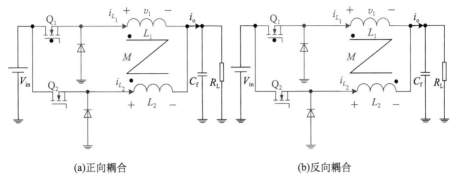

(a)正向耦合　　　　　　　　　　　　(b)反向耦合

图 3.14　电感耦合的两路交错并联 Buck 变换器

当变换器稳定工作时，一般可从电流脉动和磁芯磁通两方面分析耦合电感对变换器的影响[142]。

从电流脉动角度来讲，根据图 3.14 可知

$$v_1 = L_1 \frac{\mathrm{d}i_{L_1}}{\mathrm{d}t} + M \frac{\mathrm{d}i_{L_2}}{\mathrm{d}t} \tag{3.38}$$

$$v_2 = L_2 \frac{\mathrm{d}i_{L_2}}{\mathrm{d}t} + M \frac{\mathrm{d}i_{L_1}}{\mathrm{d}t} \tag{3.39}$$

当两路电感绕组正向耦合时，M 为正数；当它们反向耦合时，M 为负数。

由式（3.38）和式（3.39）得

$$v_1 - \alpha v_2 = (1 - \alpha^2) L_{cp} \frac{\mathrm{d}i_{L_1}}{\mathrm{d}t} \tag{3.40}$$

以 $0 < D < 0.5$ 为例对如图 3.14 所示的两路交错并联 Buck 变换器进行分析，根据如图 3.13 所示的波形图可知，该变换器存在三种开关模式，即①Q_1 导通，Q_2 关断；②Q_1 和 Q_2 均关断；③Q_1 导通，Q_2 关断。下面分析在这三种情况下 L_1 对应的等效电感表达式。

假设 Buck 变换器工作在连续模式，那么有

$$V_o = DV_{in} \tag{3.41}$$

当 Q_1 导通，Q_2 关断时，$v_1 = V_{in} - V_o$，$v_2 = -V_o$，将它们和式（3.40）代入式（3.41）可得

$$v_1 = V_{in} - V_o = L_{eq1} \frac{\mathrm{d}i_{L_1}}{\mathrm{d}t} \tag{3.42}$$

其中，

$$L_{eq1} = \frac{1-\alpha^2}{1+\dfrac{D}{1-D}\cdot\alpha}L_{cp} \tag{3.43}$$

当 Q_1 和 Q_2 关断时，$v_1 = -V_o$，$v_2 = -V_o$，将它们和式（3.40）代入式（3.41）可得

$$v_1 = -V_o = L_{eq2}\frac{di_{L_1}}{dt} \tag{3.44}$$

其中，

$$L_{eq2} = (1+\alpha)L_{cp} \tag{3.45}$$

当 Q_1 关断，Q_2 导通时，$v_1 = -V_o$，$v_2 = V_{in} - V_o$，将它们和式（3.40）代入式（3.41）可得

$$v_1 = -V_o = L_{eq3}\frac{di_{L_1}}{dt} \tag{3.46}$$

其中，

$$L_{eq3} = \frac{1-\alpha^2}{1-\dfrac{1-D}{D}\cdot\alpha}L_{cp} \tag{3.47}$$

采用相同的思路，可推导对应开关模态时 L_2 对应的等效电感表达式。最终可得，当 Q_1 导通 Q_2 关断时，L_1 绕组的等效电感为 L_{eq1}，L_2 绕组的等效电感为 L_{eq3}；当 Q_1 和 Q_2 同时关断时，L_1 绕组和 L_2 绕组的等效电感均为 L_{eq2}；当 Q_1 关断 Q_2 导通时，L_1 绕组的等效电感为 L_{eq3}，L_2 绕组的等效电感为 L_{eq1}。

从图 3.13 中可以看出，当 $D \leqslant 0.5$ 时，每路电感的电流脉动幅值均由 L_{eq1} 决定，为

$$\Delta i_{L\_pp\_cp} = \frac{V_{in}-V_o}{L_{eq1}}Dt_s \tag{3.48}$$

当 $D \leqslant 0.5$ 时，如图 3.13 所示，输出电流脉动量等于其在 $[t_1,\ t_2]$ 内的脉动量，为

$$\Delta i_{o\_pp\_cp} = 2\frac{V_o}{L_{eq2}}(0.5-D)t_s = \frac{V_o}{L_{eq2}}(1-2D)t_s \tag{3.49}$$

当电路中电感正向耦合时，互感 $M>0$，即 $\alpha>0$，因此

$$L_{eq1} = \frac{1-\alpha^2}{1+\dfrac{D}{1-D}\cdot\alpha}L_{cp} < L_{nc} \tag{3.50}$$

$$L_{eq2} = (1+\alpha)L_{cp} > L_{nc} \tag{3.51}$$

由此可知，相比独立电感，电感正向耦合后，等效电感 L_{eq2} 的增大使得电感电流脉动减小；等效电感 L_{eq1} 的减小使得输出电流脉动增加。具体电流脉动波形如图 3.15 所示，其中实线为采用耦合电感的电流波形，虚线为采用独立电感的

电流波形。

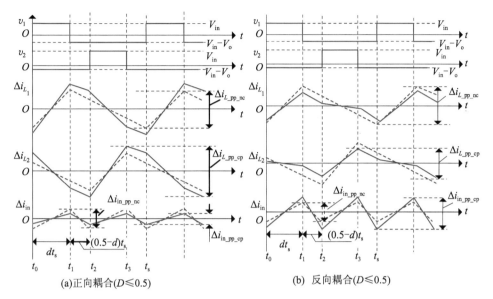

图 3.15　电感耦合的交错并联 CCM Buck 变换器电感两端电压和脉动电流波形

当电路中电感反向耦合时，互感 $M < 0$，即 $\alpha < 0$，若 α 满足以下条件

$$\alpha < \frac{D}{1-D} \tag{3.52}$$

则有

$$L_{\text{eq1}} = \frac{1-\alpha^2}{1+\dfrac{D}{1-D}\alpha} L_{\text{cp}} > L_{\text{nc}} \tag{3.53}$$

$$L_{\text{eq2}} = (1+\alpha)L_{\text{cp}} < L_{\text{nc}} \tag{3.54}$$

由此可知，相比于独立电感，电感反向耦合后，等效电感 L_{eq2} 的增大使得电感电流脉动降低；等效电感 L_{eq1} 的减小使得输出电流脉动增加。

进一步，稳态等效电感与耦合系数 α 的关系如图 3.16 所示，为了获得上述反向耦合电感特性，要求将耦合电感设计在图 3.16 中 $L_{\text{eq1}}/L > 1$ 的区域。从图可知，为了保证对于所有的占空比变化情况，等效电感 L_{eq1} 都能大于 L，耦合系数不能选得太大。实际中，可以通过合理设计耦合系数和自感值，使输入电流脉动在耦合前后不变，则等效于增加每路绕组的电感值，以降低电感电流脉动，提高变换器效率。

从磁通的角度来讲，其磁柱绕制方式如图 3.17 所示。从图中可以看出，在正向耦合电感中（图 3.17（a）），磁芯边柱中与两路电感绕组均匝链的磁通（虚线）是互相加强的，中柱磁通（实线）相当于边柱磁通相减；而反向耦合电感中

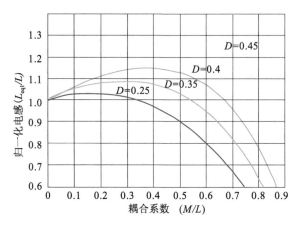

图 3.16 稳态等效电感与耦合系数关系图

（图 3.17（b）），磁芯边柱中与两路绕组均匝链的磁通互相抵消，中柱磁通是边柱磁通的叠加。

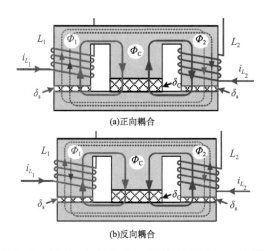

图 3.17 耦合电感的磁芯和绕组结构以及磁通示意图

图 3.18 给出电感正向耦合和反向耦合时磁芯边柱和中柱的磁通波形（$D \leqslant 0.5$）。由于加在绕组两端的电压有 $180°$ 的交错，边柱磁通波形也有 $180°$ 的相位差。电感正向耦合时（图 3.18（a）），边柱磁通中的耦合磁通相加，直流分量 Φ_{s_dc} 和交流分量 Φ_{s_ac} 都较大。中柱磁通中的直流分量虽然完全抵消，但交流分量的幅值 Φ_{c_ac} 较大；电感反向耦合时（图 3.18（b）），边柱中的磁通相减，部分直流磁通分量 Φ_{s_dc} 相互抵消。同时，由于交错并联的抵消作用，中柱磁通交流分量的幅值 Φ_{c_ac} 相比于边柱磁通交流分量幅值 Φ_{s_ac} 有所降低。在高输入功率且输入电流中包含较大直流分量的应用场合，磁芯中的直流分量一般较大，正向耦合时磁

芯边柱中的磁通较大，易导致磁芯饱和，而中柱磁通脉动幅值较大，损耗增加。因此，交错并联 Buck 变换器中的耦合电感多采用反向耦合。

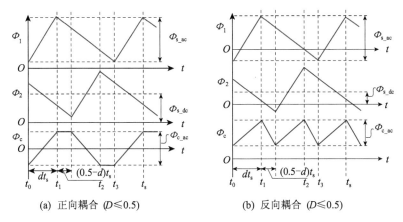

(a) 正向耦合 ($D \leqslant 0.5$)　　　　(b) 反向耦合 ($D \leqslant 0.5$)

图 3.18　耦合电感中的磁通波形

3.3　半导体激光器驱动电源的电流纹波抑制技术

由于所有开关电源都存在输出电流纹波的问题，所以，为满足半导体激光器对输入电流纹波的严苛要求，通常需在半导体激光器恒流驱动电源的输出端增加有源或无源的电流纹波抑制单元。尽管抑制电源输出电流纹波最直接简便的方法就是增加电源的输出滤波电感和滤波电容，但较大的电感和电容增加了电源的体积质量和成本。因此，为了在减小输出电流纹波的同时保证电源的功率密度，在诸多文献中分别对无源滤波技术和有源滤波技术这两类电流纹波抑制技术进行了研究，以下将分别对这两类技术进行讨论。

3.3.1　无源滤波技术

无源滤波技术主要通过设计合适的耦合电感来减小电流纹波。根据耦合线圈绕向的不同，无源滤波技术可以进一步分为以下两种方式：正向耦合滤波电感方式和反向耦合滤波电感方式。

1. 正向耦合滤波电感方式

正向耦合滤波电感方式具有不同的电路表现形式，但其最主要的核心电路结构就是通过绕组电压成比例的正向耦合电感来减小电流纹波。

如图 3.19 所示，L_1、L_2 为正向耦合电感两个绕组的自感，互感为 M，绕组两端的电压分别为 u_1、u_2，"•"表示绕组同名端，根据耦合电感的特性有[143]

$$\begin{cases} u_1 = L_1 \cdot \dfrac{\mathrm{d}i_1}{\mathrm{d}t} + M \cdot \dfrac{\mathrm{d}i_2}{\mathrm{d}t} \\ u_2 = L_2 \cdot \dfrac{\mathrm{d}i_2}{\mathrm{d}t} + M \cdot \dfrac{\mathrm{d}i_1}{\mathrm{d}t} \end{cases} \tag{3.55}$$

由式（3.55）可知，当电感与电感正向耦合时，由于互感的分压作用，可减小加在自感上的电压，从而能减小电流纹波。对式（3.55）进行变换可得

$$\begin{cases} \dfrac{\mathrm{d}i_1}{\mathrm{d}t} = \dfrac{1}{L_1 \cdot L_2 - M^2} \cdot (L_2 \cdot u_1 - M \cdot u_2) \\ \dfrac{\mathrm{d}i_2}{\mathrm{d}t} = \dfrac{1}{L_1 \cdot L_2 - M^2} \cdot (L_1 \cdot u_2 - M \cdot u_1) \end{cases} \tag{3.56}$$

根据式（3.56）可得 i_1 实现零纹波的条件为

$$L_2 \cdot u_1 = M \cdot u_2 \tag{3.57}$$

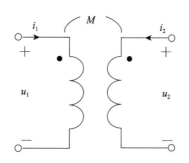

图 3.19　正向耦合电感

由式（3.57）可知，要实现零纹波需要：①绕组电压成比例，即 $u_2 = ku_1$；②互感要满足一定关系，即 $M = L_2/k$。对于电感绕组电压存在比例关系的电路拓扑，如 Cuk 变换器、SEPIC 变换器和电压型多路输出电源，可直接将分立电感集成来减小电流纹波。但是为实现零纹波，互感 M 的取值十分重要，这给耦合电感的制作带来了一定的困难。

在一般变换器中，同样也可利用以上正向耦合电感减小电流纹波的方法来实现电流纹波的抑制。在如图 3.20 所示的 L-LC 二端口滤波单元中，L_1 为变换器的滤波电感，L_2 为外加电感，C 为外加电容，"•" 表示绕组同名端，"v_{sw}" 和 "V_{q}" 分别为滤波单元与变换器开关网络和直流输出端（或输入端）连接处的电压[144]。

稳态时，假设 C 较大，其上的电压脉动可以忽略。电感电压在一个开关周期中其平均电压为零，因此 C 上电压与 v_{q} 相等，所以加在 L_1 和 L_2 上的电压相等，满足绕组电压成比例的条件，调整耦合系数 k 即可实现减小电流纹波的目的。当 $L_2 = M$，即耦合系数 $k_{\mathrm{null}} = \sqrt{L_2/L_1}$ 时，在理论上可以实现输出电流零纹波的目的。

图 3.20 为 L-LC 滤波单元的等效电路，由图可得，该电路的传递函数如下：

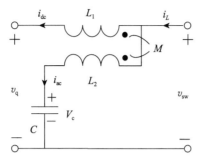

图 3.20 L-LC 二端口滤波单元

$$G(s) = \frac{V_q}{v_{sw}} = \frac{1 + s^2 CL_2(1 - kL_1/L_2)}{1 + s^2 CL_2} \tag{3.58}$$

当 $k = k_{null}$ 时,式(3.58)为

$$G(s) = \frac{V_q}{v_{sw}} = \frac{1}{1 + s^2 CL_2} \tag{3.59}$$

当 $k = k_{null}$ 时,L-LC 滤波单元可等效为由外加电容 C 和外加电感 L_2 构成的二阶低通滤波网络。在实际中,电容 C 的取值不可无限大,因此 $G(s) \neq 0$,即该滤波网络不可能完全抑制输出电流零纹波。

外加电容 C 和等效电感 $L_2 - M$ 构成了一条串联谐振支路,其谐振频率为

$$f_{notch} = \frac{1}{2\pi\sqrt{CL_2(1 - k\sqrt{L_1/L_2})}} \tag{3.60}$$

当 $k = k_{null}$ 时,$f_{notch} = \infty$,L-LC 滤波单元的幅频特性即为上述的二阶低通滤波器的特性,其幅频特性如图 3.21 中黑色虚线所示,其中 ESR 为等效串联电阻。

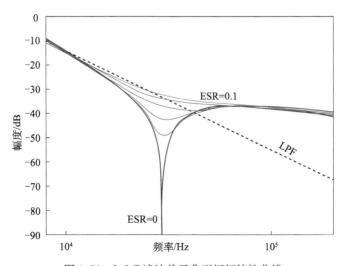

图 3.21 L-LC 滤波单元典型幅频特性曲线

当 $k<k_{\text{null}}$ 时，f_{notch} 为一实数，L-LC 滤波单元的幅频特性除了具有二阶低通滤波器的特性外，在频率 f_{notch} 处的增益为负无穷大，即在如图 3.21 中蓝色实线所示的幅频特性曲线在频率 f_{notch} 处存在一个滤波陷阱。因此，在这种情况下可通过设置合理的 f_{notch}，对开关频率处的电流纹波进行大幅衰减。在高频范围处，L-LC 滤波单元的增益如下：

$$G(s)_{\text{high}} = 20\log\left(\left|1-k\sqrt{\frac{L_1}{L_2}}\right|\right) \tag{3.61}$$

显然，L-LC 滤波单元的高频增益 $G(s)_{\text{high}}$ 为一负实数，即如图 3.21 所示，L-LC 滤波单元的高频增益要大于二阶低通滤波器的高频增益。

在实际应用当中，由于外加电感和电容存在寄生阻抗，所以会对电容 C 和等效电感 L_2-M 构成的串联谐振支路有阻尼作用，从而抑制了滤波陷阱的滤波作用，其典型的幅频特性曲线如图 3.21 所示。因此当寄生阻抗较大时，L-LC 滤波单元对电流纹波的衰减作用要弱于二阶低通滤波器。

当 $k>k_{\text{null}}$ 时，f_{notch} 为一虚数，因此在这种情况下，L-LC 滤波单元的幅频特性曲线不存在滤波陷阱，如图 3.21 中红色虚线所示。L-LC 滤波单元的高频衰减特性不如二阶低通滤波器，因此这种情况下的 L-LC 滤波单元并不适合应用于电流纹波的抑制。

图 3.22 给出了另一种基于正向耦合电感的滤波单元（L-LLC 滤波单元)[145,146]。L-LLC 滤波单元的电路结构类似于上述的 L-LC 滤波单元，只是增加了一个额外的电感 L_3。根据如图所示的 L-LLC 滤波单元等效电路，可得如下方程：

$$M\frac{\mathrm{d}i_{\text{dc}}}{\mathrm{d}t} + (L_2+L_3-M)\frac{\mathrm{d}i_{\text{ac}}}{\mathrm{d}t} = V_{\text{q}} - v_C \tag{3.62}$$

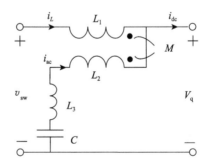

图 3.22　L-LLC 滤波单元的电路结构

假设 C 较大，其上的电压脉动可以忽略。根据上述分析可知外加电容 C 上电压 v_C 等于变换器直流输出端（或输入端）的电压 V_{q}，即式（3.62）等号右边等于 0。所以当 $L_3 = L_2-M$ 时，可以实现输出电流零纹波。

文献［147］讨论了 L-LLC 滤波单元的幅频特性，其幅频特性如图 3.23 所示。类似 L-LC 滤波单元，L-LLC 滤波单元在 $L_3 > L_2 - M$ 的情况下存在一个滤波陷阱，通过合理的设计可以对开关频率处的电流纹波进行大幅衰减。

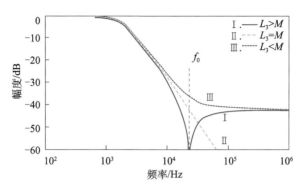

图 3.23　L-LLC 滤波单元的幅频特性

相比于 L-LC 滤波单元，L-LLC 滤波单元由于只需对外加电感 L_3 进行调整就能方便地实现对电流纹波的抑制，所以可以优化其耦合电感的设计和制作。

2. 反向耦合滤波电感方式

与正向耦合电感不同，反向耦合电感没有自然的电流纹波抑制特性。因此，需增加额外的无源器件来形成电流纹通路，以配合反向耦合电感来抑制电流纹波[148,149]。

在如图 3.24 所示的 LL-LC 二端口滤波单元中，L_1 和 L_2 为变换器的反耦合滤波电感，L_3 为外加电感，C 为外加电容，"•"表示绕组同名端，"v_{sw}"和"V_q"分别为滤波单元与变换器开关网络和直流输出端（或输入端）连接处的电压。

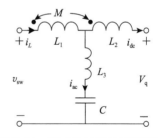

图 3.24　LL-LC 二端口滤波单元

根据如图所示的 LL-LC 滤波单元等效电路，可得如下方程：

$$(L_2 + M) \frac{\mathrm{d}i_{dc}}{\mathrm{d}t} + (M - L_3) \frac{\mathrm{d}i_{ac}}{\mathrm{d}t} = v_C - V_q \tag{3.63}$$

假设 C 较大，其上的电压脉动可以忽略。由于电感伏秒平衡的特性，电感两端电压的平均值在一个周期内为 0，因此外加电容 C 上电压 v_C 等于变换器直流输出端（或输入端）的电压 V_q，即式（3.63）等号右边等于 0。所以，当 $L_3 = M$ 时，可以实现输出电流零纹波的目的。

相较于上述的 L-LC 滤波单元，LL-LC 滤波单元与变换器开关网络连接侧的

等效电感为 L_3+M 而非 M，因此可以降低变换器中开关管的电流应力。

　　文献［150］给出了 LL-LC 滤波单元在 M 与 L_3 不匹配下（$|M-L_3|/L_3=$ 1.5%）的幅频特性曲线，如图 3.25 所示。该特性曲线与 L-LC 滤波单元的幅频特性曲线类似。

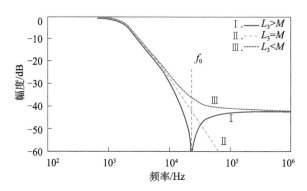

图 3.25　LL-LC 二端口滤波单元幅频特性曲线

　　当 $M<L_3$ 时，在频率 $f=f_{zero}$ 处存在一个滤波陷阱，因此可以通过合理的设计将 f_{zero} 设置在开关频率处，以较好地抑制电流纹波。

　　当 $M\neq L_3$ 时，LL-LC 滤波单元的高频增益逐渐趋近于 $20[\log(L_3-M)-\log(L_1+L_3)]$，因此在这种情况下，LL-LC 滤波单元对高频电流纹波的衰减能力要弱于二阶低通滤波器。

3.3.2　有源滤波技术

　　目前，已有许多文献提出了各种各样的有源纹波滤波器拓扑结构，其基本滤波电路结构如图 3.26 所示[150-154]。在一般情况下，有源纹波滤波器有两种类型：前馈型滤波器和反馈型滤波器。如图 3.26 所示，文献［151］所提出的前馈型滤波器，通过采样主电路 v_{sw} 端的电流纹波，从而控制由三极管组成的线性有源滤波电路输出一个反向的电流对主电路的电流纹波进行补偿。而对于文献［152］所提出的反馈型滤波器主要通过采样主电路 V_q 端的电流，通过高增益反馈控制由 MOS 管组成的线性有源滤波电路，使主电路输出电流的纹波为零。文献［153］介绍了有源滤波器中不同电流采样方式和辅助电路的优缺点以及设计注意事项。

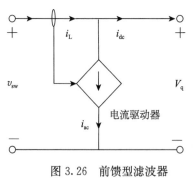

图 3.26　前馈型滤波器

以下将以文献〔154〕为例，对有源滤波技术的具体实现电路进行介绍，其基本电路原理图和主要波形图如图 3.27 所示。图中主电路为 Buck 电路，有源纹波补偿电路为三极管 T，其工作在线性放大状态。

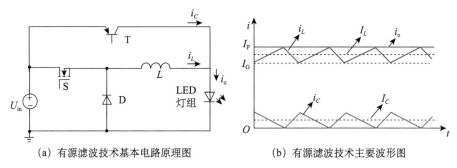

(a) 有源滤波技术基本电路原理图　　　(b) 有源滤波技术主要波形图

图 3.27　有源滤波技术基本电路原理图和主要波形图

如图所示，Buck 电路的电感电流 $i_L(t)$ 和三极管 T 的补偿电流 $i_C(t)$ 可分别表示为

$$i_L(t) = I_L + \Delta i_L(t) \tag{3.64}$$

$$i_C(t) = I_C + \Delta i_C(t) \tag{3.65}$$

式中，I_L 是电感电流的直流分量；$\Delta i_L(t)$ 为电流纹波；I_C 为补偿电流（即三极管的集电极电流）的直流分量；$\Delta i_C(t)$ 为补偿电流的交流分量。通过合理的设计使得 $\Delta i_C(t) = -\Delta i_L(t)$，则 Buck 电路的电感电流纹波可以被完全补偿，使得其输出电流 I_o 不含有交流分量，为纯直流。如图 3.27 (b) 所示，当 Buck 电路的电感电流为峰值时，若补偿电流为 0，可得到补偿电流直流分量的最小值表达式

$$I_{C_{\min}} = \frac{1}{2}(I_P - I_G) \tag{3.66}$$

电流纹波补偿原理图的具体电路如图 3.28 所示。Buck 电路的电感电流纹波是通过观测电感两端的电压来检测的，该方法具有损耗低、成本低和易集成的特点。其采样电感电流的原理如下所述。

电感的电压和电流满足如下关系：

$$u_L = L\frac{\mathrm{d}i_L(t)}{\mathrm{d}t} \tag{3.67}$$

根据上式可知，通过对电感两端的电压进行积分即可采样电感电流的纹波。因此图中，运算放大器 A_1 及其周围的电阻和电容构成了一个积分电路，其中运算放大器 A_1 的输出可以表示为

$$u_{o1} = -\frac{1}{RC}\int_0^t [u_1(t) - u_2(t)]\mathrm{d}t = -\frac{1}{RC}\int_0^t u_L(t)\mathrm{d}t \tag{3.68}$$

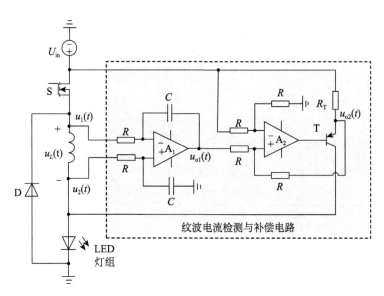

图 3.28 电流纹波补偿原理图的具体电路

将式（3.67）代入式（3.68），可得

$$u_{o1}(t) = -\frac{L}{RC}\Delta i_L(t) \tag{3.69}$$

由式（3.69）可以看出，运算放大器 A_1 输出电压 $u_{o1}(t)$ 与电感电流纹波 $\Delta i_L(t)$ 成正比。若运算放大器 A_1 用单电源供电，$u_{o1}(t) \geqslant 0$，则此时其表达式为

$$u_{o1}(t) = \frac{L}{RC}\left[\frac{1}{2}(I_P - I_G) - \Delta i_L(t)\right] \tag{3.70}$$

运算放大器 A_2 及其周围的电阻构成了一个差动比例运算电路，用以控制电压 $u_{o2}(t)$ 来实现电流纹波的补偿。根据图 3.28 所示的补偿电路结构可以得到

$$u_{o2} = U_{in} - u_{o1} \tag{3.71}$$

从而三极管 T 的集电极电流，即补偿电流为

$$i_C(t) = \frac{U_{in} - u_{o2}}{R_T} = \frac{u_{o1}}{R_T} \tag{3.72}$$

将式（3.71）代入式（3.72）中可以得到

$$i_C(t) = \frac{L}{R_T RC}\left[\frac{1}{2}(I_P - I_G) - \Delta i_L(t)\right] \tag{3.73}$$

因此，当通过合理设计使得 $L/(R_T RC) = 1$ 时，$\Delta i_C(t) = -\Delta i_L(t)$，从而可实现电感电流纹波的全补偿。

综上所述，在电路中采用无源的耦合电感滤波网络具有结构简单、成本低以及应用简单的特点。但耦合电感滤波网络对电流纹波的抑制能力受其参数变化的影响较大，所以其不能完全实现零纹波的电流输出。而且，在实际应用过程中，耦合电感网络的传递函数阶数较高,因此给控制电路的设计增加了困难,还会影响电路的动态特性。有源纹波滤波技术对电路中元件参数的漂移并不敏感,能很好地抑制电流纹波,更易实现输出电流零纹波。但该技术需要额外的控制、反馈电路和有源元件,从而导致电路复杂性的增加。此外,有源纹波滤波电路中存在固有损耗,使得电路整体效率需要得到重视。

3.4　本章小结

本章主要对广泛应用于激光无线能量传输系统中的半导体激光器及其驱动电源进行了详细的介绍。半导体激光器是电流驱动型器件,因此,为保证其安全使用,目前一般采用三级式的电源结构。为保证电源效率,半导体激光器驱动电源主要采用开关变换器,且其中每一级的电路拓扑和控制方式都被广泛研究,技术成熟度高。由于半导体激光器对输入电流纹波的要求较高,本章还针对半导体激光器驱动电源输出级的纹波抑制技术进行了讨论。综上,目前半导体激光器驱动电源效率较高且提升空间有限。要提高系统中发射端的效率,从半导体激光器自身特性出发,研究其工作和损耗机理是解决问题的关键。

第4章 半导体激光器效率最优电流驱动技术

在激光无线能量传输系统中，半导体激光器是重要的组成部分，其效率是制约系统效率的瓶颈。由于半导体激光器是电流注入型器件，输入电流质量对半导体激光器效率有着重要的影响。因此除了从激光技术的角度，通过采用新结构、新材料、新封装等方法来提升半导体激光器电-光转换效率外，本章将重点从功率变换的角度，通过优化半导体激光器输入电流的质量来使得半导体激光器的电/光转换能力得到充分利用。因此，以下将首先从半导体激光器的工作原理及其输入输出特性进行分析，寻找半导体激光器输入电流对其效率的影响；然后通过仿真及理论计算深入探究不同输入电流形式对半导体激光器效率的影响规律。

4.1 半导体激光器的工作原理

如图 4.1 所示，简单半导体激光器的基本结构由重掺杂的 P 型和 N 型半导体材料以及一层很薄的 PN 结组成。在 PN 结外加正向电压后，N 区向 P 区注入电子，P 区向 N 区注入空穴，在 PN 结处，电子与空穴复合形成光子。随着注入电流的增加，PN 结中大量注入的电子和空穴进行复合，从而产生更多能量和方向相同的光子，即可形成高强度的激光输出。以上半导体激光器的发光过程与二极管工作原理类似，因此半导体激光器又称为激光二极管（LD）。

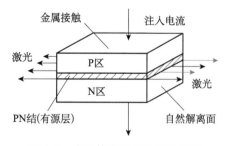

图 4.1 半导体激光器结构示意图

具体地，半导体激光器产生激光必须具备以下三个基本条件[155]。

(1) 受激辐射占主导地位。根据玻尔量子理论，原子中的电子只能在一些特定轨道上运动，而这些轨道具有不同的能量，称为能带。其中，能量低的能带称为价带 E_v，能量高的能带称为导带 E_c。电子在低能级价带 E_v 和高能级导带 E_c 之间的跃迁有以下三种基本方式：自发辐射、受激辐射和受激吸收。

自发辐射是在没有任何外界作用下，电子自发地从高能级（导带 E_c）向低能级（价带 E_v）跃迁，同时辐射出一个光子的过程。自发辐射所发出的光子在频率、方向、相位和偏振状态下都是不同的，普通光源（如白炽灯、LED 等）所发出的光主要是由自发辐射产生的非相干光。

受激辐射是处于导带 E_c 的电子，受到入射光子的作用（光子能量为 $E_c - E_v$），被迫跃迁到价带 E_v 上与空穴复合，并辐射一个与外来光子完全相同的光子的现象。受激辐射是产生激光的必要条件。

受激吸收是在入射光作用下，处于低能级的电子吸收光子的能量跃迁到高能级上的过程。显然，受激辐射和受激吸收是一对互逆的过程，只有当受激辐射大于受激吸收，即高能级上的电子数 N_2 多于低能级上的电子数 N_1 时，才会产生光放大作用。

（2）粒子数反转。通常情况下，电子总是占据低能量的轨道，即 $N_1 > N_2$，这种情况不能产生激光。为了产生激光，可通过外界注入"泵浦"电子的方式，不断地把处于低能级的电子大量激发到高能级，使得高、低能态的电子数目实现反转。为了能够有效地通过注入式泵浦实现粒子数反转，需在 PN 结上施加正向电压，载流子的扩散运动增强使得 N 区的电子向 P 区运动，P 区的空穴向 N 区运动，当注入 PN 结的电流足够大时，在 PN 结处就能形成一个分布反转区，即 $N_1 < N_2$。在 PN 结形成粒子数反转的过程中，由于导带电子不稳定，会发生自发辐射效应，产生非相干光。这些光子中的大部分将会逸出 PN 结，只有沿 PN 结平面方向传播的一小部分光子成为激励光源，引起处于反转分布状态的非平衡载流子产生受激辐射，即产生了激光。

（3）谐振腔。粒子数反转只是半导体激光器产生激光的必要条件，此外还需要谐振腔的作用。谐振腔的一个最主要作用就是提供光学正反馈。在如图 4.2 所

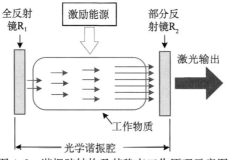

图 4.2　谐振腔结构及其稳态工作原理示意图

示的谐振腔结构中，由于反射镜的作用，只有沿谐振腔轴线运动的光子才能在腔内持续不断地进行往复运动，并在工作介质中不断形成受激辐射，使得腔内光子不断得到激发和放大，从而形成激光。而在腔内形成的激光一部分会经部分反射镜引出被利用，其余部分则会继续留在腔中进行反射振荡。

受激辐射产生的光子在谐振腔来回反射时，会因吸收、散射及反射面透射等引起损耗。因此，必须通过不断地注入电流使 PN 结内的受激辐射不断地增强，使之获得足够的光增益。光增益和光损耗的消长决定着激光功率的大小，当光增益等于光损耗时，激光开始输出，此时对应的电流称为阈值电流。

4.2 半导体激光器效率的影响因素

4.2.1 半导体激光器的 *P-I* 特性和 *V-I* 特性

半导体激光器的 *V-I* 特性描述了激光器输入电压与输入电流之间的变化规律，其典型关系曲线类似二极管的 *V-I* 特性曲线，如图 4.3（a）所示。从图中可知，当向半导体激光器注入电流时，其两端会产生正向电压，而且随着输入电流明显增加，正向电压也随之增加，但增加幅度并不明显。通过半导体激光器的 *V-I* 特性曲线，可以估算出激光器的串联电阻、正向电压、反向电流等参数。

半导体激光器的 *P-I* 特性描述了激光器输出光功率与输入电流之间的变化规律，其典型曲线如图 4.3（b）所示。从图中可知，半导体激光器的 *P-I* 特性曲线具有明显的阈值特性，阈值电流 I_{th} 是半导体激光器的属性，标志着激光器的增益与损耗的平衡点。当输入电流 I 小于阈值电流 I_{th} 时，结区无法达到粒子数反转，以自发辐射为主，输出光功率很小，发出的是荧光；当 $I > I_{th}$ 时，结区实现粒子数反转，受激辐射占主导地位，输出功率急剧增加，发出的是激光，此时 *P-I* 曲线是线性变化的，并满足如下关系：

$$P = \eta_d (I - I_{th}) \tag{4.1}$$

式中，P 和 I 分别为激光器的输出光功率和输入电流；I_{th} 为激光器的阈值电流；η_d 为外微分量子效率，它表征了器件把注入的电子-空穴对转换成向外发射光子的效率。

半导体激光器的 η-I 特性描述了激光器电-光转换效率与输入电流之间的变化规律，其典型曲线如图 4.3（c）所示。根据式（4.1），半导体激光器在连续模式下的效率可近似表示为

$$\eta = \frac{\eta_d (I - I_{th})}{V_{LD} I} = \frac{\eta_d}{V_{LD}} \left(1 - \frac{I_{th}}{I}\right) \tag{4.2}$$

式中，η_d 和 I_{th} 均可认为是常数。而且，由于半导体激光器端电压 V_{LD} 变化范围很

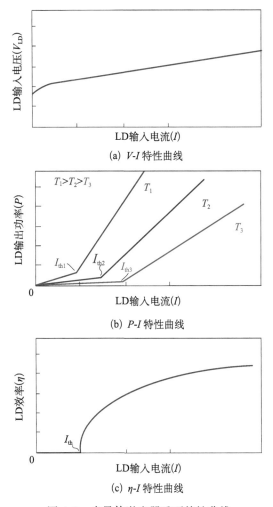

(a) *V-I* 特性曲线

(b) *P-I* 特性曲线

(c) *η-I* 特性曲线

图 4.3 半导体激光器重要特性曲线

小，为简化分析，可近似认为其为一常数。根据式（4.2）可知，对激光器来说，阈值电流 I_{th} 越小，外微分量子效率 η_d 越大，其电-光转换效率越高。

从图 4.3（c）所示的 η-I 特性曲线可知，当输入电流 I 小于阈值电流 I_{th} 时，半导体激光器不产生激光，此时效率为 0。当 $I > I_{th}$ 时，根据公式（4.2）可知，随着输入电流增加，由于阈值电流所对应的功率损耗占总输入电功率的百分比逐渐减小，半导体激光器的效率也随之逐渐增加。当输入电流较小时，半导体激光器的效率上升速率较快；而当电流增加到一定程度后，半导体激光器效率的提高逐渐趋于平缓，最终在最大输入电流处达到效率最大值。由图 4.3（c）可知，半导体激光器的输入电流直接决定了其电-光转换效率的高低，而且在实际应用中，半导体激光器往往不能工作在效率最大点处，从而使得其电-光转换能力得不到充分利用。

尽管半导体激光器相比于其他类型的激光器有着高得多的电-光转换效率，但其内部损耗依然很大，转换效率只有 $40\%\sim60\%$，这意味着有将近一半以上的输入电功率将转化为热量，引起激光器温度的升高。如图 4.3（b）所示，温度的变化对半导体激光器的输出功率产生了较明显的影响。当温度升高时，半导体激光器的输出光功率将明显下降，其中一个显著特征就是激光器的阈值电流 I_{th} 受温度影响将增加，从而导致了激光器电-光转换效率的降低。若温度继续升高到一定程度，激光器就不再输出激光了。因此在实际应用中，大功率半导体激光器需通过热电制冷或水冷的方式对激光器管芯温度进行严格控制，以保证激光器输出功率和电-光转换效率的稳定。

4.2.2　输入电流对半导体激光器效率的影响

根据半导体激光器的 V-I 曲线可知，输入电压微小的变化将会引起输入电流较大的变化。而根据其 P-I 特性曲线可知，在额定工作范围内，输入电流与输出光功率呈线性关系。因此，半导体激光器通常多采用电流注入的形式来进行驱动，通过控制输入电流的大小即可直接控制输出光功率的大小。在实际应用中，为保证半导体激光器的正常工作，对其输入电流的质量提出了较高的要求，输入电流中即使存在微小的波动也将影响输出激光的特性和激光器的寿命。因此，在实际应用中通常要求半导体激光器的驱动电源是一个具有很小电流纹波系数（一般小于 $2\%\sim5\%$）的电流源。

如图 4.4 所示，根据输入电流形式的不同，大功率半导体激光器主要有以下三种驱动方式[156]。

（1）连续（continuous wave，CW）模式：由恒定直流驱动。

（2）脉冲模式（pulse mode）：由低频、大占空比的脉冲电流驱动，其占空比在 $30\%\sim90\%$，脉冲持续时间大于 $500\mu s$。而且偏置电流 I_{bias} 不应设置过高，通常需小于阈值电流 I_{th}，以降低激光器的热应力，从而延长使用寿命。

（3）准连续（quasi continuous wave，QCW）模式：由低频、小占空比的脉冲电流驱动，其占空比在 $0.1\%\sim25\%$，脉冲持续时间在 $100\sim400\mu s$。

由上文可知，大功率半导体激光器具有三种不同的驱动方式，其中，准连续模式具有窄脉宽、小占空比的特点，激光器管芯交替进行着发热和散热的过程，因此不会造成大的热积累或过高的温升。所以半导体激光器在准连续模式下能具有较高的峰值功率，但其平均功率往往较小。而对于能量传输场合，平均功率往往被用来反映传输能量的大小。因此在激光无线能量传输系统中，激光器更适合工作在平均功率更大的连续或者脉冲模式下。

对于某一特定输出光功率，激光器工作在连续和脉冲模式下的工作点如图

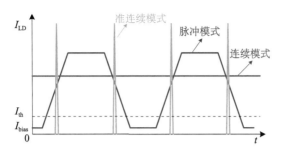

图 4.4　不同半导体激光器驱动模式对应的驱动电流

4.5 所示。其中 A 点为激光器在连续模式下的工作点，对应的激光器效率为 η_A。而在脉冲模式下，为保证平均输出功率一致，其峰值功率应大于 A 点所对应的光功率，即在有光阶段 $[t_0, t_1]$，激光器在脉冲模式下的工作点 B 应设置在图中 A 点右侧，对应的电-光转换效率为 η_B。因此根据图 4.5 可知，在输出相同平均光功率条件下，连续模式和脉冲模式在 $[0, t_0]$ 阶段都有激光辐射，但激光器在脉冲模式下的效率更高。而在 $[t_0, t_s]$ 阶段，激光器在脉冲模式下不辐射激光，效率为 0，所以此时激光器在连续模式下的效率更高。

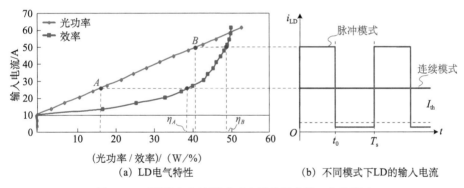

（a）LD电气特性　　　　　　（b）不同模式下LD的输入电流

图 4.5　不同输入电流形式对半导体激光器工作的影响

根据以上分析可知，在输出相同平均光功率的前提下，不同形式的输入电流对应的工作点不同，而每个工作点所对应的瞬时功率和效率也都各不相同。由于激光器的平均效率与其瞬时效率、瞬时功率和占空比有关，因此激光器的平均效率与输入电流的形式有关。换而言之，在任意输出光功率的情况下，必定存在与之对应的效率最优的输入电流形式。例如，如图 4.5 所示的情况，为方便分析，假设脉冲模式下，在 $[t_0, t_1]$ 阶段，半导体激光器输入电流为零（即 $I_{bias} = 0$），那么此时半导体激光器在脉冲模式下的效率即为其在 $[0, t_0]$ 阶段的工作效率 η_B。从而可以从图中明显观察到，此时半导体激光器工作在脉冲模式下更具效率优势。

4.3　半导体激光器的等效电路模型及仿真分析

4.3.1　半导体激光器电光热等效电路模型

为探究不同输出光功率情况下，半导体激光器对应的效率最优的输入电流形式，可直接对其进行实验得到所需的实验数据。但由于实验成本十分昂贵，实验周期较长，所以在前期研究中可利用半导体激光器电路模型进行仿真分析，从而确定半导体激光器效率最优的输入电流形式。这样可大大简化操作、降低研究成本，并大幅度提高分析和研究效率。

半导体激光器作为光电子器件，其中传输的不仅有电功率，而且还有光功率。根据文献［94］可知，任意光电子器件都可以用一组一阶微分方程来描述其光电特性。而根据电路原理可知，任意一个微分方程都可以由基本电路元件和受控源组成的等效电路来表示。因此在半导体激光器电路模型中，光功率需用电路变量（电压或电流）来表征。同时，为实现用电路变量处理光功率的输出，需在半导体激光器模型中引入一个虚拟端口用来输出光功率。这样从半导体激光器的电路模型上来看，半导体激光器不再是一个两端器件，而是一个三端器件，其中两个端口为电功率输入的正负端，一个端口为光功率输出端。

激光的产生是通过激光器 PN 结内载流子的受激复合实现的，PN 结内的载流子需要注入电流提供，因此，研究 PN 结处载流子的行为对构建半导体激光器电路模型尤为重要。图 4.6 给出了电流注入激光器在其 PN 结内部引起载流子变化产生激光的物理过程。图中，I 是注入电流，q 是电子电量，n 是载流子密度，s 是光子密度，V 是载流子库的体积，V_p 是光子库体积，R_{nr} 是非辐射复合速率，R_{sp} 是自发复合速率，τ_p 是光子寿命。

当电流 I 注入激光器时，产生的总的载流子速率为 I/q，其中有 $\eta_i I/q$ 部分的载流子到达载流子库。载流子库中的载流子，一部分以速率 $R_{nr}V$ 进行非辐射复合以热的形式损耗掉；一部分以速率 $R_{sp}V$ 通过自发辐射的形式损耗掉，但其中也会有一部分光子以速率 $R_{sp\_p}V$ 进入光子库；其他的载流子以速率 $R_{21}V$ 经过受激辐射复合变成光子到达光子库。另外，光子库中的光子也会因受激吸收以速率 $R_{12}V$ 产生额外的载流子。

在光子库中，通过受激辐射和自发辐射复合所产生的总光子速率为 $R_{21}V + R_{sp\_p}V$，通过受激吸收所消耗的光子速率为 $R_{12}V$，而其他的光子中有 $\eta_o SV_p/\tau_p$ 部分透过反射镜面离开腔体，输出光功率 P_o。

根据以上描述的激光产生的物理过程，令载流子和光子的变化速率分别等于其增加的总速率减去损耗的总速率，可以得到描述半导体激光器电-光特性的速

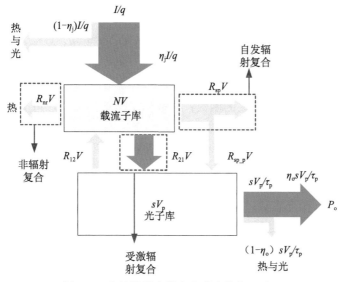

图 4.6 半导体激光器产生激光的物理过程

率方程[157,158]：

$$\frac{\mathrm{d}n}{\mathrm{d}t} = \frac{i_{\mathrm{j}}}{qV} - r_{\mathrm{sp}}(n) - r_{\mathrm{nr}}(n) - g(n,\ s)s \tag{4.3}$$

$$\frac{\mathrm{d}s}{\mathrm{d}t} = \Gamma g(n,\ s)s - \frac{s}{\tau_{\mathrm{p}}} + \beta_{\mathrm{sp}} r_{\mathrm{sp}}(n) \tag{4.4}$$

式（4.3）和式（4.4）中，β_{sp} 为自发辐射系数；$r_{\mathrm{sp}}(n) = 4.2 \times 10^8 n + 1.5^{-16} n^2$，为与载流子密度相关的辐射复合项；$r_{\mathrm{nr}}(n) = 10^8 n + 1.1^{-17} n^2 + 2^{-41} n^3$，为与载流子密度相关的非辐射复合项；$\Gamma$ 为光限制因子；$g(n,\ s) = 1.4 \times 10^{-12} (n - 1.5 \times 10^{24})(1 + 10^{-25} s)$，为与载流子和光子密度相关的光增益。

式（4.3）描述了载流子发生变化的各种机制，方程右边第一项是描述注入电流对载流子的贡献，第二项和第三项分别描述了自发辐射和非辐射复合对载流子的消耗，第四项描述了受激辐射对载流子的消耗。

式（4.4）描述了光子密度变化的各种机制，方程右边第一项描述了受激辐射对光子的贡献；第二项描述了光子的损耗，主要是受激吸收损耗和端面出射损耗；第三项描述了自发辐射的贡献，自发辐射的光子随机辐射到各个方向，耦合进光子库的光子数较少，而 β_{sp} 正是描述这一比例关系的。

由于半导体激光器内部存在的各种损耗机制，注入的电流中有相当一部分转换成热耗散掉，从而引起 PN 结处的温度升高，导致注入 PN 结的电流泄漏，最终造成输出光功率的下降。因此，受温度的影响，为了获得指定的输出光功率，需多注入一部分用于产生热量而消耗的电流。即在建模时，需引入与温度有关的电流项 $i_{\mathrm{off}}(T)$ 对上述速率方程进行修正[159,160]。引入热消耗电流后，速率方程

式 (4.3) 和式 (4.4) 重新表示为

$$\frac{\mathrm{d}n}{\mathrm{d}t}=\frac{i_{\mathrm{j}}-i_{\mathrm{off}}(T)}{qV}-r_{\mathrm{sp}}(n)-r_{\mathrm{nr}}(n)-g(n,\ s)s \tag{4.5}$$

$$\frac{\mathrm{d}s}{\mathrm{d}t}=\Gamma g(n,\ s)s-\frac{s}{\tau_{\mathrm{p}}}+\beta_{\mathrm{sp}}r_{\mathrm{sp}}(n) \tag{4.6}$$

式中，i_{off} (T) 是与温度有关的函数；T 表示 PN 结的温度，可分别由以下公式表示：

$$i_{\mathrm{off}}(T)=A_0+A_1T+A_2T^2+A_3T^3+A_4T^4 \tag{4.7}$$

$$T=T_{\mathrm{o}}+(iv-p_{\mathrm{o}})R_{\mathrm{th}}-\tau_{\mathrm{th}}\frac{\mathrm{d}T}{\mathrm{d}t} \tag{4.8}$$

这里，$A_0\sim A_4$ 是拟合系数；$R_{\mathrm{th}}=0.26℃/\mathrm{mW}$，是半导体激光器的热阻；$\tau_{\mathrm{th}}$ 是热时间常数；$T_{\mathrm{o}}=300\mathrm{K}$ 是环境温度；v 是半导体激光器的输入端电压。为了简化处理，式 (4.8) 中第二项 ($iv-P_{\mathrm{o}}$) 假定注入的电功率除了用来发光外，其他部分都转换成热消耗掉了。

　　上述方程式 (4.5)、式 (4.6) 和式 (4.8) 分别描述了半导体激光器的电特性、光特性和热特性，且都为一阶微分方程，与描述传统电路的微分方程在形式上有相似之处。因此可以通过纯粹的数学处理，将上述数学表达式与特性相当的电子器件进行等效，从而得出半导体激光器电-光-热等效电路模型。

　　为了通过式 (4.5) 构造半导体激光器的等效电学回路，以下将采用经典的 Shockley 关系来表示注入载流子密度 n 与结电压 v_{j} 的关系：

$$n=N_{\mathrm{e}}\left[\exp\left(\frac{v_{\mathrm{j}}}{\eta V_{\mathrm{T}}}\right)-1\right] \tag{4.9}$$

式中，N_{e} 为平衡态少数载流子密度；$\eta=2$，为经验常数；$V_{\mathrm{T}}=26\mathrm{mV}$，为结偏压。

　　由式 (4.5) ～式 (4.9) 整理可得

$$i_{\mathrm{j}}=C_{\mathrm{d}}\frac{\mathrm{d}v_{\mathrm{j}}}{\mathrm{d}t}+i_{\mathrm{n}}(v_{\mathrm{j}})+i_{\mathrm{r}}(v_{\mathrm{j}})+i_{\mathrm{st}}(v_{\mathrm{j}},\ v_{\mathrm{ph}})+i_{\mathrm{off}}(T) \tag{4.10}$$

$$\beta_{\mathrm{sp}}i_{\mathrm{r}}(v_{\mathrm{j}})+i_{\mathrm{st}}(v_{\mathrm{j}},\ v_{\mathrm{ph}})=C_{\mathrm{ph}}\frac{\mathrm{d}v_{\mathrm{ph}}}{\mathrm{d}t}+\frac{v_{\mathrm{ph}}}{R_{\mathrm{ph}}} \tag{4.11}$$

$$g_{\mathrm{th}}(v,\ i,\ p_{\mathrm{o}})=C_{\mathrm{th}}\frac{\mathrm{d}T}{\mathrm{d}t}+\frac{T}{R_{\mathrm{th}}} \tag{4.12}$$

式 (4.10) ～式 (4.12) 中，$C_{\mathrm{d}}=qVN_{\mathrm{e}}\exp(v_{\mathrm{j}}/\eta V_{\mathrm{T}})/\eta V_{\mathrm{T}}$，为结扩散电容；$i_{\mathrm{n}}(v_{\mathrm{j}})=qVr_{\mathrm{nr}}(n)$，为非辐射复合电流；$i_{\mathrm{r}}(v_{\mathrm{j}})=qVr_{\mathrm{sp}}(n)$ 为辐射复合电流；$i_{\mathrm{st}}(v_{\mathrm{j}},\ v_{\mathrm{ph}})=qVg(n,\ s)s$ 为受激复合电流；$v_{\mathrm{ph}}=sVV_{\mathrm{T}}$ 具有电压量纲，与输出光功率成比例；$C_{\mathrm{ph}}=q/V_{\mathrm{T}}$ 具有电容量纲，表示光子库存储光子的能力；$R_{\mathrm{ph}}=V_{\mathrm{T}}\tau_{\mathrm{p}}/q$ 具有电阻量纲，表示光子的损耗；$g_{\mathrm{th}}(v,\ i,\ p_{\mathrm{o}})=(T_{\mathrm{o}}/R_{\mathrm{th}})+(iv-p_{\mathrm{o}})$；$C_{\mathrm{th}}=\tau_{\mathrm{th}}/R_{\mathrm{th}}$。由 v_{ph} 可得半导体激光器输出功率为

$$p_{\text{o}} = k v_{\text{ph}} \tag{4.13}$$

式中，k 为比例系数，表示激光器的耦合效率。

由式（4.10）～式（4.13）可得如图 4.7 所示的半导体激光器的电-光-热等效电路模型。由图可见，半导体激光器电路模型有三个端口，其中 p_{d}、n_{d} 为模型的电学输入端口，与实际器件的电学端口对应，端口 p_{o} 为虚拟端口，其输出电压代表了半导体激光器的输出光功率。该等效电路模型由三个相互耦合的基本电路组成，其中电学等效回路表征的是载流子密度速率方程（4.10），其中 R_{s} 和 C_{s} 分别为寄生电阻和电容，R_{d} 为电流泄漏等效电阻，电压控制电流源 $i_{\text{n}}(v_{\text{j}})$ 和 $i_{\text{r}}(v_{\text{j}})$ 为半导体激光器自身存在的损耗机制，$i_{\text{off}}(T)$ 表征了电功率转换成热能消耗在半导体激光器内的那部分能量，$i_{\text{st}}(v_{\text{j}}, v_{\text{ph}})$ 为半导体激光器用来激发光能的那部分电能；光学等效回路从光子密度速率方程（4.11）得来，其端电压为 v_{ph}。热学等效回路从热传导方程（4.12）得来，其端电压表示 PN 结的结温。

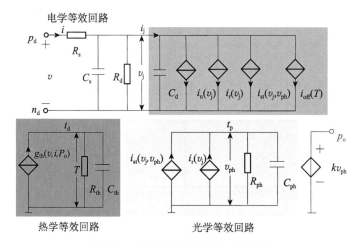

图 4.7　半导体激光器等效电路模型

4.3.2　半导体激光器电路模型仿真及分析

基于以上理论推导所得到的半导体激光器电-光-热等效电路模型，利用 PSPICE 仿真软件搭建了如图 4.8 所示的半导体激光器仿真模型，该仿真模型是由 80 个半导体激光器子模型并联组成的半导体激光器阵列，具体建模过程可参见文献 [158]。由于实验条件的限制，在实验室中无法提取出实验所用激光器的具体参数。尽管不同半导体激光器的功率等级不同，但由于所有半导体激光器都是遵循相同的物理过程进行工作的，所以其中损耗的发生机制类似且所占比例相当。因此，这里采用文献 [160] 中给出的半导体激光器相关参数进行仿真也不失一般性。单个半导体激光器子模型的仿真参数如表 4.1 所示。

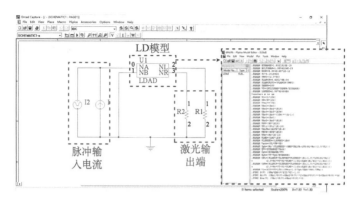

图 4.8   半导体激光器仿真模型

表 4.1   单个半导体激光器仿真模型参数

变量	参数值	变量	参数值
V	3.75mm^3	N_e	$7.8 \times 10^7 \text{m}^{-3}$
A_0	$1.24 \times 10^{-3} \text{A}$	A_1	$-2.545 \times 10^{-5} \text{A/K}$
A_2	$2.908 \times 10^{-7} \text{A/K}^2$	A_3	$-2.331 \times 10^{-10} \text{A/K}^3$
A_4	$1.022 \times 10^{-12} \text{A/K}^4$	Γ	0.3
β_sp	10^{-3}	τ_ph	4.3ps
R_th	0.26℃/mW	τ_th	10μs
k	5.2×10^{-7}	R_s	5mΩ
C_s	1pF	R_d	1MΩ

图 4.9 和图 4.10 分别给出了半导体激光器仿真模型在不同形式的输入电流情况下（主要是恒定直流和脉冲电流两种），其平均输入电流与平均输出光功率和效率的关系图。图中 D 为脉冲电流的占空比，$D=1$ 表示恒定直流，图中半导体激光器的 $P\text{-}I$ 和 $\eta\text{-}I$ 仿真曲线与其典型特性曲线的形状和变化趋势都比较相符。从图 4.9 中可明显发现，在脉冲模式下，半导体激光器的等效阈值电流（即不能用来发光的那部分电流）要比连续模式下得小，而且脉冲电流的占空比越小，其等效阈值电流越小。这是由于，在如图 4.5 所示的有光阶段 $[0, t_0]$，脉冲模式和连续模式的阈值电流相等，但在脉冲模式的无光阶段 $[t_0, t_1]$，其偏置电流明显小于连续模式的阈值电流。显而易见，在整个周期内，脉冲模式下的等效阈值电流比连续模式下的小，而且脉冲电流的占空比越小，等效阈值电流越小。由于半导体激光器在脉冲模式下的等效阈值电流要小，所以从图 4.10 中可以看出，半导体激光器在脉冲模式下只需输入相对较小的电流就能获得较高的效率。

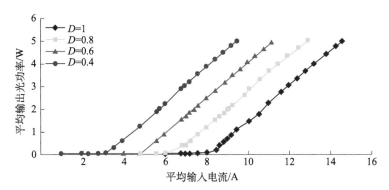

图 4.9 不同工作模式下半导体激光器平均输入电流与平均输出光功率的关系曲线

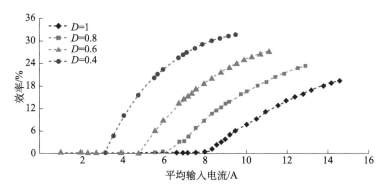

图 4.10 不同工作模式下半导体激光器平均输入电流与效率的关系曲线

为了更加直观地对比半导体激光器在输入电流为恒定直流和脉冲电流下的效率情况,图 4.11 给出了激光器平均输出光功率变化时,不同形式的输入电流对应的电-光转换效率的仿真结果。同样,图中 D 为脉冲电流的占空比,$D=1$ 表示恒定直流。从图 4.11 中可以看出,在输出相同平均光功率的前提下,半导体

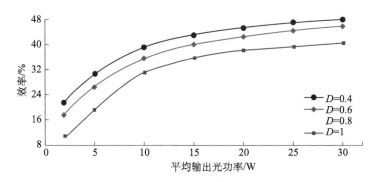

图 4.11 半导体激光器不同工作模式下的仿真效率曲线

激光器工作在脉冲模式下的效率要高于连续模式，并且输入电流的脉宽越小，越有利于半导体激光器效率的提高。根据式（4.1）和式（4.2）可以得到以上结论的数学证明，证明如下。

对于脉宽为 D_1 的脉冲输入电流 i_{in1}，其平均输出光功率 p_{o1_avg}、平均输入电功率 p_{in1_avg} 和半导体激光器效率 η_1 可表示为

$$p_{o1\_avg} = D_1 \eta_d (i_1 + I_{bias} - I_{th}) \tag{4.14}$$

$$p_{in1\_avg} = \frac{1}{T_s} \int_0^{T_s} V_{LD} i \mathrm{d}t = V_{LD}(D_1 i_1 + I_{bias}) \tag{4.15}$$

$$\eta_1 = \frac{p_{o\_avg}}{p_{in\_avg}} = \frac{D_1 \eta_d (i_1 + I_{bias} - I_{th})}{V_{LD}(D_1 i_1 + I_{bias})} \tag{4.16}$$

式中，I_{bias} 为脉冲输入电流的偏置电流，且 $I_{bias} < I_{th}$；$i_1 + I_{bias}$ 为脉冲电流的峰值电流。

同样，可以得到脉宽为 D_2 的输入脉冲电流 i_{in2} 的平均输出光功率 p_{o2_avg}，平均输入电功率 p_{in2_avg} 和半导体激光器效率 η_2 如下：

$$p_{o2\_avg} = D_2 \eta_d (i_2 + I_{bais} - I_{th}) \tag{4.17}$$

$$p_{in2\_avg} = \frac{1}{T_s} \int_0^{T_s} V_{LD} i \mathrm{d}t = V_{LD}(D_2 i_2 + I_{bias}) \tag{4.18}$$

$$\eta_2 = \frac{p_{o\_avg}}{p_{in\_avg}} = \frac{D_2 \eta_d (i_2 + I_{bias} - I_{th})}{V_{LD}(D_2 i_2 + I_{bias})} \tag{4.19}$$

假设 $p_{o1\_avg} = p_{o2\_avg}$，且 $D_1 > D_2$，根据式（4.14）和式（4.17）可得

$$D_1 i_1 - D_2 i_2 = (I_{th} - I_{bias})(D_1 - D_2) > 0 \tag{4.20}$$

由式（4.16）、式（4.19）和式（4.20）可得

$$\frac{\eta_1}{\eta_2} = \frac{D_2 i_2 + I_{bias}}{D_1 i_1 + I_{bias}} < 1 \tag{4.21}$$

由式（4.21）可知，脉冲电流的脉宽越小，越有利于半导体激光器效率的提高，从而可以使得半导体激光器的实际工作效率更加接近其最大效率值（即激光器最大连续输入电流对应的效率）。而且，在某一特定输出光功率情况下，半导体激光器在脉冲模式下效率提升的理论上限值可由式（4.16）计算得到。

通过以上理论分析和数学证明可知，输入脉冲电流有利于提升半导体激光器工作效率的本质为：在平均输出光功率一致的前提下，通过改变脉冲电流的占空比，即可以改变脉冲电流的电流峰值，根据半导体激光的 $\eta\text{-}I$ 曲线可知，改变峰值电流即可改变半导体激光器工作时的效率点。因此，为了提高半导体激光器的工作效率，应尽可能地使半导体激光器的工作点设置在大输入电流对应的高效率区域。该过程类似于通过调整光伏阵列的输出电压来改变其工作点在 $P\text{-}V$ 曲线上的位置，从而提高阵列输出功率的过程。以上发现一方面为系统总体效率的优化提供了理论基础；另一方面为激光器驱动电源改进和优化提供了依据。

4.4　半导体激光器效率优化实验结果

为了验证上述理论和仿真的正确性，在实验室搭建了一套激光器效率测试系统，如图 4.12 所示。其中，激光器型号为：DILAS M1F4S22-808-50C，其激光波长为 808nm，输出功率为 50W，具体的参数如表 4.2 所示。光功率计型号为：Thorlab's S322C，主要用来测量激光器输出的平均功率。

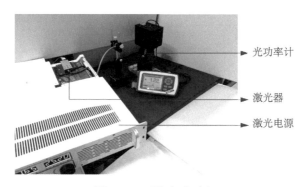

图 4.12　系统实验平台

表 4.2　本章激光无线能量传输系统所用激光器性能参数

输入电压，V_{in}	1.6～1.7V
输入电流，I_{in}	<60A
阈值电流，I_{th}	10A
输入电流纹波，ΔI_{in}	<5%（全范围）
激光波长	808nm
最大光输出功率，P_{out_max}	50W
最大电-光转换效率，$\eta_{dc\text{-}op}$	45%

图 4.13 为连续和脉冲模式下激光器的输入电流和输入电压的波形图。

图 4.14 给出了激光器平均输出光功率变化时，不同形式的输入电流对应的电-光转换效率的实验结果。图中实线为实验结果，虚线为仿真结果。同样图中 D 为脉冲电流的占空比，$D=1$ 表示纯直流。从图中可以看出，实验效率曲线和仿真效率曲线具有相同的变化趋势，即半导体激光器工作在脉冲模式下的效率要高于连续模式，并且输入电流的脉宽越小，半导体激光器的效率越高。

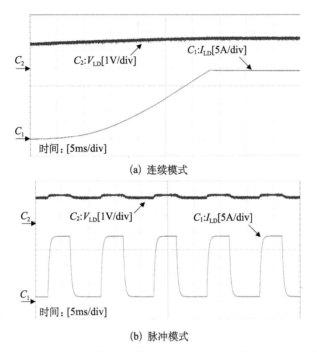

(a) 连续模式

(b) 脉冲模式

图 4.13　连续和脉冲模式下激光器的输入电流和输入电压的波形图

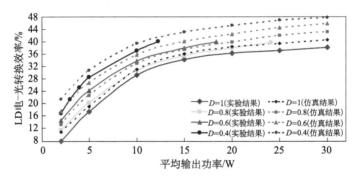

图 4.14　半导体激光器不同工作模式下的实验效率曲线

4.5　本章小结

　　本章主要从功率变换的角度提出了半导体激光器工作效率优化的方法。首先，根据半导体激光器的输入输出特性，在半导体激光器输出相同的平均光功率前提下，通过理论分析发现，改变半导体激光器输入电流形式，可以改变半导体激光器工作点的位置。由于半导体激光器电-光转换效率与其工作点的位置有关，因此，优化半导体激光器输入电流形式可以为优化半导体激光器工作效率提供可能的解决方案。进一步地，为深入探究使得半导体激光器效率最优的输入电流形式，采用 PSPICE 建立仿真模型，对半导体激光器平均输出光功率变化时，不同形式的输入电流对应的电-光转换效率的情况进行了仿真。通过仿真发现，半导体激光器工作在脉冲模式下的效率要高于连续模式的情况，并且输入电流的脉宽越小，半导体激光器的效率越高。然后根据以上发现的规律，进行了详细的数学推导和实验加以验证。实验结果证明了理论分析的正确性。

第5章　能量与信息复合传输技术

在远距离激光供能场合，保证激光无线电能传输系统中能量安全、高效传输的前提是实现系统收发两端的信息交互。而目前使用的无线电通信，其带宽很小、易受电磁干扰、距离也短，不能满足实际需求。在激光无线能量传输系统中，激光不仅是能量传输的媒介，还是传递信息的良好载体，因此，激光无线能量传输系统不仅适合为远距离的移动设备供电，可以实现点对点的无线传能，同时还具有利用传能激光载波实现双向保密激光通信的能力。

5.1　能量与信息复合传输策略

激光供电与通信系统原理如图 5.1 所示。系统发射端主要包括控制系统、激光器、跟瞄和光学系统等。系统接收端主要有光伏阵列电池（光伏板）、功率变换器、调制回复反射器（modulating retro-reflector，MRR）装置等。在工作过程中，系统发射端首先对传输能量的主光束进行调制，从而使得能量与信息耦合在同一激光束上。然后，调制后的激光经过跟瞄和光学系统后，准确传输到光伏阵列上，光伏阵列则将光能转化为电能，为负载提供能量，同时作为信号探测器

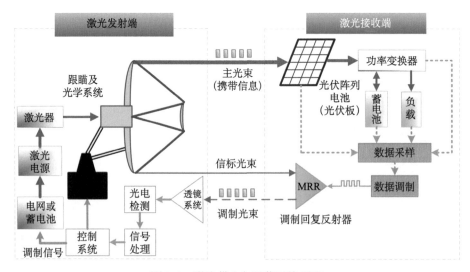

图 5.1　激光供电与通信系统原理

将信号解调出来，以完成信息的上传。除了主光束外，系统发射端还将向系统接收端发射一束低功率的信标光束，当系统接收端的调制发射器检测到信标光束时，接收端的信号处理系统将会驱动调制发射器对询问光束进行数据加载，实现询问光束的调制，然后调制后的数据光束经调制发射器中的光学系统反射回发射端的光电接收器和控制系统进行信号处理，从而完成信息的下载。

综上，激光无线能量传输系统在实现激光无线能量传输的同时，还可以利用激光进行双向通信，上行激光传输飞行控制指令（一般数据传输速率较低），下行激光实时回传侦察遥感等数据（一般要求较高的传输速率）。从上文可知，系统中实现数据的下行主要依靠调制发射器实现，目前该项技术比较成熟。而实现数据的上行需对大功率激光束进行调制，这与传统激光通信有所不同，且相关研究较少。因此，以下将主要针对系统中实现数据上行的技术进行讨论。

5.1.1　半导体激光器内调制技术

为了实现在激光上加载信息进行传输，首先需要对激光进行调制。目前，按照调制器与激光器的关系，激光调制技术可以分为外调制和内调制两种。其中，外调制是在激光器外的光路上放置调制器，用调制信号改变调制器的物理特性，当激光通过调制器时，光波的某个参量会发生变化；而内调制是用调制信号去改变激光器的振荡参数，从而改变激光器的输出特性。与外调制相比，内调制尽管数据传输速率不高，但具有调制方式简单、器件简单、体积小巧等优点，尤其是可以避免传输能量的高功率激光对外置调制器造成损伤。

在激光通信系统中光电探测器通常直接响应光信号的强度，所以应用于强度调制/直接检测（IM/DD）系统中的调制方式有三种比较经典的方式：通断键控（on-off keying，OOK）调制、脉冲位置调制（pulse-position modulation，PPM）和数字脉冲间隔调制（digital pulse interval modulation，DPIM）。

1. 通断键控调制

通断键控调制又称二进制振幅键控，通过单极性非归零码序列控制信号的发送，利用载波信号的幅度变化传递信息，其初始相位和频率始终保持不变，表达式为添加公式。输入信号为二进制的数字脉冲信号，在每个比特时间内光脉冲处于开或者关的状态：每个"1"比特编码为一个光脉冲，而"0"比特编码为无光脉冲，工作原理如图 5.2 所示。

2. 脉冲位置调制

脉冲位置调制是将脉冲位置根据传输信号的变化进行变化的调制方式，用不同时间位置的脉冲来表示 0 与 1，连续的周期性光脉冲作为载波，由光脉冲所在的位置来表示传输信息。下面主要介绍单脉冲位置调制（即 L-PPM 调制）。单脉

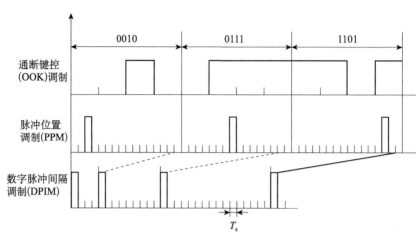

图 5.2　激光通信的三种经典调制方式

冲位置调制，是将 n 位二进制数据，唯一地映射到一个时间周期内，该时间周期称为一帧。该时间周期由 $2n$ 个时隙组成，时隙的时长是均匀的，即每个时隙所占的时间都是相同的，指数 n 也称为调制阶数。单脉冲位置调制本质上是对光脉冲进行调制，n 位的二进制信息通过脉冲位置调制，会被映射到一帧光信号中，该帧光信号被划分为 $2n$ 个时隙，且这些时隙中只有一个时隙拥有光脉冲。调制之后的信息被加载到激光器上，以光的形式发射出去。由此可见，单脉冲位置调制的映射属于一对一的映射，满足调制的唯一性。为了直观地介绍单脉冲位置调制，图 5.2 给出调制阶数为 2 的 DPIM、PPM 和 OOK 的调制对比图。

3. 数字脉冲间隔调制

数字脉冲间隔调制方式源自脉冲位置调制。数字脉冲间隔调制的一帧被划分为 M 个时隙，两个相邻光脉冲之间的时隙数由每 $\log_2 M$ 位的二进制信息编码形成，其信息由两个光脉冲之间间隔的时隙数来表示。当 $M=4$ 时，数字脉冲间隔调制与以上两种调制方式的调制脉冲对比如图 5.2 所示。

以上三种内调制方法各有特点。通断键控调制方式简单易实现，是普通光通信系统中最常用的调制方式，但是功率利用率不高。脉冲位置调制方式光功率特性和误码特性好，广泛用于高速光纤通信系统，但是对带宽要求高，且要求时隙与符号保持同步，实现起来较复杂。数字脉冲间隔调制作为新兴的调制方式，功率利用率和带宽利用率优于脉冲位置调制方式且不需要保持符号同步，但是在多信道通信中受码间串扰影响严重，实现难度较高。

5.1.2　功率和信息复合传输基本原理

综上所述，在光通信中大多数光调制都是强度调制，其基本调制思想是以光脉冲的有无来传输 1、0 序列，如基本的通断键控调制方式。当然，为提高传输码率及传输通道对外界抗干扰的能力，系统通信时可采用脉冲位置这种多进制的调制方式。总之，不管采用何种调制方式，由于系统设计为一个强度调制/直流检测系统，为了在接收端能够解调出信息中的二进制码 "0" 和 "1"，都需要判断所接收到的光功率大小，即功率大于某一值时认为是 "1"，反之则为 "0"。为了使半导体激光器输出脉动的光功率，从而完成通信工作，可通过内调制的方式使激光器输入电流按调制信号变化，因此需采用脉冲电流驱动。而在能量传输的场合，一般通过判断能量的平均值来评估传递能量的大小，因此为了实现的方便，半导体激光器一般采用连续的平直电流进行驱动。

　　基于上面的分析，为了在系统中实现能量和信息的复合传输，可采用如下方法：将传递能量的平直电流与传递信息的脉冲电流耦合，合成后的电流相当于在脉冲电流的基础上加上了直流偏置，如图 5.3 所示。从图中可以看出，为了保证传递能量的平均功率不变，用于传递信息的电流平均值为零。并且合成后的电流可以通过判断采样点处电流的大小来区分二进制中的 "0" 和 "1"，另外，合成电流的平均值即为传递能量的平直电流，其大小反映了传递激光能量的大小。

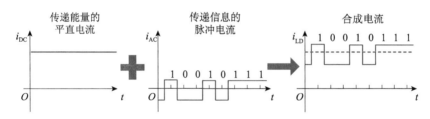

图 5.3　信息与能量同时传递的实现方法

5.2　半导体激光器脉冲电流源

5.2.1　半导体激光器脉冲电流源拓扑

　　如上文所述，为了在系统中实现能量和信息的复合传输，需对半导体激光器的输入电流进行调制。系统对上行信号的速率要求不高，且对于大功率半导体激光器，其脉冲输入电流的频率往往较低，因此，须为半导体激光器设计合适的低频脉冲电流源。

　　在小功率场合（百瓦级及以下），传统半导体激光器脉冲电流源为线性电源，尽管具有输出电流纹波小、动态特性好的优点，但其效率较低，不适合应用在大功率能量传输的场合。为了在大功率场合提高半导体激光器脉冲电流源的效率，可采用开关电源作为半导体激光器的驱动电源，其典型电源架构如图 5.4 所示。

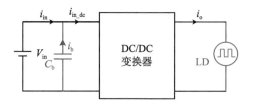

图 5.4 半导体激光器脉冲电源架构

文献［161］根据图 5.4 所示的电源架构，提出了单级式半导体激光器脉冲电流源电路。如图 5.5 所示，该电路主要采用双管正激的拓扑，输出端为三阶的无源滤波网络，以抑制输出电流的纹波。同时，该电路采用峰值电流控制的方式，有效地抑制了输出电流尖峰或者过冲的问题。在电路工作时，采样输出电流与脉冲电流基准 i_{ref} 进行比较，所得误差经过积分调节，输出一个直流量 k，该直流量主要用于调节输出脉冲电流的平均值。然后，直流量 k 作为一个加权因子与脉冲电流基准 i_{ref} 相乘，从而得到电流内环的电流基准，以控制变换器输出预设的脉冲电流。该电路具有效率高、控制简便的特点，但高阶输出滤波器会限制脉冲电流的上升/下降速率。

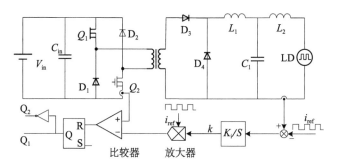

图 5.5 单级式半导体激光器脉冲电流源电路

对于任何如图 5.4 所示的电源架构，其输出功率含有丰富的低频分量，这些低频分量传输到电源的输出端，会影响电源前级变换器或供电设备的工作状态，比如，增加前级变换器中开关管的电流应力和开关损耗以及磁性元件损耗。为此可在电源输入端采用容值较大的电解电容作为储能电容 C_b 来均衡输入功率和输出功率。即在脉冲阶段，输入电源和储能电容 C_b 一起向半导体激光器提供功率；在无脉冲阶段，输入电源为储能电容 C_b 充电。在实际应用中，储能电容通常由多个大容量的电解电容并联组成，但电解电容寿命短，是限制半导体激光器驱动电源寿命的短板。此外，较大的储能电容还不利于电源功率密度的提升。

对于如图 5.6 所示的另一典型的半导体激光器脉冲电流源架构，其 DC/DC 变换器（一般为 Buck 类变换器）工作在恒流模式，为半导体激光器提供相应的驱动电流。其输出端电流开关 Q 控制电流流向，当需要产生脉冲时，开关 Q 断开，DC/DC 变换器的输出电流提供给半导体激光器，产生脉冲电流。当不需要产生脉冲电流时，DC/DC 变换器的输出电流经过开关 Q 续流。在该脉冲电流源拓扑中，电流开关 Q 取代上述储能电容 C_b 的角色，实现输入功率和输出功率的平衡，从而使得电源对储能电容的需求减小，有利于电源功率密度的提升。但由于 DC/DC 变换器始终输出峰值电流，其开关管电流应力较大。另外，电流开关 Q 的开关动作会引起电源输出电压的波动，从而造成输出电流畸变，需通过增大 DC/DC 变换器中扼流电感的感值、提高变换器控制带宽或者引入前馈控制等方法来加以抑制。

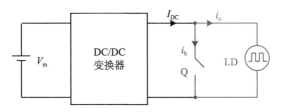

图 5.6　半导体激光器脉冲电源架构

　　为了弥补上述传统半导体激光器脉冲电流源存在的缺陷，本章基于有源功率解耦的思想[162-164]，提出了如图 5.7 所示的半导体激光器脉冲电流源架构。其中 DC/DC 变换器的输出电流为一个平直的直流电流 I_{DC}，以提供脉冲电流 i_o 中的直流分量。双向变换器并联在 DC/DC 变换器的输出端，其输出电流 i_b 等于脉冲电流 i_o 中的交流分量。在电源需要输出电流脉冲时，DC/DC 变换器和双向变换器同时向半导体激光器提供功率；当电源不需要输出脉冲时，双向变换器吸收 DC/DC 变换器输出的能量，并存储在储能电容 C_b 中，以便在需要输出下一个电流脉冲时提供必要的功率。由此可见，双向变换器起到了储能电容的作用，通过控制

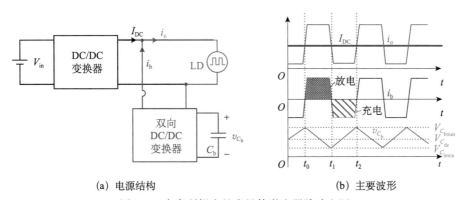

(a) 电源结构　　　　　　　　　　　　(b) 主要波形

图 5.7　本章所提出的半导体激光器脉冲电源

双向变换器可以处理电源输入功率和输出功率之间不平衡的问题。该电源架构具有以下优点：

（1）将图 5.4 中输入端的储能电容转移到了双向变换器的高压侧，通过控制可以提高储能电容 C_b 上脉动电压的平均值，从而可以减小 C_b 的容值，有利于电源功率密度的提升。

（2）由于 DC/DC 变换器和双向变换器分别拥有独立的控制环路，因此可以根据各自的特点分别进行优化设计。比如，DC/DC 变换器的滤波电感值可以设计得大些，开关频率取得小些，以提高其效率；而双向变换器的滤波电感值可以设计得小些，开关频率取得大些，以提高电源的动态响应。

5.2.2　半导体激光器脉冲电流源的控制策略

1. DC/DC 变换器控制策略

如图 5.8 所示，本章采用 Buck 变换器作为半导体激光器脉冲电源中的 DC/DC 变换器，并采用平均电流控制方式来控制 Buck 变换器输出平直的电流。为方便分析，将双向变换器视为理想电流源，根据图 5.8 可以得到如图 5.9 所示的控制框图[165]。

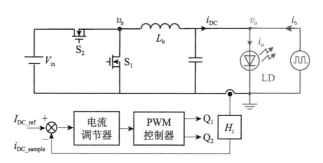

图 5.8　Buck 变换器平均电流控制电路原理图

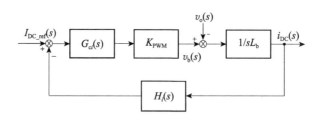

图 5.9　Buck 变换器平均电流控制框图

图 5.9 中 $G_{ci}(s)$ 为电流调节器的传递函数；K_{PWM} 为 PWM 调制器的传递函数，其表达式为

$$K_{\text{PWM}} = \frac{V_{\text{in}}}{V_{\text{m}}} \tag{5.1}$$

式中，V_{in} 为输入电压；V_{m} 为锯齿波的幅值。

由图 5.9 可以推导出 Buck 变换器输出电流 $i_{\text{DC}}(s)$ 的闭环传递函数为

$$i_{\text{DC}}(s) = \frac{1}{H_i(s)} \frac{T_i(s)}{1 + T_i(s)} I_{\text{DC\_ref}}(s) - \frac{\dfrac{1}{sL_{\text{b}}}}{1 + T_i(s)} v_0(s) \tag{5.2}$$

式中，$I_{\text{DC\_ref}}$ 为电流基准；$v_{\text{o}}(s)$ 是 Buck 变换器的输出电压；$H_i(s)$ 是 Buck 电感电流的采样系数；$T_i(s)$ 为电流环的开环增益，其表达式为

$$T_i(s) = \frac{H_i(s) G_{ci}(s) K_{\text{PWM}}}{sL_{\text{f}}} \tag{5.3}$$

由式（5.2）可知，i_{DC} 是 $I_{\text{DC\_ref}}$ 和 v_{o} 的函数。其中 $I_{\text{DC\_ref}}$ 为直流量，而在实际中 v_{o} 除了有直流分量外还叠加了脉冲信号频率处的交流分量。若要使 i_{DC} 良好地跟踪 $I_{\text{DC\_ref}}$，应保证环路增益在 $I_{\text{DC\_ref}}$ 频率处的幅值足够大，即变换器在直流处具有足够高的环路增益幅值。要使 i_{DC} 不受 v_{o} 的影响，除了保证在直流处具有足够高的环路增益幅值外，还应保证环路增益在脉冲信号频率处的幅值足够大。为此，文献 [165] 指出，在满足系统稳定性的前提下，开关变换器的开关频率需大于脉冲信号频率的 100 倍，才能保证变换器在脉冲信号频率处具有足够高的环路增益。

由以上分析表明，若变换器开关频率不能满足大于 100 倍脉冲信号频率的约束条件，会导致变换器的输出电流 i_{DC} 受到输出电压 v_{o} 的影响，使得输出电流 i_{DC} 中将包含较大的脉冲信号频率处的交流分量。因此，为了避免上述情况的发生，如图 5.10 所示，可在变换器的控制电路中引入电压前馈的概念，即从图 5.9 中的 $v_{\text{o}}(s)$ 端引入系数为 $1/K_{\text{PWM}}$ 的通路至 PWM 调制器的输入端，从而来抵消式（5.2）中与 v_{o} 相关的部分，以达到抑制 v_{o} 对 i_{DC} 影响的目的。

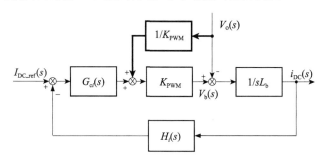

图 5.10　输出电压前馈控制框图

2. 双向变换器控制策略

本章采用 Buck/Boost 变换器作为半导体激光器脉冲电源中的双向变换器，并采用如图 5.11 所示的双闭环控制[166]。其中电压外环控制高压侧储能电容电压

v_{Cb} 的平均值，从而使得储能电容 C_b 上脉动电压的最低值始终高于低压侧电压 v_o，以保证 Buck/Boost 双向变换器能正常工作。电流内环采用平均电流控制，使 Buck/Boost 变换器的输出电流能跟踪电流内环的给定，从而得到图 5.7（b）中所示的脉冲电流 i_b。电流内环的给定是由脉冲电流的基准 i_{pulse_ref} 和电容 C_b 的电压误差信号 v_{pi_out} 按一定比例相加后得到的。值得指出的是，在实际应用中，由于 Buck/Boost 变换器效率不为 100%，因此电压调节器的输出将含有一定的直流分量，从而使得电流内环的给定不是一个纯交流分量。但是在本章所述的应用场合下，可通过适当地调整 I_{DC} 来补偿 i_b 中的直流分量，从而得到所需要的脉冲电流 i_o。

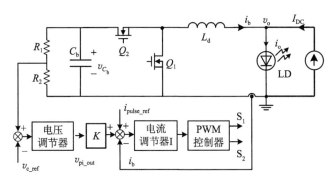

图 5.11　Buck/Boost 变换器控制电路原理图

5.2.3　基于半导体激光器脉冲电流源架构的信号调制协议

在实际应用中，通信信号指令在一个周期内发送的"0"和"1"的个数不可能永远恰好相等，因此表示信号的脉冲电流 i_b 的波形并不会和图 5.7（b）显示的一样。根据上文的分析可知，当正脉冲数量持续超过负脉冲时，储能电容中的能量会不断减少，反之储能电容中的能量则会不断增加。因此，需对通信信号编码规则加以优化，否则储能电容的电压将随能量变化不断升高或降低，直至超过最大耐压值或低于输出电压，从而导致双向变换器无法正常运行。

因此，为了保证双向变换器上的功率平衡，正负脉冲在一个周期内的数量必须相等。本章对系统中使用的通信信号指令作出如下四点规范。

（1）每连续 2N+2bit 的数据进行一次打包，形成的数据包以帧为单位（N 为非零自然数）；

（2）每一帧都由起始位（1bit）、数据位（N bit）、校验位（N bit）、停止位（1bit）组成；

（3）每一帧的起始位均为"0"，停止位均为"1"；

（4）每一帧中的数据位由通信信号决定，校验位则根据数据位中"0"和"1"的数量进行补偿，从而保证一帧内"0"与"1"的数量相同。

图 5.12 显示了 $N=8$ 时规范的一个示例。由图 5.12 可以看出，由于一帧周期内正负脉冲数量相等，合成电流的平均值与恒流变换器的输出电流值一致。由此可知，当发送符合上述规范的通信信号指令时，仅通过调节恒流变换器的电流就可以控制半导体激光器的平均发射功率。

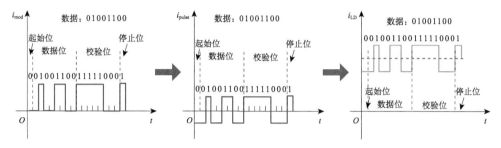

图 5.12　信号调制协议示意图

通过运用上述规范，为系统带来的优点有以下三点：

第一，消除了由表征信息的脉冲电流引起的系统平均发射功率波动。其中，恒流变换器控制能量传输，双向变换器控制信息传递，从而可使能量和信息的传输在控制上完全解耦。

第二，从电源角度上看，保证了储能电容的电压始终处于合理范围内，提高了系统驱动电源的可靠性。

第三，通过数据打包和自由设置校验位，大大提高了数据传输的可靠性，同时也为接收端的数据解码打好了基础。

5.2.4　半导体激光器脉冲电流源的参数设计

本节主要对以上所提出的半导体激光器脉冲电流源进行设计，其主要参数如表 5.1 所示。

表 5.1　半导体激光器脉冲电流源设计指标

变量	数值	变量	数值
输入电压 V_{in}	12V	输出电压 V_o	3V
脉冲输出电流频率 f_{pulse}	1kHz	最大输出电流 I_{o_pk}	40A
Buck/Boost 最大输出电流 I_{d_pk}	5A	输出电流纹波 ΔI_o	<500mA
Buck 开关频率 f_{sb}	100kHz	Buck/Boost 开关频率 f_{sd}	500kHz

1. Buck 变换器参数设计

1）Buck 变换器电感设计

Buck 变换器中可以根据所能允许的电感电流纹波大小来选择合适的感值。

Buck 变换器开关管 S_1 的占空比为

$$D_{S_1} = 1 - \frac{V_o}{V_{in}} \tag{5.4}$$

Buck 变换器电感电流纹波表达式为

$$\Delta i_L = \frac{V_o \cdot D_{S_1}}{L_b \cdot f_{sb}} \tag{5.5}$$

根据式（5.4）和式（5.5）可得 Buck 变换器电感 L_b 的表达式为

$$L_b > \frac{\left(1 - \dfrac{V_o}{V_{in}}\right) \cdot V_o}{\Delta i_L \cdot f_{sb}} \tag{5.6}$$

为满足激光器对输入电流纹波的要求，令 $\Delta i = 0.5\text{A}$，代入式（5.6），可计算出 $L_b = 45\,\mu\text{H}$。

2）Buck 变换器控制环路的设计与分析

根据以上分析可知，如果 Buck 变换器的开关频率不足够高，其输出电流会受输出电压的影响而产生畸变，为此可引入输出电压前馈来抑制输出电压对输出电流的影响。因此以下将对 Buck 变换器控制环路进行设计与分析。

令式（5.3）中 $G_{ci}(s) = 1$，可得到未补偿时电流环路增益 T_i 的伯德图，如图5.13 中虚线所示。从图中可以看出，未补偿时环路的截止频率为 36kHz，相角裕度为 90°。考虑环路稳定和抑制输出电压 v_o 对 Buck 变换器输出电流的影响，设计补偿后环路的截止频率为 15kHz，相角裕度为 60°，假设采样系数 $H_i = 0.2$，锯齿波的幅值 $V_m = 4.5\text{V}$。采用 PI 调节器作为 Buck 变换器的电流调节器，可得如下公式：

$$20\log\left(\left|\frac{k_p s + k_i}{s} \cdot \frac{H_i K_{PWM}}{s L_f}\right|\right) = 0 \tag{5.7}$$

$$180 + \frac{180}{\pi}\arg\left(\frac{k_p s + k_i}{s} \cdot \frac{H_i K_{PWM}}{s L_f}\right) = 60 \tag{5.8}$$

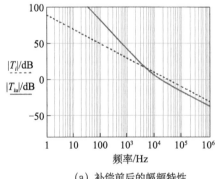

(a) 补偿前后的幅频特性

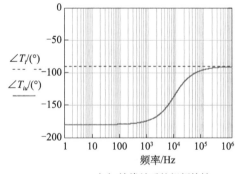

(b) 补偿前后的相频特性

图 5.13　补偿前后电流环路增益的伯德图

由式（5.7）和式（5.8）可得，PI 调节器的参数为 $k_p = 0.477$，$k_i = 2.598 \times 10^4$。图 5.13 中实线为补偿后环路增益 T_{iu} 的伯德图。

图 5.14 给出了补偿后环路增益 T_{iu} 和 $1/sL_b$ 的幅频特性曲线，从图中可知，在 1kHz 频率处 T_{iu} 和 $1/sL_b$ 的增益比较接近，根据式（5.2）可知，T_{iu} 的增益还不够大，不足以抑制 v_o 对 Buck 变换器输出电流的影响，故在环路中有必要加入输出电压前馈。

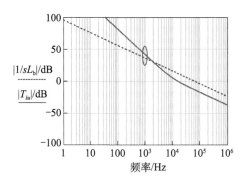

图 5.14　T_{iu} 和 $1/sL_b$ 的幅频特性

2. Buck/Boost 变换器参数设计

（1）储能电容设计。

如图 5.7（b）所示，假定储能电容放电时对应的电感电流为正方向，则在 $[t_0, t_1]$ 时段，储能电容放电，变换器工作在 Buck 模式；在 $[t_1, t_2]$ 时段，储能电容充电，变换器工作在 Boost 模式。

根据以上分析可知，对于 Buck/Boost 变换器，储能电容 C_b 既是"源"也是"载"，其上存在较大的电压脉动。要保证双向变换器能正常工作，需要满足在一个脉冲周期 T_s 内的任意时刻储能电容 C_b 上的电压均高于双向变换器低压侧的电压。为此需要合理设计储能电容 C_b 的平均电压值和电容值，其电容值的大小决定了电容电压脉动的大小。

假设 Buck/Boost 变换器中不存在损耗，那么在 $[t_1, t_2]$ 时段，电容所吸收的能量为

$$\Delta E_C(t) = V_o \cdot I_{d\_pk} \cdot t \tag{5.9}$$

此外，$\Delta E_C(t)$ 还可以表示为

$$\Delta E_C(t) = \frac{1}{2} C_{dc} v_{C_b}^2(t) - \frac{1}{2} C_{dc} v_{C_{bmin}}^2 \tag{5.10}$$

因此，根据式（5.9）和式（5.10）可得储能电容 C_b 上的电压表达式为

$$v_{C_b}(t) = \sqrt{\frac{2V_o I_{d\_pk}t}{C_{dc}} + V^2{}_{C_{bmin}}} \tag{5.11}$$

显然，为保证变换器正常工作，应使 $v_{C_b} > V_o$。在双向变换器低压侧，电压 V_o 和储能电容平均电压 $V_{C_{dc}}$ 一定的情况下，随着电容值的减小，其上电压脉动将逐渐

增大。当电压脉动增加到超过某值，即 $V_{C_{\text{bmin}}}<V_\text{o}$ 时，变换器将无法工作。

在 $[t_1,\ t_2]$ 时段，电容吸收的总能量为

$$\Delta E_C = V_\text{o} \cdot I_{\text{d\_pk}} \cdot \frac{T_\text{s}}{2} \tag{5.12}$$

电容吸收的能量还可以表示为

$$\Delta E_C = \frac{1}{2}C_{\text{dc}}v_{C_\text{b}}^2(t) - \frac{1}{2}C_{\text{dc}}v_{C_{\text{bmin}}}^2 = C_{\text{dc}}V_{C_{\text{dc}}}\Delta V_C \tag{5.13}$$

式中，$V_{C_{\text{dc}}}$ 为储能电容电压的平均值；ΔV_C 为电容电压的脉动量，它们的表达式如下：

$$V_{C_{\text{dc}}} = \frac{V_{C_{\text{bmin}}} + V_{C_{\text{bmax}}}}{2} \tag{5.14}$$

$$\Delta V_C = V_{C_{\text{bmax}}} - V_{C_{\text{bmin}}} \tag{5.15}$$

由式（5.11）~式（5.13）可以推出下面的式（5.16）和式（5.17）：

$$V_{C_{\text{bmax}}} = \sqrt{\frac{V_\text{o}I_{\text{d\_pk}}T_\text{s}}{C_{\text{dc}}} + V_{C_{\text{bmin}}}^2} \tag{5.16}$$

$$V_{C_{\text{dc}}} = \frac{\sqrt{\dfrac{V_\text{o}I_{\text{d\_pk}}T_\text{s}}{C_{\text{dc}}} + V_{C_{\text{bmin}}}^2} + V_{C_{\text{bmin}}}}{2} \tag{5.17}$$

考虑极限工况：$V_{C_{\text{bmin}}} = V_{\text{in}} = 3\text{V}$。根据式（5.16）和式（5.17），可以得到 $V_{C_{\text{bmax}}}$ 和 $V_{C_{\text{dc}}}$ 随 C_{dc} 变化而变化的关系曲线，如图 5.15 所示，从图中可得，为了减小储能电容，应该使得 $V_{C_{\text{dc}}}$ 和 ΔV_C 尽量大，但这样不仅会导致 Buck/Boost 变换器出现极限占空比的情况，而且还会增加开关管的电压应力，不利于效率的提升。所以参考图 5.15 并综合以上分析，实验中取电容电压的平均值 $V_{C_{\text{dc}}}$ 为 6V，电容 C_b 的容值为 $470\,\mu\text{F}$，电容电压的脉动范围为 $4.6 \sim 7.3\text{V}$。

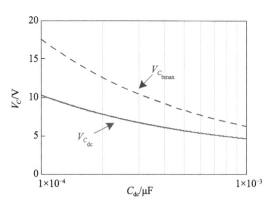

图 5.15　$V_{C_{\text{bmax}}}$ 和 $V_{C_{\text{dc}}}$ 关于 C_{dc} 的变化曲线

（2）Buck/Boost 变换器电感设计。

Buck/Boost 变换器中可以根据所能允许的电感电流纹波大小来选择合适的

感值。

Buck/Boost 变换器开关管 Q_1 的占空比为

$$d_{Q_1}(t) = 1 - \frac{V_o}{v_{C_b}(t)} \tag{5.18}$$

Buck/Boost 变换器电感电流纹波表达式为

$$\Delta i_{L_d} = \frac{V_o \cdot d_{Q_1}(t)}{L_d \cdot f_{sd}} \tag{5.19}$$

根据式（5.18）和式（5.19）可得 Buck/Boost 变换器电感 L_d 的表达式为

$$L_d > \frac{\left(1 - \dfrac{V_o}{v_{C_b}(t)}\right) \cdot V_o}{\Delta i_{L_d} \cdot f_{sd}} \tag{5.20}$$

由式（5.20）可知，当 $v_{C_b}(t) = V_{C_{bmax}}$ 时，式（5.20）右半部分取得最大值，而电感取值应大于该最大值。因此令 $v_{C_b}(t) = V_{C_{bmax}}$，$\Delta i_{L_d} = 0.5\text{A}$ 代入式（5.20），可计算出 $L_d = 4\,\mu\text{H}$。

5.3 实验结果与分析

为了验证上述发现的激光器输入电流对其效率影响规律的正确性，在实验室中以 808nm/50W 的半导体激光器（型号：DILAS M1F4S22-808-50C）为研究对象，以上述半导体激光器脉冲电流源为激光电源，以光功率计 Thorlab's S322C 为激光器平均光功率的测量工具进行了实验。其中半导体激光器脉冲电流源的主要参数和样机原理图分别如图 5.16 和表 5.2 所示。

图 5.16　脉冲电源原理样机

表 5.2　半导体激光器脉冲电流源样机参数

名称/单位	数值
输入电压 U_{in}/V	12
输出电压 U_o/V	3
最大输出电流 I_{o_pk}/A	40
输出电流纹波 ΔI_o/A	<0.5
脉冲输出电流频率 f_{pulse}/kHz	1
Buck 开关频率 f_{sb}/kHz	100
Buck 滤波电感 L_b/μH	45
Buck 开关管 $S_1 \sim S_2$	CSD16415Q5
Buck/Boost 开关频率 f_{sd}/kHz	500
Buck/Boost 滤波电感 L_d/μH	4
Buck/Boost 开关管 $Q_1 \sim Q_2$	CSD17527Q5
Buck/Boost 最大输出电流 I_{d_pk}/A	5

图 5.17 分别给出了半导体激光器脉冲电流源中 Buck/Boost 变换器在加入电容电压环前后的实验波形，其中 v_{C_b} 和 i_b 分别为 Buck/Boost 变换器中储能电容电压和电感电流。从图中可以看出，未加入电容电压环时，电容电压会在某段时间内低于输入电压，造成双向变换器工作不正常，电感电流无法准确跟踪电流基准。加入电容电压闭环后，电容电压的平均值稳定在 5.6V，$V_{C_{bmin}}$ 为 4.0V，$V_{C_{bmax}}$ 为 6.4V，与理论计算值比较接近。由于变换器效率达不到 100%，工作时存在能量损耗，所以电感电流的正负幅值不完全相等。

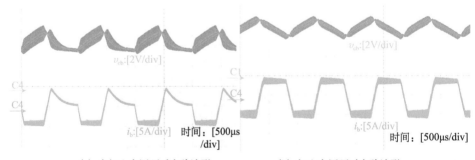

(a) 未加入电压环时实验波形　　　　　(b) 加入电压环时实验波形

图 5.17　Buck/Boost 变换器实验波形

图 5.18 给出了 Buck/Boost 变换器中 Boost 模态和 Buck 模态相互切换的实验波形，其中 v_{C_b} 和 i_b 分别为 Buck/Boost 变换器中储能电容电压和电感电流。从图中可以看出，Buck/Boost 变换器模式切换平滑，电感电流双向流动，且电流上升和下降速率为 0.1A/μs，符合激光器对输入电流的要求。以 Buck/Boost 变

换器的 Boost 模态为例，在一个开关周期内，当开关管 Q_2 导通，Q_1 断开时，储能电容充电，电容电压增加；而在开关管 Q_2 断开，Q_1 导通时，电感电流通过 Q_1 续流时，电容电压值保持不变。因而储能电容上的电压 v_{C_b} 存在"毛刺"。图 5.18（c）和（d）给出了 Buck/Boost 变换器在两种工作模态下的开关管 Q_1 的驱动波形和电感电流 i_b 的波形。

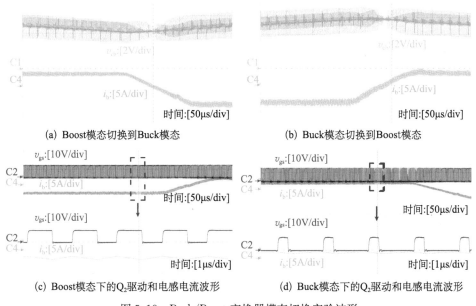

(a) Boost模态切换到Buck模态　　(b) Buck模态切换到Boost模态

(c) Boost模态下的Q₂驱动和电感电流波形　(d) Buck模态下的Q₂驱动和电感电流波形

图 5.18　Buck/Boost 变换器模态切换实验波形

图 5.19 分别给出了半导体激光器脉冲电流源中 Buck 变换器在无电压前馈时和有电压前馈时的实验波形，其中 i_{dc} 为 Buck 变换器的电感电流，v_{C_b} 和 i_b 分别为 Buck/Boost 变换器储能电容电压和电感电流。从图中可以看出，无前馈时，Buck 变换器的输出电流 i_{dc} 中有较明显的脉冲信号频率处的交流分量，使得电流发生畸变。而加入前馈后，已能够基本消除输出电流 i_{dc} 中的交流成分，使得电流波形得到了明显的改善。

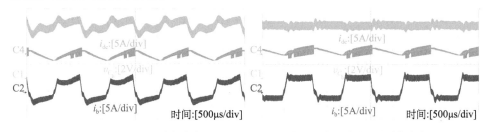

(a) 未加电压前馈的并联实验波形　　(b) 加入电压前馈的并联实验波形

图 5.19　Buck 变换器电压前馈实验波形

图 5.20 给出了半导体激光器脉冲电流源在半载和满载下的实验波形，其中 i_o 为总输出电流，i_{dc} 为 Buck 变换器输出电流，v_{C_b} 和 i_b 分别为 Buck/Boost 变换器中储能电容的电压和电感电流。图中脉冲输出电流的频率为 1kHz，占空比为 0.5。

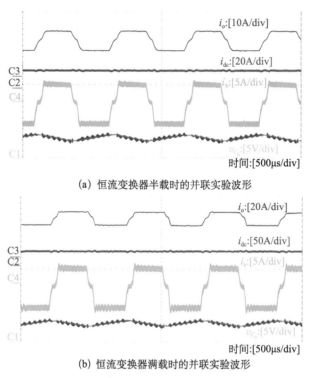

(a) 恒流变换器半载时的并联实验波形

(b) 恒流变换器满载时的并联实验波形

图 5.20　半导体激光器脉冲电流源的实验波形

图 5.21 给出了半导体激光器脉冲电流源中 Buck/Boost 变换器的软起动实验波形，其中 v_{C_b} 和 i_b 分别为 Buck/Boost 变换器储能电容电压和电感电流。由图可知，t_0 时刻之前，Buck/Boost 变换器未切入系统，储能电容由 Q_2 的反并二极管充电至输出电压 V_o。t_0 时刻，Buck/Boost 变换器开始工作，由于 Buck/Boost 变换器正常工作时需要满足储能电容电压 $v_{C_b} > V_o$，所以在 $[t_0, t_1]$ 时段，Buck/Boost 变换器工作在 Boost 模式为储能电容电压，此时为抑制开机时的电流浪涌，控制 Q_1 和 Q_2 的驱动脉宽由零逐渐增大，以实现 Buck/Boost 变换器在 Boost 模式下的软起动。在 t_1 时刻，电容电压上升至预设的切换点，此时 Buck/Boost 变换器切换到正常模式，输出脉冲电流。

图 5.22 给出了半导体激光器脉冲电流源在脉冲输出电流频率为 1kHz，占空比为 0.5 时的效率曲线。从图中可以看出，电源最大效率可达 88%，在满载情况下的效率为 85%。

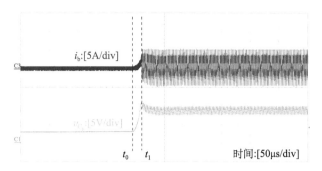

图 5.21　Buck/Boost 变换器软起动实验波形

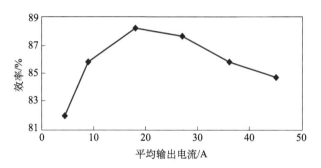

图 5.22　半导体激光器脉冲电流源效率曲线

图 5.23 给出了系统传输能量的同时传输数据 "101" 的实验波形图。如图 5.23 （a）所示，由于引入校验位，储能电容上电压的平均值在传输一帧数据时能保持稳定。如图 5.23（b）所示，由于对激光器输入电流进行了调制，信号能耦合在传输能量的激光束上，进而在光伏接收端通过检测光伏阵列的输出电流就能得到调制的信号。因此，所提出的能量与信号复合传输的理论得到了验证。

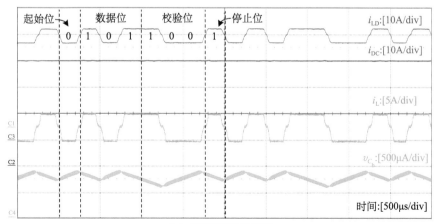

（a）激光电源实验波形

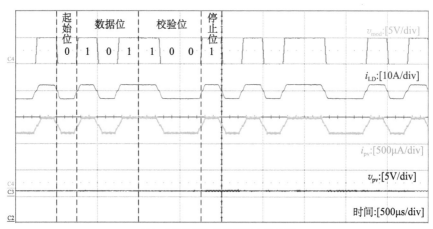

（b）系统发射和接收端的实验波形

图 5.23　系统功率与信号复合传输时的实验波形

5.4　本章小结

本章从激光既是能量传输的媒介又是信息传递的载体的思路出发，提出了能量与信息同时传输的激光无线能量传输系统。通过对半导体激光器输入电流进行调制，实现了系统中信号的上行，通过调制发射器实现了信号的下行。为了能高效地为半导体激光器提供调制后的脉冲电流，本章还基于功率解耦的思想，提出了一种适合激光无线能量传输系统的半导体激光器脉冲电流源，该脉冲电流源由一个DC/DC变换器和一个双向变换器并联组成。该变换器具有以下优点：①双向变换器通过对其高压侧的储能电容进行充放电来实现对脉动功率的处理，通过控制储能电容的电压，可以减小电容容值，有利于电源功率密度的提升；②DC/DC变换器和双向变换器具有各自不同的功能和控制环路，因此可以根据其各自的特点分别进行优化设计，有利于效率的优化。

第6章 激光束整形、传输及
跟瞄控制

在激光无线能量传输系统中，为保证系统的能量传输效率，要求照射到光伏电池上的激光束有良好的准直、均匀特性，以及合适的光功率密度。但由于半导体激光器输出激光的发散角大和均匀性差，所以需要对半导体激光器激光束进行准直和匀化。同时，由于大气对激光的散射、吸收等作用，需要研究不同大气环境对其传输特性的影响，以便在光伏阵列处获得光斑尺寸合适、光强分布均匀、光功率密度合适的入射光束。此外，为了保证激光束能精确照射到接收端的光伏阵列上，需对系统的跟瞄技术进行研究。

6.1 激光束整形技术

在激光无线能量传输场合中，半导体激光器因其高效率、高输出功率，以及与砷化镓、硅基等半导体光伏电池的最佳转换波长匹配较好等特性被广泛应用。但由于大功率激光器是由多个发光单元（激光二极管）组成的阵列式发光器件（图6.1），其输出光束发散角大、光强均匀性差，不能直接应用于远距离能量传输，需要对输出光束进行整形处理，使之成为均匀性好、准直性好的激光束。

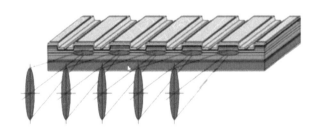

图 6.1 阵列式半导体激光器发光示意图

目前，可以采用的整形方法有两种：一种是对上述发光阵列直接输出的纵向发散角大（30°~40°）、横向发散角小（6°~10°）且在空间上分散的激光束直接整形，另一种是先将多个发光单元发出的光耦合到光纤中，然后再将光纤输出的激光束进行整形。直接整形的指导原则是，通过采用两相互垂直放置的非球面柱透镜（快轴准直镜、慢轴准直镜），分别对激光束纵向、横向上发散传输的光束进行准直，采用阶梯镜（光楔、棱镜等）对光束进行移动和重排。该方法的优点是激光损耗低，缺点是装置调整、移动不便。而对光纤输出的激光束进行整形的方法则具有装置调整、移动方便、使用灵活的优点，因此对于为移动目标远距离能量传输的激光传能的发射系统，该光束整形方法比较适用。

对光纤输出激光束的整形包括两方面的工作，一个是对激光束进行准直，另一个是对激光束进行匀化，接下来将对这两部分进行介绍。

6.1.1 激光束的准直

假设光纤输出的半导体激光束近似为高斯光束，设束腰半径为 ω_0、发散角为 θ_0。由于高斯光束的远场发散角与其束腰半径成反比

$$\theta_0 = \frac{2\lambda}{\pi\omega_0} \tag{6.1}$$

而光纤输出的激光束 ω_0 很小，所以其发散角很大。激光无线电能传输需要方向性好、光斑面积较大的光束，因此可通过增大激光束的束腰半径 ω_0 来实现对高斯光束的准直。

图 6.2 为采用一个凸透镜对激光束腰半径进行调整的示意图[167, 168]。设由光纤输出的激光束束腰半径为 ω_0、发散角为 θ_0，则当该光束通过此凸透镜后，其束腰半径 $\omega_0{}'$ 为

$$\omega_0' = \frac{1}{\sqrt{\frac{1}{\omega_0^2}\left(1 - \frac{l}{F}\right)^2 + \frac{1}{F^2}\left(\frac{\pi\omega_0}{\lambda}\right)^2}} \tag{6.2}$$

式中，F 是凸透镜的焦距；l 是激光束腰到透镜表面的距离。

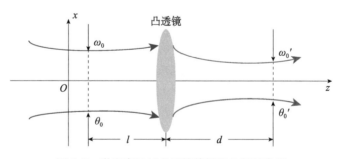

图 6.2　激光束通过凸透镜传播的几何示意图

因此，通过凸透镜后的光束发散角为

$$\theta_0' = \frac{2\lambda}{\pi\omega_0'} = \frac{2\lambda}{\pi}\sqrt{\frac{1}{\omega_0^2}\left(1-\frac{l}{F}\right)^2 + \frac{1}{F^2}\left(\frac{\pi\omega_0}{\lambda}\right)^2} \tag{6.3}$$

由此可见，对于 ω_0 为有限大小的高斯光束，无论 F 取什么数值，都不可能使 $\omega_0' \to \infty$，因而也就不可能使 $\theta_0' \to 0$。这就表明，采用单个透镜将高斯光束变换成准直光束，从理论上讲是不可能的。但是可以借助于透镜来改善高斯光束的方向性。由式（6.3），若激光束束腰恰在透镜的焦点处，即 $l=F$ 时，通过透镜后光束的发散角 θ_0' 取极小值

$$\theta_0' = \frac{2\omega_0}{F} \tag{6.4}$$

此时入射、出射高斯光束的发散角之比为

$$\frac{\theta_0}{\theta_0'} = \frac{F\lambda}{\pi\omega_0^2} \tag{6.5}$$

即增大透镜焦距可降低光束的发散角，从而改善高斯光束的方向性。

此外，由式（6.5）还可得到启示：在 $l=F$ 的条件下，出射光束的方向性不但与 F 的大小有关，而且也与 ω_0 的大小有关，ω_0 越小，出射光束的方向性越好。因此，如果预先用一个短焦距的透镜将高斯光束聚焦，先获得比 ω_0 更小的束腰半径，然后再用一个长焦距透镜来改善其方向性，就可得到更好的准直效果。该方法就是采用由两个凸透镜组成的"倒置望远镜"系统。

如图 6.3 所示，令 ω_0 到透镜 L_1 的距离为 l，照到 L_1 上时光斑半径为 $\omega(l)$，其值由 ω_0 和 l 确定

$$\omega(l) = \omega_0\sqrt{1 + \left(\frac{\lambda l}{\pi\omega_0^2}\right)^2} \tag{6.6}$$

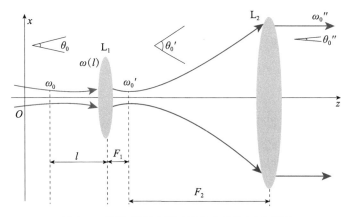

图 6.3　激光束通过望远镜准直的几何示意图

选 L_1 为短焦距透镜，其焦距为 F_1，当满足条件 $F_1 < l$ 时，它将高斯光束聚

焦于其右侧的焦点附近，得一极小光斑

$$\omega_0' = \frac{\lambda F_1}{\pi \omega(l)} \tag{6.7}$$

选用 L_2 的焦距 F_2（长焦距透镜），调节其位置，使 ω_0' 刚好落在 L_2 的左侧焦点处，此时束腰半径为 ω_0' 的高斯光束可被 L_2 很好地准直。整个系统的效果计算如下。

若入射高斯光束的发散角为 θ_0、经过 L_1 后高斯光束的发散角为 θ_0'，经过 L_2 后出射的高斯光束的发散角为 θ_0''，定义该望远镜系统对激光束发散角的压缩比 M 为

$$M = \frac{\theta_0}{\theta_0'}$$

由上述各式可得

$$M = \frac{F_2}{F_1} \sqrt{1 + \left(\frac{\lambda l}{\pi \omega_0^2}\right)^2} \tag{6.8}$$

由于 $F_2 > F_1$，$\frac{\lambda l}{\pi \omega_0^2} \gg 1$，所以从望远镜系统出射的激光束发散角很小，从而准直性很好。该准直方法具有成本低、制造相对简单的特点，但存在球面像差。相比之下，具有复杂几何形状的非球面透镜可以修正球面像差，有利于准直后的光束具有良好的光束质量[169]。文献［170］对非球面透镜的准直能力进行了研究，建立了表征高斯光束传输的理论模型，通过模型可以确定透镜的具体参数，以保证光束的发散角经透镜压缩后其值小于 1mrad。根据文献［170］所提出的模型，激光束经透镜组准直后，在传输 100～300m 距离内，其发散角仍能保证在 1mrad 以内，从而能实现远距离、高效率的激光功率传输。

6.1.2　激光束的匀化

若半导体激光器出射的激光束为高斯光束，其复振幅满足高斯函数分布，则归一化后的光强分布为

$$I(r) = \frac{2}{\pi \lambda_0^2} \exp\left(-\frac{2r^2}{\lambda_0^2}\right) \tag{6.9}$$

式中，λ_0 为出射激光的频率；r 为激光束半径。根据式（6.9）可知，高斯光束中心能量最大，而且能量随着光束半径的增加而呈现几何级数的减小。高斯光束的光斑能量分布不均匀会导致光伏接收器的输出功率显著下降，从而使系统效率降低。同时，当高斯光束中心能量强度过高时，还会导致传播高斯光束的激光晶体和光学元件损伤。因此，需对半导体激光器的出射光束进行匀化，将高斯光束整形为平顶化结构，即将光束能量均匀地分散到整个光斑尺寸中。

目前，将高斯光束整形为平顶光束的方法很多，最典型的包括光阑拦截法、微透镜阵列整形法、全息滤波器法、非球面透镜组法等。光阑拦截法的优点是方

法简单，缺点是光阑会阻隔在它之外的大量光线，所以能量损失严重；微透镜阵列整形法虽然整形效果较好，但由于微透镜阵列的结构复杂，制作难度和价格都较高；全息滤波器法对光学元件的共轴以及位置精度要求较高，同时仅适用于小功率高斯光束的整形。相比较而言，只由两片非球面透镜构成非球面透镜组的方法具有结构简单、光能损耗较小，以及在共轴的前提下，对位置精度要求不高等优点。因此下文将讨论选用非球面透镜组作为光束整形模块，对激光器输出的高斯光束进行整形的情况。

非球面透镜组根据系统选择透镜面型的不同主要分为两大类：开普勒型非球面透镜组和伽利略型非球面透镜组。

如图 6.4 所示，开普勒型非球面透镜组以开普勒望远镜结构为基础，主要由两片非球面平凸透镜组成；伽利略型非球面透镜组以伽利略望远镜结构为基础，主要由一片非球面平凹透镜和一片非球面平凸透镜组成；两者相比较而言，除了空间滤波的应用以外，一般选择伽利略型非球面透镜组，因为这种结构不仅对缩小系统尺寸有利，而且由于平凹透镜可以使光束发散，避免了像开普勒型非球面镜组在透镜间存在聚焦可能导致空气击穿或透镜损伤的风险，尤其在整形高功率激光束的情况下，这种设计的优势更加凸显。由于激光无线能量传输系统需要长时间、高功率的能量传输，所以光束整形模块只能选用伽利略型非球面镜组对输入高斯光束进行整形。

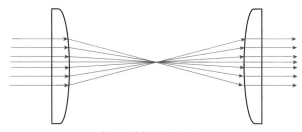

(a) 开普勒型非球面镜组

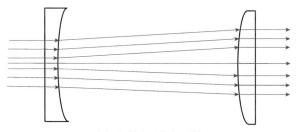

(b) 伽利略型非球面镜组

图 6.4　开普勒型与伽利略型非球面镜组结构图

非球面镜并不像标准薄透镜一样存在透镜焦距的概念，因此对光线在非球面型透镜中的传输需采取光束追迹的方法进行求解[171]。

假设系统输入和输出光束为单色光（波长为λ），输入光束与输出光束沿轴向平行传播，光束沿传播方向均满足轴对称分布，故可引入柱坐标系统对传播光线进行光束追迹。图 6.5 给出了伽利略型非球面透镜组的基本结构，为方便计算，两片透镜均选择一面为平面，另一面为非球面的透镜结构。引入坐标 (r, z) 与 (R, Z) 分别表示两非球面镜面上某点的坐标，故可以得到描述两球面镜面型的挠度曲线分别为 $z(r)$ 和 $Z(R)$，r 和 R 之间满足函数关系 $R = h(r)$，其中 $r > 0$。根据能量守恒定律，输入系统的光束总光强应与输出系统的光束总光强相等，即

$$2\pi \int_0^r f(x) x \mathrm{d}x = 2\pi \int_0^R g(x) x \mathrm{d}x = 1 \tag{6.10}$$

式中，$f(x)$ 为输入光束的光强分布函数；$g(x)$ 为输出光束的光强分布函数。为了将高斯光束整形为平顶光束，设 $f(x)$ 为归一化的高斯光束分布

$$f(x) = \frac{2}{\pi\lambda_0^2} \exp\left(-\frac{2x^2}{\lambda_0^2}\right) \tag{6.11}$$

平顶光束选择采用费米-狄拉克光束近似描述，即 $g(x)$ 应为归一化的费米-狄拉克分布

$$g(x) = g_0 \left\{ 1 + \exp\left[\beta\left(\frac{r}{R_0} - 1\right)\right] \right\}^{-1} \tag{6.12}$$

式中，

$$g_0 = \frac{1}{2\pi \int_0^\infty \dfrac{r}{1 + \exp\left[\beta\left(\dfrac{r}{R_0} - 1\right)\right]} \mathrm{d}r} \tag{6.13}$$

对于式（6.10），并不能直接解出 $h(r)$ 的函数表达式，但由于 $f(x)$ 和 $g(x)$ 均为单调递减而且数值恒正的函数，所以对于任一个 r 值，必然存在唯一的数值解 R 与之对应，并且当 $r > 0$ 时，一定也满足 $h(r) > 0$。故将式（6.11）和式（6.12）分别代入式（6.10）中，可以得到微分方程式（6.14），解此微分方程即可得到 $R = h(r)$ 的数值解。

$$\frac{\mathrm{d}R}{\mathrm{d}r} = \frac{2r}{\pi\lambda_0^2 g_0 R} \exp\left(-\frac{2r^2}{\lambda_0^2}\right) \left\{ 1 + \exp\left[\beta\left(\frac{r}{R_0} - 1\right)\right] \right\} \tag{6.14}$$

因此，两片透镜的非球面曲线数值计算表达式为

$$z(r) = \int_0^r \frac{1}{\sqrt{(n^2 - 1) + \left[\dfrac{(n-1)d}{h(x) - x}\right]^2}} \mathrm{d}x \tag{6.15}$$

$$Z(r) = \int_0^R \frac{1}{\sqrt{(n^2 - 1) + \left[\dfrac{(n-1)d}{h^{-1}(x) - x}\right]^2}} \mathrm{d}x \tag{6.16}$$

式中，n 为两片非球面透镜的折射率；d 为两片非球面透镜之间的距离。分别将 $R=h(r)$ 和 $r=h^{-1}(R)$ 的数值关系代入式（6.15）和式（6.16）中即可得到 $z(r)$ 和 $Z(R)$ 的数值解。

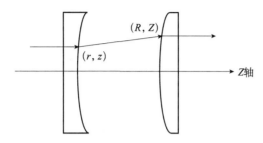

图 6.5　伽利略型非球面透镜组结构图

　　文献［111］中提出了如图 6.6 所示的光学透镜组，从而可以将高斯光束整形为能量分布均匀的平顶光束。该光学透镜组主要是利用蝇眼透镜来实现光束匀化，蝇眼透镜可以将激光束能量进行分割，从而破坏光束的高斯分布，然后再将分割后的光束进行重新叠加，从而得到能量分布均匀的光束。该光学透镜可以保证匀化后的光束能量不均匀度在 1% 以内，同时激光的透射率在 80% 左右。尽管该光学透镜可以对激光束进行匀化，从而允许更高功率密度的激光进行传输，有利于接收端系统的小型化，但其系统成本会相应增加，并会带来一些光能的损失。

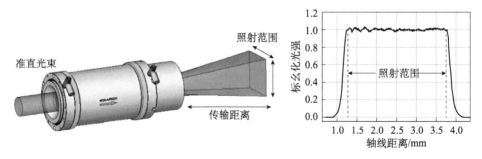

图 6.6　平顶光束透镜组

6.2　激光在大气中的传输

　　由 2.1.1 节第 1 部分内容可知，对于远距离大功率的能量传输场合，考虑大气环境对激光空间传输的影响，应选择波长在红外（infrared，IR）区域的激光器。具体地，激光在大气中传输会产生若干影响光传播性质的效应，主要为线性效应和非线性效应。其中，线性效应包括大气分子、气溶胶的散射和吸收，以及大气湍流等，这些影响与激光强度无关。非线性效应则包括热晕、受激漫散射和大气击穿等，这些效应与激光强度有关。通常，当激光强度达到 $10^3\,\mathrm{W/cm^2}$ 时，会产生热晕效应，而受激漫散射和大气击穿所要求的激光功率更高。目前，非线性效应主要出现在激光武器中，而对于激光能量传输的场合，激光功率密度远没有达到非线性效应的功率密度。因此，在激光能量传输场合中主要考虑线性效应的影响。线性效应对激光束的影响主要为功率衰减和光束质量变差，前者主要是由于大气分子、气溶胶的吸收和散射，后者则是大气湍流作用的结果。

6.2.1　大气对激光的吸收

激光穿过大气时，大气分子在激光电场作用下产生极化，并依激光的频率做受迫振动。激光为了克服大气分子内部阻尼力要消耗能量，该能量的一部分转化为其他形式的能量（如热能），表现为大气分子对激光能量的吸收。吸收作用比较显著的气体成分是水汽、二氧化碳和臭氧等。大气分子对光波产生连续的吸收，仅在少数几个波长区吸收较弱，形成所谓的"大气窗口"。而对特定波长的激光，当其频率等于大气分子的固有频率时，将发生共振吸收，光波几乎无法通过。图 6.7 为地球大气对不同波长光波的吸收情况，表 6.1 给出了近红外波段的几个重要的大气窗口。

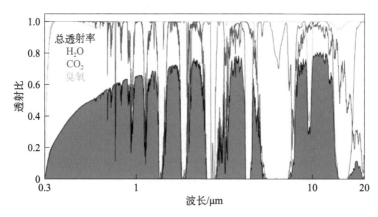

图 6.7　地球大气对不同波长光波的吸收情况

表 6.1　近红外波段光波传输的大气窗口

窗口	Ⅰ	Ⅱ	Ⅲ	Ⅳ	Ⅴ
波长/μm	0.72～0.92	0.97～1.0	1.2～1.3	1.5～1.75	1.95～2.4

6.2.2　大气对激光的散射

散射是指光波通过介质时，由介质折射率的非均匀性引起入射波的波面产生扰动，造成入射波中一部分能量偏离原传播方向而以一定规律向其他方向传输的过程。介质中不同尺寸的粒子对光的散射机理各不相同，通常以散射粒子的线度与入射光波波长之比定义"尺度数 $a=2\pi r/\lambda$"来划分不同的散射过程（λ 为光波长，r 为粒子半径）。当尺度数 $a<0.1$ 时，散射过程为瑞利散射；当尺度数 $a>0.1$ 时，散射过程为 Mie 散射；当尺度数 $a>50$ 时，散射过程为几何光学散射。表 6.2 为大气中各种离散粒子的典型半径及对应的尺度数。

表 6.2　大气中各种离散粒子的典型半径及对应的尺度数

类型	半径 $r/\mu m$	尺度数	
		$\lambda=810nm$	$\lambda=1550nm$
气体分子	0.0001	0.0008	0.0004
霾粒子	0.01~1	0.08~8	0.04~4
雾滴	1~20	8~155	4~81
雨滴	100~10000	776~77570	405~40537
雪花	1000~5000	7757~38785	4054~20268
冰雹	5000~50000	38785~387850	20268~202680

由于大气分子的尺度数较小，其散射可当作瑞利散射来处理；对于尺度数较大的气溶胶粒子，如霾和雾滴，要采用 Mie 散射理论来分析；对于尺度数更大的粒子，如雨滴和雪花等，则需要运用几何光学散射理论来计算。

6.2.3　激光在大气中的衰减

大气对激光吸收和散射的共同影响表现为大气对激光能量的衰减，可用大气透射率来度量衰减的程度。单色波的大气透射率 $T(\lambda)$ 可表示为

$$T(\lambda)=\begin{cases}\exp[-\mu L], & \text{水平均匀路径传输}\\\exp\left[-\sec\varphi\int_0^H\mu(\lambda,h)\,\mathrm{d}h\right], & \text{斜程路径传输}\end{cases} \tag{6.17}$$

式中，λ 为激光波长；μ 为大气衰减系数（单位为 cm^{-1}）；L 为水平传输距离；H 为斜程路径的垂直高度；φ 为斜程路径的天顶角。对于斜程路径传输，大气衰减系数随高度变化，因此计算透过率时需要对路径求积分。若初始光强为 I_0，则激光传输距离 L 后的光强 $I(L)=I_0\cdot T(\lambda)$。

由于大气的不确定性，大气衰减系数 μ 在不同天气环境下变化范围很大。在

近地面大气层中，分子散射的影响很小，激光能量的衰减主要是由大尺度粒子的 Mie 散射引起的。在设计大气激光传输链路时，通常选择处于大气窗口内的波长，因此大气吸收对激光能量衰减的贡献相对较小，衰减因素主要源自大气散射。由于大气中的各种散射粒子的含量和尺度分布比较复杂，直接计算大气散射系数和吸收系数比较困难。对于近地面激光的大气传输，可通过能见度来计算大气衰减，能见度与大气消光系数之间的经验公式为

$$\mu(\lambda, V_b) = \frac{3.912}{V_b} \left(\frac{550}{\lambda}\right)^q \tag{6.18}$$

式中，q 为波长修正因子，其取值一般如下：

$$q = \begin{cases} 1.6, & V_b > 50\text{km} \\ 1.3, & 6\text{km} < V_b < 50\text{km} \\ 0.58 V_b^{1/3}, & V_b < 6\text{km} \end{cases}$$

法国学者 Nabouls 等对低能见度下的 q 值进行了修正，给出的 q 值公式为[172]

$$q = \begin{cases} 0.16 V_b + 0.34, & 1\text{km} < V_b < 6\text{km} \\ V_b - 0.5, & 0.5\text{km} < V_b < 1\text{km} \\ 0, & V_b < 0.5\text{km} \end{cases} \tag{6.19}$$

式中，λ 为激光波长（单位为 nm）；V_b 为大气能见度（单位为 km）。

能见度是大气对可见光衰减作用的一种度量，白天定义为水平天空背景下人眼能看见的最远距离，夜间定义为能看见中等强度未聚焦光源的距离。气象学把能见度分为十个等级，如表 6.3 所示。

表 6.3 国际能见度等级表

等级	天气状况	能见度	等级	天气状况	能见度
0	极浓雾	<0.05km	5	霾	2~4km
1	浓雾	0.05~0.2km	6	轻霾	4~10km
2	中雾	0.2~0.5km	7	晴	10~20km
3	轻雾	0.5~1km	8	很晴	20~50km
4	薄雾	1~2km	9	十分晴朗	>50km

文献 [105] 针对不同大气环境下激光束的传播特性进行了计算，给出了激光功率密度的理论值分别在十分晴朗（能见度 9）和轻霾（能见度 6）条件下与水平传输距离和垂直传输高度之间的关系曲线，如图 6.8 所示（其中 P 为发射激光功率，B 为表示激光束质量的无量纲数值）。

由图可知，由于激光在底层大气中被严重衰减，所以激光功率的等高线大致是一个"锥形"，即在得到某一特定接收功率密度的前提下，若激光在底层大气

中沿水平方向传播，其传输距离较小；而当激光沿倾斜路径传输时，由于高层大气的气象更加稳定，对激光衰减较小，其传输距离较大。从图 6.8 可知，即使在轻度雾霾的情况下，在保证接收端激光功率密度大于标准光强的情况下，激光束的有效水平传输距离理论上仍可达千米量级。值得注意的是，对于高功率激光器，激光功率密度等高线所围成的"锥形"较小，如图 6.8（a）和（b）所示，原因在于，激光器功率越高，输出的激光束不仅方向性差、发散角大，而且光束的能量均匀性也较差（此时的 B 较大）。所以高功率半导体激光器发出的激光束质量较其他类型的激光器差很多，从而导致激光传输距离降低。

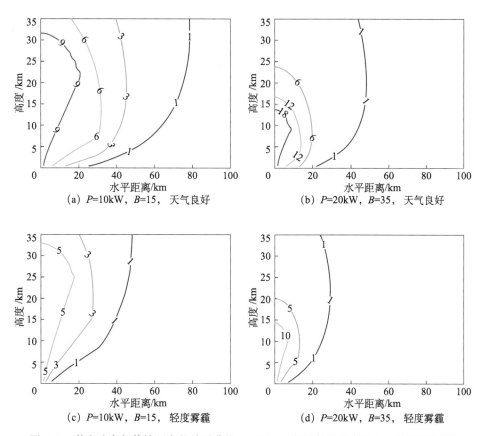

图 6.8 激光功率与传输距离的关系曲线（1060nm 光纤激光和直径 1m 的光学透镜）

6.2.4 大气湍流对激光传输的影响

大气湍流是指，由太阳热辐射以及风和对流造成的温度微弱起伏，会引起空气折射率的微小随机变化。当激光在湍流大气中传输时，折射率的随机起伏会严重破坏光波的相干性，进而引起光强均匀性变差、光束漂移以及光斑扩展等效应。描述此类湍流效应的物理量主要有闪烁指数、大气折射率结构常数、大气相干长度等，其中大气折射率结构常数 C_n^2 是一个能直接描述大气折射率不均匀造成的大气湍流起伏强度的重要参数，它与温度的关系为[173]

$$C_n^2 = C_T^2 \left[\frac{10^{-6}}{T} \left(\frac{77.6p}{T} + \frac{0.584p}{T} \right) \right]^2 \tag{6.20}$$

式中，C_T^2 是大气温度结构常数，可用温度脉动仪测量出；T 为大气温度；p 为大气压强。C_n^2 单位为 $m^{-2/3}$，其越小则湍流强度越弱。C_n^2 随地理位置、高度、气象条件、季节和昼夜等条件的不同，变化很大。根据 *Laser Beam Scintillation with Application* 书中介绍，从地面向上到 100m 的高度范围内，C_n^2 通常在 $10^{-15} \sim 10^{-13}$ $m^{-2/3}$。Miller 等使用 PAMELA 模型对地面附近的大气折射率结构常数进行了预测，模型的输入参数包括经度、纬度、时间、云覆盖率、地形、大气温度、大气压强、风速等。但是由于大气条件的复杂性，理论预测结果与实际情况有一定的差距。在设计野外激光传输系统之前，需要对工作地点的大气折射率结构常数进行实地测量。

大气湍流导致到达接收端光伏电池上的激光光强均匀性变差、光束漂移以及光斑扩展，从而使光伏电池的光电转换效率下降，因此在设计光伏阵列时，需通过适当的阵列组阵技术和最大功率点跟踪（MPPT）技术，来减轻不均光照带来的影响，具体内容将在本书第 7 章进行详细介绍。

6.3　跟踪与瞄准技术

在激光无线电能传输系统应用的实际场合，接收端的定位误差、发射端的伺服系统的抖动，以及其与接收端的相对运动而造成的跟踪抖动使得激光发射端与激光接收端之间不可能准确地对准，即存在跟踪误差。跟踪误差的存在会引起光束在光伏阵列表面随机漂移，导致光伏接收端表面的光强随机变化，严重时甚至脱离阵列表面。因此，为能有效地传输激光功率，实现高精度的远距离的跟踪与瞄准十分必要。

在激光无线电能传输系统目前的应用中两种常用的跟踪和瞄准方法是激光扫描跟踪法和基于图像识别的跟瞄方法。

6.3.1　激光扫描跟踪法

如图 6.9 所示，激光扫描跟踪法的基本原理如下[173,174]。

1. 目标捕获与瞄准阶段

对目标进行捕获和瞄准的过程是：先通过安装在接收端的全球定位系统（GPS），获得接收端的位置信息，发射端的伺服系统根据该信息控制信标激光束

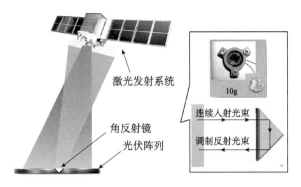

图 6.9　激光扫描跟踪法的基本原理

指向接收端方向，从而实现充电目标的粗定位；之后，控制信标激光束在附近区域进行扫描，由于接收端放置了角反射镜（如图 6.9 中所示，角反射镜在接收端光伏阵列的中心），当信标激光扫描到角反射镜并被反射回发射端，被放置在发射端的探测器接收到时，即完成了目标的捕获，从而实现了对充电目标的精确定位。

　　如图 6.10 所示，目前主要扫描方式可分为螺旋（spiral）扫描、光栅（raster）扫描、螺旋光栅（raster spiral）复合扫描、玫瑰形扫描等。其中螺旋光栅复合扫描最为常见，将光栅扫描和螺旋扫描结合就可以从捕获概率高的区域向捕获概率低的区域扫描，而且也易于实现。

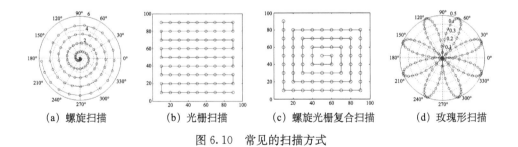

| (a) 螺旋扫描 | (b) 光栅扫描 | (c) 螺旋光栅复合扫描 | (d) 玫瑰形扫描 |

图 6.10　常见的扫描方式

　　捕获时间 T 取决于捕获不确定区域面积 $\theta_X\theta_Y$，信标激光发散角 θ_{BC}，驻留时间 T_d，扫描重叠系数 P，其近似表达式为

$$T=\frac{\theta_X\theta_Y}{(1-P)^2\theta_{BC}^2\pi}T_d \tag{6.21}$$

式中，T_d 为捕获过程中信标激光束停留时间，以使捕获探测器接收到超过设定阈值的光子，区分探测到的是有效信号还是噪声；通过合理设置重叠系数 P 的值可以减少发射平台振动对捕获过程的影响，通常取其值为 $10\%\sim15\%$，P 的增

加将会增加捕获时间。以上两个参数受到硬件条件的限制，变动范围有限。因此，扫描不确定区域与激光发散角的比值越大，需要的捕获时间以平方倍增加。需要设计合适的激光发散角。

2. 跟踪阶段

在捕获和瞄准充电目标后，发射端将传输功率的主激光束射向充电目标对其进行能量传输。在充电目标运动过程中，一旦照射到光伏电池上的信标激光束发生偏离，通过角反射镜上反射回来的光信号就会偏离探测器光敏面的中心，使之输出一个位置偏移电信号，将此位置偏移电信号经过处理后用来调整激光束发射方向，以实现激光束对接收端的跟踪。

2002 年欧洲宇航防务集团的地面激光能量传输实验和 2006 年日本 Kinki 大学的激光驱动飞行器实验都是采用四象限探测器接收角反射器反射回来的激光信号的方法来实现跟踪。2015 年，武汉大学采用在发射端放置 CMOS 摄像机替代四象限探测器的方法，对激光为遥控飞机充电的过程进行了实时跟踪。当激光照射到置于遥控飞机底部的角反射膜时，可被角反射膜反射回来，成像在 CMOS 摄像机上，此信号经处理后，无人机的具体位置（方向角和倾斜角）就可以被确定，以此作为跟踪参数。该扫描跟踪系统能准确、稳定地扫描和跟踪遥控飞机。实验过程中，导轨和跟踪设备的距离为 2.84m，导轨上目标的速度为 0.3m/s，运动范围为 1m。

6.3.2 基于图像识别的跟瞄法

图 6.11 为实现基于图像识别跟瞄法的系统结构图，其跟瞄单元主要由安装在发射端的上位机、摄像头和高精度伺服云台三个部分组成。

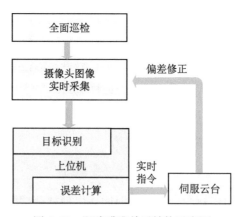

图 6.11 跟踪瞄准单元结构示意图

为实现对充电目标（一般为安装在接收端的光伏阵列）的实时跟踪，上位机不断通过视频采集卡从固定在云台上的摄像头获取视频信息，然后对每一帧图像进行实时处理，根据处理后的图像信息得到目标在摄像机视场中的坐标，然后云台根据坐标信息不断调整姿态，实现对目标的跟踪瞄准。通过图像识别的方法来实现跟瞄的具体过程如下所述。

1. 目标识别与检测

对远距离运动的充电目标进行识别与检测是实现目标跟踪的基础。而建立目标图像成像模型是实现目标识别与检测的基础。

摄像机拍摄到的目标图像在通常情况下由以下三部分组成：待识别目标、图像背景（又称后景）和图像噪声[175]，目标图像的成像模型可以近似地表示为

$$f(x, y) = A(x, y) + B(x, y) + C(x, y) \tag{6.22}$$

式中，$f(x, y)$ 表示摄像机拍摄到的包含待识别目标的每一帧场景图像；$A(x, y)$ 表示图像中待识别的目标；$B(x, y)$ 表示图像中的后景；$C(x, y)$ 表示图像中的噪声。

从目标图像的成像模型表达式可以看出，噪声是影响目标识别的主要因素。在实际应用中不可避免地会出现比较复杂的环境，这会导致图像噪声的增大，若目标识别的算法可靠性不高，会检测到虚假的目标，进而加剧了系统的不稳定性。因此，在对充电目标（即光伏阵列）进行跟踪之前，必须针对目标图像的特点，选择有效的图像识别算法，突出目标特征，对图像噪声进行有效弱化，为目标跟踪提供基础。

因此，设计和应用合适的目标识别算法是构建目标图像成像模型的核心。自 20 世纪 80 年代以来，国内外研究人员先后提出了一系列目标识别算法[176]，而伴随着人工智能的不断发展，目标识别算法种类越来越多，识别效果也越来越好，从匹配的角度来看，目标识别算法可以分为以下两类：基于模板匹配的识别算法和基于特征匹配的识别算法。

1）基于模板匹配的识别算法

基于模版匹配的识别算法是指将目标的图片作为模板加入算法中以完成目标识别工作，这类算法主要应用于背景复杂多变、无法用简单的阈值分割完成目标与背景分割的场合。基于模版匹配的目标识别算法的优点是计算简单，经过优化可以接近实时识别要求，适用于复杂背景下的目标识别。但在实际应用中，摄像机的角度变化以及目标的运动会造成目标成像的某些畸变、旋转、比例缩放等，会带来目标识别上的误差，因此在使用模板匹配算法的同时，一般要加入辅助算法来确保目标不会丢失。

2）基于特征匹配的识别算法

目标通常都有自身的特征，主要有颜色、几何形状、纹理、轮廓等，这些特征对光照、形变等因素的敏感度不高，因此在目标识别中得到了广泛的应用。基

于特征的目标识别方法由特征检测实现，不同的特征限制条件和特征关联算法构成各类不同的基于特征的目标识别算法。然而，目标的识别效果容易受到周围噪声影响，目标特征条件的选取制约着整个跟踪过程的精度和实时性。目前常见的用于目标识别的特征条件主要有以下三种。

（1）颜色特征。

颜色一般是一个物体最具直观性的特征，这种特征不会随外界条件的变化而发生改变，具有仿射不变性[177]。对颜色特征而言，需要选择适合的颜色空间才能进行下一步的特征提取工作。现阶段用得比较多的颜色空间是RGB（红、绿、蓝）和HSV（亮度、饱和度、色调）。RGB空间原理简单，目前的应用度最为广泛，但是这种空间的颜色分布不均匀，与人眼看到的颜色有一定的差距；HSV空间与人眼的视觉特性相对接近，亮度、饱和度和色调能够逐渐变化，因此空间整体的均匀性较好，能覆盖更多的颜色。

（2）几何特征。

几何特征也是一种基本特征，主要有面积、长宽比、质心、不规则度等[178]。这种特征比较直观，但在图像处理过程中发挥着不可忽视的作用。对图像的几何特征提取一般放在阈值分割之后，常见的几何特征提取方法有：边界特征法、傅里叶形状描述法、形状不变矩法、几何参数法等。在实际操作过程中，要根据目标的具体情况来选择合适的方法。

（3）纹理特征。

纹理特征是物体的一种表面特性，也是一种全局特征[179]。纹理特征和颜色特征有所区别，它反映了像素点的区域性特点，是一种统计特征，具有旋转不变性，可以较好地抵抗噪声的干扰。但是纹理特征容易受图像分辨率、光照条件、表面反射情况的影响，因此纹理特征的提取一般用在目标图像表面粗细、疏密程度差别较大的情况下，常用的方法有：统计法、几何法、模型法、信号处理法。

在以上两类图像识别算法中，基于特征匹配的目标跟踪方法适用于跟踪目标图像特征比较固定且明显区别于背景的情况。下文中将以该方法为例，对目标识别与检测的流程进行说明。

目标识别与检测的主要思路是：在用算法识别出目标（光伏阵列）所在区域后，找到一个目标（光伏阵列）区域的最小外接矩形，将该矩形的几何中心坐标作为目标的质心坐标给出。具体的目标识别与检测的基本流程如图6.12所示。

当摄像头采集到目标图像后，需要先对目标图像进行基本处理，其中最为关键的一步是阈值分割[180]。进行阈值分割是为了对目标图像的像素集合按照灰度级进行划分，经过划分后的图像会被分割成明显的两部分，方便后续的特征提取。

常用的阈值分割方法有：双峰法、迭代法、OTSU法（最大类间方差法）。

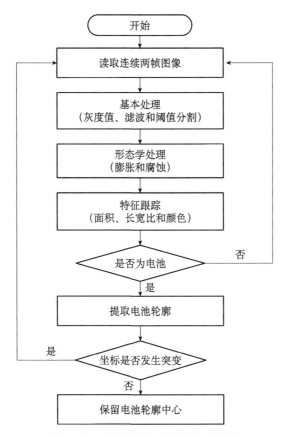

图 6.12　目标识别与检测的基本流程

双峰法的主要思路是将图像分为前景和后景两组颜色,这两组颜色的像素灰度值在直方图上呈现双峰式的分布状态。而在双峰之间的"谷底"就是分割图像所需的阈值,基于这一原理可以得到阈值;迭代法是基于逼近的一种算法,首先选择一个近似的阈值 T,将图像分割成两个部分,R_1 和 R_2,计算出区域 R_1 和 R_2 的均值 u_1 和 u_2,再选择新的阈值 $T=(u_1+u_2)/2$;重复上面的过程,直到 u_1 和 u_2 不再变化为止;OTSU 法的主要思想是选取一个阈值将直方图分成两部分,当该阈值使得两部分的方差达到最大时,选取的阈值即为最佳阈值。

　　双峰法原理简单,计算容易,性能稳定,也易于理解,但是用此方法容易丢失一些图像细节,不适用于双峰差别很大或者双峰中间的谷底比较宽广而平坦的图像,所以双峰法的应用范围比起迭代法和 OTSU 法要小很多。总的来说,迭代法与 OTSU 法要比双峰法效果有很大提高,而相对于 OTSU 法,迭代法在图像的细微处没有很好的区分度。因此在阈值分割方法选择方面,采用 OTSU 法来得到最佳阈值。

OTSU 法需要先选取一个阈值 T，根据 T 将直方图分成两部分，$T \in [0, m-1]$，m 为图像的灰度级。

设图像灰度级总数为 N，灰度值为 i 的像素个数为 n_i，每个灰度值 i 所占的概率 p_i 和 μ 分别为

$$p_i = \frac{n_i}{N}$$
$$\mu = \sum_{i=0}^{m-1} i \cdot p_i \qquad (6.23)$$

取灰度值 T，利用 T 将所有灰度分为两组 $C_0 = 0, \cdots, T-1$ 和 $C_1 = T, \cdots, m-1$，两组的均值和概率表示为

$$w_0 = \sum_{i=0}^{T-1} p_i, \qquad \mu_0 = \sum_{i=0}^{T-1} \frac{i \cdot p_i}{w_0}$$
$$w_1 = \sum_{i=T}^{m-1} p_i = 1 - w_0, \qquad \mu_1 = \sum_{i=T}^{m-1} \frac{i \cdot p_i}{w_1} \qquad (6.24)$$

计算两组间的方差：

$$\delta_2 = w_0 (\mu_0 - \mu)^2 + w_1 (\mu_1 - \mu)^2 \qquad (6.25)$$

重复上述过程，找到组间最大的灰度值 i，使用 i 对图像进行阈值分割。

光伏阵列散热装置等机械结构的存在会影响目标轮廓的提取，所以需要对二值化图像进行形态学处理。可采用先腐蚀后膨胀的运算方法去除毛刺，使图像的轮廓更加平滑，这一步处理也有利于之后的目标轮廓提取[181]。这种方法也称为开运算。其运算的公式如下：

$$B \circ S = (B \oplus S) \oplus S \qquad (6.26)$$

式中，B 代表整个二值化图像；S 代表选取的结构元。结构元的大小和结构随实际情况而选择。

当视场中出现干扰时，识别出的候选目标中会出现虚假目标，这种情况下需要进一步设置外形特征条件来剔除虚假目标[182]。针对激光无线电能传输系统可以根据电池的特征，对提取目标的面积、长宽比以及颜色设置限制条件。

在实际情况下，即使有多重限制条件，识别正确率仍不可能达到 100%，因此需要有一套机制来确保在识别到错误目标时，伺服云台不会随意运动。例如，在目标（光伏阵列）静止的情况下，可通过比对前后两帧图像中目标位置的偏移量来判断目标是否正确，如果偏移量超出正常范围，则认定后一帧识别的为错误目标，并仍以前一帧的坐标作为目标坐标。

2. 伺服云台跟踪控制

通过目标识别与检测得到目标坐标后，需通过相应的伺服云台控制算法对发射端的伺服机构进行控制，从而使得跟踪目标始终位于摄像机视场的中心区域，

以实现目标的实时跟踪。

伺服云台的控制分为位移控制指令和速度控制指令。如果使用基于位移控制指令的跟踪算法，当伺服云台与目标（光伏阵列）的相对位置发生变化时，伺服云台将会停止后再启动，如果再启动的频率较高，一方面伺服云台在跟踪的过程中会出现比较明显的振荡现象，而另一方面这样的振荡现象也会在一定程度上损坏伺服云台内部的机械装置。而如果基于速度控制指令来设计跟踪算法，那么伺服云台在整个系统工作的过程中始终保持运行，只是速度会随实际情况发生变化，不会出现类似位移控制的启动、停止、再启动的循环过程。因此，以下将对速度控制进行说明。

通常摄像机的视场图中采用的是图像的像素坐标，这类坐标以像素（px）为单位，但是云台的控制指令采用的单位是位置（pos），两者之间需要进行转换，假设目标在视场中的速度为 $v(\text{px/s})$，其在水平方向和竖直方向上的速度分量分别为 v_p 和 v_t，假设伺服云台的运动速度为 $\mu(\text{pos/s})$，其在水平轴（pan）和俯仰轴（tilt）上的速度为 μ_p 和 μ_t，可以定义一组转换系数来实现两者之间的转换，假设水平方向和竖直方向的转换系数分别为 K_ptrans 和 K_ttrans，则存在如下转换关系：

$$\begin{cases} \mu_p = v_p \times K\_ptrans \\ \mu_t = v_t \times K\_ttrans \end{cases} \tag{6.27}$$

在得到目标的坐标后，伺服云台需要完成目标跟踪动作。如果先直接完成竖直方向的转动任务，再完成水平方向上的转动任务，可能会造成云台的转动角度过大。而且，当目标处于运动状态时，若伺服云台处于单方向转动的状态下，可能会出现云台转动方向和目标的实时运动方向不一致的情况，这样会影响整个跟踪瞄准的准确度。因此，在云台的跟踪控制的算法方面，要采用阶梯式的跟踪控制算法。

假设伺服云台最小转动量的 n 倍为一个步距 l_0，阶梯式跟踪控制的思想就是先让云台在竖直方向转动一个步距，之后再在水平方向上转动一个步距，按照竖直、水平、竖直、水平如此往复的规律在两个方向上交替转动。假设伺服云台在水平方向和竖直方向上需要转动的距离分别为 $n_1 l_0$ 和 $n_2 l_0$，云台的跟踪控制思路具体如下所述。

（1）当 $n_1 > n_2 > 1$，且 n_1 是 n_2 的整数倍时，令 $t = n_1/n_2$，此时，伺服云台可以先在水平方向转动一个大小为 $t l_0$ 的步距，再在竖直方向转动一个大小为 l_0 的步距，依次交替进行，最终完成跟踪瞄准工作。这里与 $n_2 > n_1 > 1$，且 n_2 是 n_1 的整数倍的情况思路相同，因此不做讨论。

（2）当 $n_1 > n_2 > 1$，且 n_1 不是 n_2 的整数倍时，伺服云台可以先在水平方向转动一个大小为 l_0 的步距，再在竖直方向转动一个大小为 l_0 的步距，依次交替进行 p 次，当 $n_1 - p$ 是 $n_2 - p$ 的整数倍时，令 $t = (n_1 - p)/(n_2 - p)$，此时，伺服云台可以先在水平方向转动一个大小为 tl_0 的步距，再在竖直方向转动一个大小为 l_0 的步距，依次交替进行，最终完成跟踪瞄准工作。这里与 $n_2>n_1>1$，且 n_2 不是 n_1 的整数倍的情况相同，同样不做讨论。

（3）当 $n_1>1>n_2$ 时，表示竖直方向上的距离小于一个步距 l_0，可以视作伺服云台在竖直方向上不需要转动，此时伺服云台只需要在水平方向上转动，步距为 l_0 即可。这里与 $n_2>1>n_1$ 的情况相同，因此不做讨论。

（4）当 $n_1<1$ 且 $n_2<1$ 时，表示水平方向和竖直方向上的距离均小于一个步距 l_0，此时视作目标已经在摄像机视场的中心区域，伺服云台进入精调环节。进入精调环节后，将步距降低为伺服云台的最小转动量继续进行阶梯式运动，直至最终完成跟踪瞄准工作。

3. 伺服云台跟踪控制流程图

伺服云台跟踪控制的基本流程如图 6.13 所示。其基本思路是：在光伏电池完整出现在摄像机视场范围之后，伺服云台停止巡检。由上文图像识别环节给出目标的像素坐标，可得到它与设定坐标的偏差，云台根据此偏差进行姿态调整，以实现对目标的位置匹配。

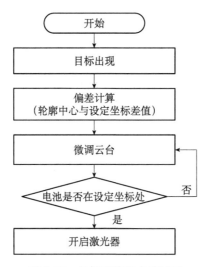

图 6.13　目标跟踪基本流程图

伺服云台的控制分为水平轴和俯仰轴两个方向，云台在两个方向上的转动由两个相互独立的步进电机分别控制。两个轴分别对应目标位置在水平和垂直两个方向上的偏差量，因此在控制分析方面可以将水平轴和俯仰轴分开。

以跟踪静止目标为例，摄像机拍摄到的目标的二维图像平面图如图 6.14 所示，其中，横纵两条实线的交点为视场中心，$ABCD$ 为目标的外接矩形，O 为标定位置，跟踪瞄准的任务就是控制云台，使目标的外接矩形中心始终与标定位置匹配并锁定。

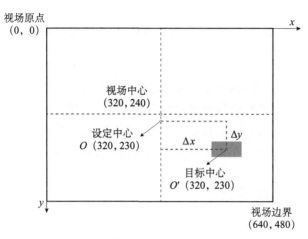

图 6.14 视场平面中的目标位置示意图

通过对标定位置坐标 O 和目标轮廓中心坐标 O' 进行差值运算，可以得到两者之间在视场坐标轴中的差值 Δx 和 Δy。在本章的设计过程中，设定云台的水平轴和俯仰轴的运动正方向分别为向右与向上，摄像头的分辨率为 640×480，通过反复调试，最终确定 O 的坐标为（320，230）。考虑到伺服云台的水平轴和俯仰轴在视场平面图中的正方向分别为水平向右和竖直向下，所以 Δx 和 Δy 的计算公式为

$$\begin{cases} \Delta x = x - 320 \\ \Delta y = 230 - y \end{cases} \tag{6.28}$$

在得到 Δx 和 Δy 后，将其转化为云台转动的控制量，即可让云台进入微调环节，最终实现坐标匹配。

6.4 本章小结

本章首先对激光整形技术进行了介绍，提出了利用伽利略型非球面透镜组结构对半导体激光器出射激光进行匀化整形的方法，通过理论分析和仿真，验证了光束匀化的效果。本章还对系统跟瞄过程进行了阐述，对基于图像识别的跟踪技术进行了详细的讨论。

第 7 章　光伏接收技术

接收端的光伏阵列是系统实现高效电能传输的基础。然而，照射到光伏阵列上的激光能量分布不均使得阵列的输出功率降低，严重影响了系统整体的电能传输效率。为此，目前有许多研究针对不均匀辐照下光伏阵列输出功率下降的问题提出了不同的优化技术。本章将对这些方法进行介绍。

7.1　光伏接收器结构

光伏接收器是光伏接收技术的硬件基础。在激光无线能量传输技术领域，光伏接收器主要有如图 7.1 所示的三种结构：平板型、球型和会聚型。

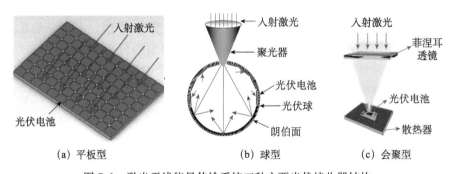

(a) 平板型　　　　　　　　　(b) 球型　　　　　　　(c) 会聚型

图 7.1　激光无线能量传输系统三种主要光伏接收器结构

平板型光伏接收器是由多块光伏电池在平面内通过一定的空间布局及合理的串并联连接组成的[111]。其优点在于结构简单、加工方便、成本较低和便于跟踪，而且在光照强度小于 $2kW/m^2$ 的时候不需要增加额外的散热装置。但平板型光伏接收器对激光辐照的均匀度要求较高，实际应用当中应考虑不均匀辐照对效率造成的影响，否则能量损失严重。此外，还需保证激光垂直入射接收器的表面，不然会带来较为严重的反射损耗，而且会进一步恶化辐照的均匀度，从而影响接收端的光-电转换效率。

球型光伏接收器是一种在球型腔体内部安装光伏电池的接收装置[183]。激光经腔体上的聚光器进入球体内部并囚禁在其中，通过内部朗伯面的反射来实现对光伏电池的均匀辐照。因此球型光伏接收器最突出的优点在于能够改善不均匀辐照对其光-电转换效率的影响。其次，由于聚光器口径较小，入射激光会被囚禁在球体内部不断反射而被光伏电池吸收，所以激光能量的利用率较高，其效率理论上应为光伏电池的效率。但同样由于聚光器口径的限制，接收器对激光束入射角度的精度要求较高。此外，该接收器结构复杂、体积质量较大，在实际中应用较少。

会聚型光伏接收器利用菲涅耳透镜将入射激光会聚在光伏电池上，通过提高激光功率密度的方式来获得较高的光-电转换效率[115]。由于激光功率密度的增加，光伏电池能输出更大的功率，所以光伏电池的使用面积可大大减小，从而能有效地降低接收器的成本。但由于菲涅耳透镜的存在，整个接收器的结构复杂、体积质量较大，而且对激光入射角度要求较高。此外，由于会聚激光的辐照强度很高，光伏电池温升明显，通常还需要增加额外的散热装置。

综上所述，以上三种光伏接收器的特点对比如表 7.1 所示。目前，平板型光伏阵列因其结构简单、成本较低和便于跟踪的优点，成为激光无线能量传输系统中应用和研究得最为广泛的光伏接收器结构。因此，本章主要以平板型光伏阵列为研究对象，如无特殊说明，以下所述光伏阵列均指平板型光伏阵列。光伏阵列受光伏电池性能、激光辐照均匀度和跟踪精度等非理想因素的影响，往往存在较大的额外损耗，所以其实际工作效率较低，而且普遍远低于光伏电池的效率，使得光伏阵列的光-电转换能力不能得到充分利用。因此需针对激光照射下光伏阵列的效率优化进行研究。

表 7.1　三种光伏接收器的特点对比

光伏接收器	结构	体积/质量	对入射光角度的要求	对辐照均匀度的要求	效率
平板型	简单	小	低	高	低
球型	复杂	大	高	低	高
会聚型	复杂	大	高	高	高

7.2　不均匀辐照下光伏阵列的效率优化

在激光辐照下光伏阵列的光-电转换效率与光伏电池的光-电转换效率、光伏阵列的几何效率和光伏阵列的电能输出效率有关。

光伏电池的光-电转换效率与电池材料、结构、封装，以及激光波长和入射功率有关。在激光无线能量传输系统中，光伏电池需要吸收转化特定波长的单色激光能量，目前其转换效率已经超过了 50%。尽管光伏电池在激光辐照下能获得比太阳光照下高得多的效率，但在高功率密度激光入射时，仍然会有大部分的光能不能被转化，从而引起电池温度的升高，导致其效率下降。因此，为真正实现激光无线能量传输系统的实际应用，光伏电池效率仍然需要进一步地提升。

光伏阵列的几何效率为光伏电池接收到的激光功率与入射激光总功率的比值，其主要与阵列中光伏电池空间布局的紧密程度、跟踪误差引起的光斑漂移，以及大气湍流效应引起的光束扩展等非能量因素有关，因此本章不作过多赘述。

光伏阵列的电能输出效率为阵列实际输出电功率与其可输出的最大电功率的比值，主要受非均匀激光辐照的影响较大。由于激光自身的特性，其光斑能量呈高斯分布，所以光伏阵列上的辐照不再均匀。当所受辐照不均匀时，光伏阵列的输出功率会受到严重的影响。以如图 7.2（a）所示的单串光伏阵列为例，其中光伏电池 PV_1 受辐照较弱，所产生的光生电流较小。当光伏阵列的输出电流大于光伏电池 PV_1 的光生电流时，PV_1 两端的电压为负，成为光伏电池 PV_2 的负载，使得阵列的整体输出功率降低。同时，PV_1 吸收的功率以热量的形式耗散掉，造成热斑效应，对光伏电池造成永久性破坏[75]。

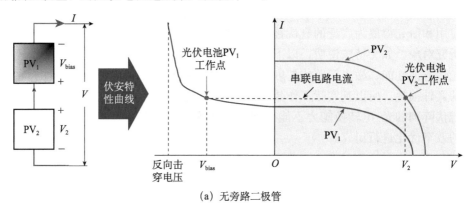

(a) 无旁路二极管

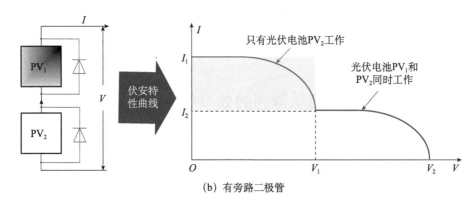

(b) 有旁路二极管

图 7.2　单串光伏阵列不均匀辐照下的 I-V 特性

因此，为保护光伏电池免受热斑效应的破坏，一般会在每个光伏电池单体（或组件）两端并联一个旁路二极管，如图 7.2（b）所示。由图可见，当单串光伏阵列的输出电流较大时（图中绿色区域），受辐照较弱的光伏电池 PV_1 不足以提供负载电流，其旁路二极管导通，PV_1 被短路，从而从整个支路中隔离出来，此时只有 PV_2 向负载提供能量。随着单串光伏阵列输出电压的逐渐增加，其输出电流逐渐减小，当阵列的输出电流小于光伏电池 PV_1 的光生电流时（图中黄色区域），PV_1 的旁路二极管截止，此时 PV_1 和 PV_2 同时向负载提供功率。由以上分析可知，在入射光功率相同的前提下，受辐照强度不均的光伏电池 PV_1 和 PV_2 极可能出现不同时工作在各自最大功率点处的情况，因此存在失配损耗，从而导致阵列的输出功率降低。而且，由于旁路二极管的存在，单串阵列的输出特性曲线呈现多峰特性，造成传统最大功率点跟踪（maximum power point tracking，MPPT）控制技术的失效[184]。

在已报道的激光无线能量传输系统中，不均匀激光辐照使得光伏接收器的效率普遍远低于光伏电池的光电转换效率，因此文献 [185] 指出，不均匀激光辐照是光伏阵列效率低下的主要原因。目前主要有四种方法可用于提高不均匀高斯光束辐照下光伏阵列的输出功率，它们分别是：光伏阵列物理优化、全局最大功率跟踪技术、有源校正电路优化和光伏阵列电气结构优化。以下将分别对这四种技术的研究现状进行总结概括。

7.2.1　光伏阵列物理优化

优化光伏阵列物理结构的核心思想是：根据光斑的能量分布来优化光伏电池的物理形式，从而使得电池单体之间的辐照强度一致。

文献 [111] 基于激光高斯分布的对称性，提出了一类对称式布局的光伏阵列空间结构，如图 7.3（a）所示。由于激光光斑通常为圆形，且在以光斑中心为圆心的同心圆上的辐照强度一致，因此，为提高能量利用率，文献 [111] 首先将光伏电池整体布置为与光斑形状大小相匹配的圆形。然后，对阵列中的光伏电池以光斑的圆心为中心进行环状分组，每个环状区域内的光伏电池串联，使得串

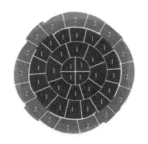

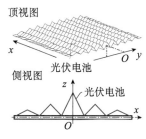

(a) 文献 [111] 的布局方式　　　(b) 文献 [186] 的布局方式　　　(c) 文献 [187] 的布局方式

图 7.3　高斯激光辐照下不同的光伏阵列空间结构和布局

联支路中所有电池所接收到的辐照强度近似相同，从而减小了失配损耗。但不同光伏电池串之间所接收到的激光能量往往不同，因此电池串之间不适合直接串联连接。在此基础上，如图 7.3（b）所示，文献［186］还通过优化光伏电池的几何形状，减小了光伏电池之间的空隙，从而提高了阵列的几何效率。但光伏电池几何形状过于复杂，加工困难，成本也较高。

文献［187］提出了基于角度匹配的光伏阵列结构，如图 7.3（c）所示。该结构的特点为：利用电池上的激光强度与其入射角度呈余弦的关系，通过合理设定光伏电池的安装角度，使得被光伏电池实际利用的激光功率相等，从而可以克服不均匀辐照对光伏阵列效率的影响。根据激光光斑能量分布规律，光伏电池倾斜角度与其距阵列中心的距离有关。高斯光束中心光强大于边缘光强，因此中心的光伏电池的倾角较大，反射的激光能量较多，而边缘光伏电池的倾角较小，反射的激光能量较少，从而能保证所有光伏电池所接收到的激光功率相等。尽管如此，在该结构中由于存在较大的反射损耗，所以其对效率的提升作用有限。

7.2.2 全局最大功率跟踪技术

在不均匀辐照下，光伏阵列的输出特性不再是单峰特性，而是多峰特性，因此传统最大功率点跟踪技术易陷入局部最大功率点（local maximum power point，LMPP）而不再适用，需对传统最大功率点跟踪技术进行改进和优化，以快速准确地寻找到光伏阵列的全局最大功率点（global maximum power point，GMPP）。目前已有许多关于全局最大功率点跟踪技术（global maximum power point tracking，GMPPT）的研究。这些研究中所用的方法主要可以分为三类，具体如下所述。

1. 第一类方法

第一类方法主要包括 DIRECT 法、斐波那契数列法、最大功率梯形法（maximum power trapezium，MPT）和 I-V 曲线近似法等具体的算法[188]。这些具体方法都是在相对较大的光伏阵列输出电压搜索范围内，通过所提出的包含有阵列输出电压、电流或功率等参数的不同数学关系进行迭代，逐步缩小电压搜索范围，并最终找到全局最大功率点。这些方法具有简单且易于实现的特点，而且搜索速度快，精度较高。以下将对这几种算法进行简要介绍。

1）DIRECT 技术[189]

DIRECT 技术本质上是一种扰动观察（P&O）算法，其电压搜索范围是由描述光伏阵列输出功率和电压关系的函数 $p(v)$ 的 Lipchitz 条件确定的。对于一致有界的函数 $p(v)$，在光伏阵列输出电压区间 $[a, b]$ 内满足如下方程：

$$p(v) \leqslant \max(p(v)) \leqslant p(v_1) + M\frac{b-a}{2} \tag{7.1}$$

式中，v_1 是电压采样点，其值为电压区间 $[a，b]$ 的中点；v 是电压区间 $[a，b]$ 中任意的电压变量；M 是 Lipchitz 常数。根据式（7.1）可以得出 v_1 对应的光伏阵列输出功率与光伏阵列全局最大功率点之间差距的极限值，即 $M(b-a)/2$。其中，M 和 $(b-a)$ 在算法迭代之初取值较大，但通过不断地迭代，电压搜索范围 $(b-a)$ 可以不断地缩小。在每次迭代过程中，电压搜索范围 $[a，b]$ 被划分为三个相等的子区间。其中，如果满足以下不等式，则区间 j 被认为是下次迭代的电压搜索范围：

$$p(v_j) + k\frac{b_j - a_j}{2} \geqslant p(v_i) + k\frac{b_i - a_i}{2}, \quad 对于任意的 i \tag{7.2}$$

$$p(c_j) + k\frac{b_j - a_j}{2} \geqslant P_{\max} + \varepsilon |P_{\max}| \tag{7.3}$$

式中，$P_{\max}$ 是目前搜索到的光伏阵列最大输出功率；ε 和 k 为正常数；a_i、b_i 和 a_j、b_j 分别是第 i 和第 j 子区间隔的端点；$p(v_i)$ 和 $p(v_j)$ 分别为第 i 和 j 区间中任意的电压对应的光伏阵列输出功率，$p(c_j)$ 为在第 j 区间的中心电压点采样得到的光伏阵列输出功率。通过不等式（7.2）可以判断出包含有更大光伏阵列输出功率的新搜索电压范围，以进一步进行迭代。通过不等式（7.3）可以证明，在新的电压搜索区间中存在比 $P_{\max}$ 至少大 $\varepsilon P_{\max}$ 的输出功率值。

2）斐波那契变步长搜索算法（Fibonacci method）[190]

在文献 [45] 中，提出了斐波那契变步长搜索算法，该算法类似于传统的扰动观察法。该方法主要用来判断当前光伏阵列输出电压搜索范围内两个采样点处功率的大小来判断下次迭代时电压搜索的方向，同时通过斐波那契数列来缩小下次迭代电压搜索范围，这样通过不断地移动和缩小电压搜索范围，可以最终搜索到阵列的全局最大功率点。斐波那契变步长搜索算法的工作原理如图 7.4 所示。首先，电压搜索移动的方向可根据以下规则确定：

$$\begin{cases} 如 \ p(v_1^i) < p(v_2^i)，则 [x_1^{i+1}，x_2^{i+1}] = [v_1^i，x_2^i] \\ 如 \ p(v_1^i) > p(v_2^i)，则 [x_1^{i+1}，x_2^{i+1}] = [x_1^i，v_2^i] \end{cases} \tag{7.4}$$

式中，x_1 和 x_2 为算法每次迭代过程中电压搜索范围的边界；v_1 和 v_2 为每次迭代过程中在电压搜索范围内的两个采样电压点；上标 i 表示算法的第 i 次迭代；$p(v_1^i)$ $(p(v_2^i))$ 是在算法的第 i 次迭代过程中电压采样点 $v_1(v_2)$ 对应的光伏阵列输出功率。从式（7.4）中可知，若第 i 次迭代中满足 $p(v_1^i) < p(v_2^i)$ 的条件，电压搜索范围在第 $i+1$ 次迭代时向右移动，即第 i 次迭代中采样电压点 v_1 变为第 $i+1$ 次迭代中电压搜索范围的左边界，也就是电压搜索范围在移动搜索的过程中逐渐减小，直至寻找到阵列的全局最大功率点。

其次，在每次迭代过程中电压搜索范围和电压采样点由如下的斐波那契数列决定：

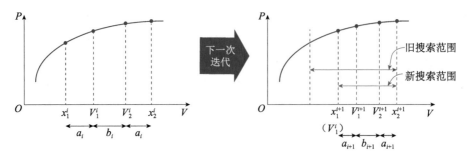

图 7.4　斐波那契变步长搜索算法的工作原理

$$\begin{cases} \dfrac{a_i}{b_i} = \dfrac{c_{n+1}}{c_n} \\ \dfrac{a_{i+1}}{b_{i+1}} = \dfrac{c_n}{c_{n-1}} \end{cases} \tag{7.5}$$

式中，a_i 为电压采样点 v_1（v_2）到电压搜索范围边界 x_1（x_2）的距离；b_i 为两个电压采样点 v_1 和 v_2 之间的距离；c_{n-1}、c_n、c_{n+1} 的取值由如下表达式决定：

$$\begin{cases} c_0 = 0, \qquad c_1 = 1 \\ c_n = c_{n-2} + c_{n-1}, \qquad n \geqslant 2 \end{cases} \tag{7.6}$$

由文献［190］的实验结果可知，斐波那契变步长搜索算法可在电压搜索范围较大的情况下快速地寻找到光伏阵列的全局最大功率点。但当光伏阵列所受辐照情况较复杂，即阵列的 $P\text{-}V$ 特性曲线存在较多的局部最大功率点时，该方法存在容易陷入局部最大输出功率点的问题。

3）最大功率梯形算法（MPT method）[191]

在文献［191］中提出了一种改进的 P&O 方法，即最大功率梯形方法。文献中首先通过大量实验数据总结得到以下结论：在光伏阵列 $P\text{-}V$ 特性曲线的平面内，如图 7.5 所示的矩形区域包含了任何非均匀辐照条件下所有可能的全局最大功

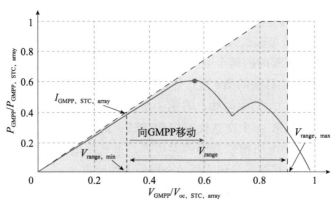

图 7.5　最大功率梯形算法工作原理

率点。如图 7.5 所示,该梯形区域垂直的右边界对应的电压为 $0.9V_{oc,STC,array}$,左边界为经过 P-V 特性曲线坐标原点的斜率为 $I_{GMPP,STC,array}$ 的斜线,其中 $V_{oc,STC,array}$ 和 $I_{GMPP,STC,array}$ 分别为光伏阵列在标准条件下的开路电压和最大功率点对应的电流。

该方法在搜索阵列全局最大功率点的过程中,电压搜索范围的上界固定在 $V_{range,max}=0.9V_{oc,STC,array}$ 处。电压搜索范围的下限由如下方程决定:

$$V_{range,min}=\frac{P_{max}}{I_{GMPP,STC,array}} \tag{7.7}$$

式中,P_{max} 为当前搜索到的最大输出功率。由式(7.7)可知,电压搜索范围的下界 $V_{range,min}$ 会随着不断搜索到的输出功率 P_{max} 的增加而增加。因此,由于经过每次迭代,电压搜索范围的下界 $V_{range,min}$ 会不断地增加而上界 $V_{range,max}$ 固定不变,所以电压搜索范围逐渐减小,直至寻找到阵列的全局最大功率点。

4)I-V 曲线近似方法(I-V curve approximation method)[192]

在文献[192]中提出的 I-V 曲线近似方法可以通过特定的规则来排除某些不必要的电压搜索范围,从而可以快速地寻找到阵列的全局最大功率点。首先,该算法会采样一些阵列输出电压值,通过这些电压采样点将电压搜索范围划分为好几个小的子区域。然后,该算法对每个子区域中的阵列 I-V 曲线用简单的直线进行近似,以确定该子区域对应的阵列输出功率上限。如图 7.5 所示,子区域 k $[V_k, V_{k+1}]$ 对应的阵列输出功率上限 P_{up-k} 为

$$P_{up-k}=V_{k+1}\times I_k \tag{7.8}$$

式中,I_k 为采样点 k 对应的阵列输出电流;V_{k+1} 为采样点 $k+1$ 对应的阵列输出电压。根据图 7.6 可知,若子区域 $k[V_k, V_{k+1}]$ 对应的输出功率上限 P_{up-k} 低于当前测量到的最大的阵列输出功率 P_{max},则阵列的全局最大功率点不在子区域 k 中,从而该子区域可以从搜索范围中排除。因此,通过比较 P_{max} 与各个子区域中

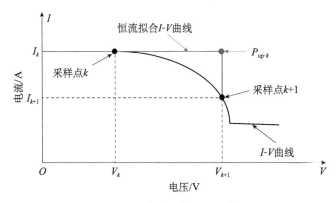

图 7.6　I-V 曲线近似方法工作原理

近似得到的阵列输出功率上限，算法的电压搜索范围可以大幅缩小。此后，通过进一步地采样划分电压搜索区域以及类似以上的近似过程进行不断迭代，电压搜索范围会逐渐变小，直到寻找到阵列的全局最大功率点。

2. 第二类方法

第二类全局最大功率跟踪方法是利用光伏阵列在非均匀辐照条件下的 I-V 或 P-V 曲线的特性来寻找阵列所有的局部最大功率点，或将工作点移动到全局最大功率点附近。然后，采用传统的扰动观察法或电导增量法来精确寻找阵列的全局最大功率点。以下将对一些具有代表性的方法进行介绍。

1）等效负载线方法（load-line method）[193]

在文献［193］中提出的等效负载线方法是利用如下定义的负载线将阵列的工作点移动到全局最大值附近：

$$I=\frac{I_{\mathrm{MPP}}}{V_{\mathrm{MPP}}}V=\frac{0.8V_{\mathrm{oc}}}{0.9I_{\mathrm{sc}}}V \tag{7.9}$$

式中，I_{MPP}、V_{MPP}、V_{oc} 和 I_{sc} 分别是均匀辐照条件下光伏阵列最大功率点电流、最大功率点电压、开路电压和短路电流。当出现辐照不均匀的情况时，该算法会将阵列的工作点移动到上式所示的等效负载线与光伏阵列 I-V 曲线的交点处，即认为此刻阵列的工作点移动到了阵列的全局最大功率点附近。然后，利用传统的最大功率点跟踪方法，如扰动观察法以准确寻找全局最大功率点。等效负载线法（图 7.7）应用简单，且能够快速寻找到阵列的全局最大功率点，但搜索结果可能是局部最大功率点之一，而不是阵列的全局最大功率点。

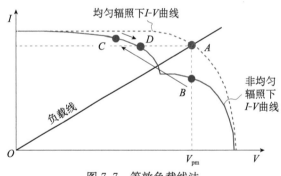

图 7.7　等效负载线法

2）功率增量法（power increment method）[194]

为了提高全局最大功率点的搜索精度，在文献［194］中提出了功率增量法。如图 7.8 所示，该方法的搜索过程从阵列开路电压对应的工作点 B_1 开始，并且，与光伏阵列相连的后级变换器工作在恒功率模式下。在每一次迭代过程中，控制后级变换器从光伏阵列抽取的功率增加 ΔP，从而可以使得阵列的工作点逐渐向全局最大功率点移动（如 B_1 到 B_5）。若后级变换器抽取的功率不能进一步增加（图 7.8 中的工作点 B_6），则功率增加过程停止，并且通过后级变换器控制阵列，当前工作点返回到上一个工作点（即从 B_6 返回到 B_5）。从而可以确定阵列全局最大功率点的相邻区域。然后，可以采用传统的最大功率点跟踪方法来精确寻找全局最大功率点。

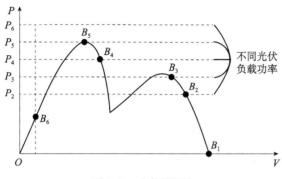

图 7.8 功率增量法

从文献 [194] 中的实验结果可知，根据功率增量法寻找到的全局最大功率点与实际全局最大功率点之间的差值小于 0.1%。然而，由于功率增量法需要搜索较大范围的电压，所以功率增量法的搜索速度比等效负载线法要慢。

3）斜坡电压扫描方法（ramp voltage scanning method）[195]

在文献 [195] 中提出了一种简单的全局最大功率跟踪方法，即斜坡电压扫描方法。文献中指出：在非均匀辐照条件下，通过观察和统计光伏阵列的 $I\text{-}V$ 和 $P\text{-}V$ 特性，发现在阵列的 $P\text{-}V$ 特性曲线中所有局部最大功率点都包含在以下电压范围内（包括阵列的全局最大功率点）：

$$V_{\text{MPP-mod}} < V < 0.9 V_{\text{oc-arr}} \tag{7.10}$$

式中，$V_{\text{MPP-mod}}$ 是阵列中单个光伏模块在其最大功率点处的电压；$V_{\text{oc-arr}}$ 是光伏阵列在非均匀辐照条件下的开路电压。

为了搜索上述设定的电压范围，斜坡电压扫描法使用如图 7.9 右半部分所示的连续的斜坡电压，而不是传统的阶跃变化的电压，作为光伏阵列后级变换器的电压基准，并同时连续采样阵列的电压和电流，以得到一系列连续的阵列输出功率采样值进行比较，从而准确地寻找到阵列的全局最大功率点。如图 7.9 所示，由于斜坡电压扫描方法通过连续扰动光伏阵列输出电压和采样阵列的输出功率进行比较，可以避免阵列输出电压的振荡。而且在采样电压或电流时，阵列的电压或电流不再需要保持一定的时间以满足精确采样的需要。然而，由于斜坡电压扫描法几乎要对阵列 $P\text{-}V$ 曲线全部范围进行搜索，所以它的搜索速度仍然较慢。

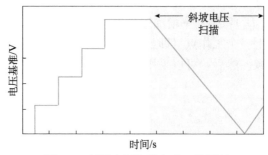

图 7.9　斜坡电压扫描方法工作原理

4）$0.8V_{\text{oc-mod}}$ 模型法（$0.8V_{\text{oc-mod}}$ model method）[196-200]

文献［196］～文献［199］对非均匀辐照条件下光伏阵列 P-V 曲线的特性进行了分析，得到以下结论：在多峰值的光伏阵列 P-V 曲线中，其功率峰值几乎出现在阵列电压等于 $n \times 0.8V_{\text{oc-mod}}$ 处（其中 $V_{\text{oc-mod}}$ 为光伏子模块的开路电压，n 为常数）。根据以上结论，文献［196］～文献［199］提出了 $0.8V_{\text{oc-mod}}$ 模型法。

在文献［196］中，其所提出的方法首先对阵列输出电压进行采样，采样点的间隔为 $0.8V_{\text{oc-mod}}$。然后，在每个采样点附近，采用传统的扰动观察法来精确寻找局部的峰值功率。最后，通过比较所有局部峰值，从而可以确定阵列的全局最大功率点。

$0.8V_{\text{oc-mod}}$ 模型法只需搜索电压为 $n \times 0.8V_{\text{oc-mod}}$ 附近的区域，而不需要对整个 P-V 曲线进行搜索，因此可以适当缩短算法的搜索时间。但是，对于存在长串的光伏阵列，这种方法的搜索速度通常很慢，因为需对每个局部峰值进行扰动观察搜索。另外，文献［197］指出，并不是 P-V 曲线的局部峰值都位于 $n \times 0.8V_{\text{oc-mod}}$ 处，特别是对于存在长串的光伏阵列。因此，采用文献［51］所提出的 $0.8V_{\text{oc-mod}}$ 模型法可能导致搜索不到正确的全局最大功率点。因此，在文献［198］中对 $0.8V_{\text{oc-mod}}$ 模型法进行了进一步的修正。在文献［198］中通过研究发现，光伏阵列 P-V 曲线中的各个局部峰值功率之间对应的电压间隔最小为 $0.5V_{\text{oc-mod}}$。因此，在文献［198］中电压扰动的步长为 $0.5V_{\text{oc-mod}}$。但是，在某些情况下，尽管电压扰动步长减小，但仍存在不能精确搜索到阵列全局最大功率点的情况。

文献［200］提出了一种改进型的 $0.8V_{\text{oc-mod}}$ 模型法，即 R-GMPPT 法。文献［200］中指出，对于非均匀辐照条件下，由 n 个光伏子模块串联而成的单串光伏阵列，其对应的 P-V 曲线可划分为 n 个区域，其中每个区域具有一个局部峰值功率点，而且第 j 个局部峰值功率点对应的电压和电流可以表示为

$$I_{mj} \approx 0.9 I_{scj} \tag{7.11}$$

$$V_{mj} \approx (j-1)V_{\text{oc-mod}} + 0.76V_{\text{oc-mod}} = \frac{(j-1+0.76)V_{\text{oc}}}{n} \qquad (7.12)$$

式中，I_{scj} 是第 j 个光伏子模块的短路电流；V_{oc} 和 $V_{\text{oc-mod}}$ 分别是单串光伏阵列的开路电压和光伏子模块的开路电压。以下将以如图 7.10 所示的一个简单的单串光伏阵列为例对上式进行说明。如图所示，A 点和 B 点分别为该单串阵列的局部峰值功率点。

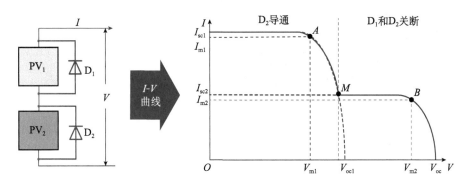

图 7.10　单串光伏阵列不均匀辐照下的 I-V 曲线

当阵列的工作点在图中点 M 左边的工作区域时，只有光伏电池 PV_1 工作。此时，局部峰值功率点 A 对应的电流约等于 $0.9I_{sc1}$（即光伏电池 PV_1 的短路电流），其对应的电压大约等于 $0.76V_{oc1}$（即光伏电池 PV_1 的开路电压）。

当阵列的工作点在图中点 M 右边的工作区域时，光伏电池 PV_1 和 PV_2 同时工作。此时，局部峰值功率点 B 对应的电流约等于 $0.9I_{sc2}$（即光伏电池 PV_2 的短路电流），其对应的电压约等于 $V_{oc1} + 0.76V_{oc2}$（其中 V_{oc2} 为光伏电池 PV_2 的开路电压）。

为了分析方便，可以认为 V_{oc1} 和 V_{oc2} 近似相等，即都等于单个光伏子模块的开路电压 $V_{\text{oc-mod}}$。从而，对于如图 7.10 所示的光伏阵列，满足如下关系：$V_{oc1} = V_{oc2} = V_{\text{oc}}/2$（其中 V_{oc} 为单串光伏阵列的开路电压）。因此，图 7.10 所示的光伏阵列的局部峰值功率点对应的电压分别为

$$V_{m1} = 0.76V_{\text{oc}}/2, \qquad V_{m2} = (1+0.76)V_{\text{oc}}/2 \qquad (7.13)$$

根据式（7.12）和式（7.13），图 7.10 所示的光伏阵列的所有局部峰值功率点的功率可以通过以下公式近似计算得到

$$P_{mj} \approx V_{mj}I_{mj} \approx \frac{(j-0.24)V_{\text{oc}}}{n} \cdot 0.9I_{scj} \qquad (7.14)$$

通过上式可以计算出阵列所有的局部峰值功率点，从而得到其中的最大值，因此可以定位阵列全局最大功率点所在的范围，然后利用传统的扰动观察法去精确寻

找全局最大功率点。如文献［200］所述，相比于传统全局最大功率跟踪方法，R-GMPPT 方法可以大幅缩短最大功率点的搜索时间 90％以上，同时保持可接受的搜索精度。

5) *I-V* 曲线拟合方法（*I-V* curve fitting method)[201,202]

文献［201］根据上述 R-GMPPT 方法的概念提出了 *I-V* 曲线拟合方法。该方法主要通过采样光伏阵列的输出电流来确定非均匀辐照条件下光伏阵列 *I-V* 曲线的形式。文献［201］通过对非均匀辐照条件下阶梯形的阵列 *I-V* 曲线进行分析，得出了以下结论：

(1) 在 *I-V* 曲线每段台阶中，其对应的电流几乎是恒定的；

(2) *I-V* 曲线每段台阶起始点对应的阵列输出电压值在略小于 $n \times V_{oc-mod}$ 的电压处（其中 V_{oc-mod} 为光伏子模块的开路电压，n 为常数）。

根据上述结论，*I-V* 曲线拟合方法在电压 $n \times V_{oc-mod}$ 处对光伏阵列的输出电流进行采样，通过比较这些采样电流，可以拟合出阶梯形的阵列 *I-V* 曲线（包括阶梯数和阶梯的长度）。然后，基于拟合得到的 *I-V* 曲线通过传统的扰动观察法对 $n \times 0.8V_{oc-mod}$ 电压附近进行搜索，以寻找到所有局部峰值功率点。最后，通过比较各个局部峰值功率点的值，确定阵列的全局最大功率点。

在文献［202］中提出了类似文献［201］的方法，该方法可以通过测量每个光伏子模块的电压来确定所有局部最大功率点的位置，从而确定全局最大功率点对应电压的范围。显然，与文献［202］中的方法相比，*I-V* 曲线拟合方法简单易行。因为 *I-V* 曲线拟合方法只采样阵列的输出电流来寻找全局最大功率跟踪，而文献［202］中的方法则需对每个光伏子模块进行电流采样。

3. 第三类方法

第三类全局最大功率跟踪方法包括多种智能算法（intelligent algorithm)：粒子群算法[203]、蜂群算法[204]和模糊逻辑控制[205]。智能算法的优点在于，无论光照条件和光伏阵列结构如何变化，都能够自适应地精确寻找到阵列的全局最大功率点。然而，智能算法的实现比较复杂，并且初始参数的选择决定了全局最大功率点的搜索精度。

全局最大功率跟踪技术由于实现简单和成本较低，所以受到了广泛的关注。表 7.2 总结了上面所提到的各类全局最大功率跟踪方法的特点。关于全局最大功率跟踪技术的更详细研究可以从文献［206］中找到。值得注意的是，虽然通过全局最大功率跟踪技术可以使得光伏阵列的输出功率得到提高，但是它并不能补偿由高斯光束引起的那部分功率损失。

表 7.2　不同全局最大功率跟踪方法的特点

最大功率点跟踪优化方法	精确度	收敛速度	采样参数	特点
DIRECT 技术	较高	较快	阵列输出电压和电流	通过逐渐缩小搜索范围的方法来寻找全局最大功率点
斐波那契变步长搜索算法	中	中	阵列输出电压和电流	
最大功率梯形法	较高	较快	阵列输出电压和电流；标准状态下，整列全局最大功率点对应的电流	
I-V 曲线近似方法	较高	较快	阵列输出电压和电流	
等效负载线方法	低	快	阵列输出电压和电流	根据阵列 I-V 或 P-V 曲线特性，快速搜索到各个局部最大功率点或快速定位到全局最大功率点附近
功率增量法	高	中	阵列输出电压和电流	
斜坡电压扫描方法	高	中	阵列输出电压和电流；每个电池模块的开路电压	
$0.8V_{oc\text{-}mod}$模型法	较高	较快	阵列输出电压和电流	
R-GMPPT	中	快	阵列输出电压和电流；每个电池模块的短路电流	
I-V 曲线拟合法	较高	较快	阵列输出电压和电流；每个电池模块的开路电压	
智能算法	高	中到快	阵列输出电压和电流	应用复杂

7.2.3　有源校正电路优化

目前，已有许多研究对局部阴影条件下的光伏阵列的优化设计进行了研究，而高斯激光束对光伏阵列的影响可以看作其中的一个特例。因此，可以借鉴用于解决阴影遮挡对光伏阵列影响的方法之一的辅助校正电路的概念，来进一步提高高斯激光束辐照条件下光伏阵列的最大输出功率。在高斯激光辐照条件下，在光伏阵列中引入适当的辅助校正电路，其目的在于消除阵列 P-V 曲线中的多个功率峰值点，使得 P-V 曲线校正为一个单峰曲线。通常，辅助校正电路在拓扑选择、结构复杂度、控制系统复杂度、效率及可扩展性等方面都各有不同。以下将对常见的辅助校正电路分为三类进行重点介绍。

1. 偏置电压校正电路

文献［207］和文献［208］分别提出了如图 7.11（a）和（b）所示的偏置电压校正电路来提高不均匀辐照下光伏阵列的最大输出功率。在图 7.11（a）中，阵列中每一个光伏电池串均与一个 DC/DC 变换器相串联。如图 7.11（b）所示，DC/DC 变换器的主要功能是为第 i 个光伏电池串提供偏置电压 V_{bias_i}，从而可以使得辐照较弱的那串光伏电池支路的最大输出功率点对应的电压（即图 7.12（a）

中 $V_{2\max}$）与辐照较强的光伏电池串最大输出功率点电压（即图 7.12（a）中
$V_{1\max}$）相等，从而保证每条支路都能工作在其最大功率点处（图 7.12（b）），以
实现提高光伏阵列输出功率的目的。当光伏阵列中串联支路增加时，可以方便地
通过增加 DC/DC 变换器的方式来扩展光伏系统。当然，过多的 DC/DC 变换器
增加了光伏系统的结构复杂度和成本。

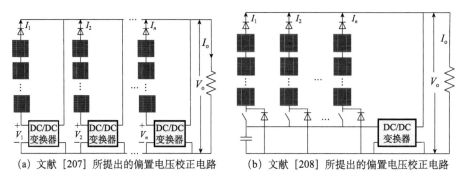

(a) 文献 [207] 所提出的偏置电压校正电路　　　(b) 文献 [208] 所提出的偏置电压校正电路

图 7.11　偏置电压校正电路

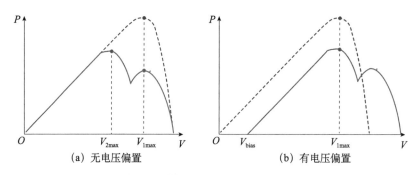

(a) 无电压偏置　　　　　　　　　　(b) 有电压偏置

图 7.12　偏置电压校正电路工作原理

2. 电压补偿型辅助校正电路

利用电压补偿型辅助校正电路来提高光伏阵列最大输出功率的基本思路是：
为光伏电池串联支路中的每一个光伏电池或模块并联一个有源开关拓扑，通过控
制有源开关拓扑调节各个光伏电池或模块的输出电压，来使得每个光伏电池单体
或组件都能工作在其最大功率点附近，从而可以提高光伏电池串的输出功率。

在文献 [209] 中提出了如图 7.13 所示的基于多斩波器拓扑的供电控制电路
（GCC）辅助校正电路，其开关驱动波形如图 7.14 所示。定义 GCC 辅助校正电
路中各个开关管的截止占空比（off-duty ratio）为

$$\overline{D_i} = \frac{T_{i(\text{off})}}{T_{\text{sw}}} \tag{7.15}$$

式中，下标 i 表示第 i 个开关管；$T_{i(\text{off})}$ 为第 i 个开关管的关断时间；T_{sw} 为开关

管的开关周期。从图 7.14 中可知，各开关管的截止占空比满足如下关系：

$$\sum_{i=1}^{n} \overline{D_i} = 1 \tag{7.16}$$

由图 7.13 所示的 GCC 辅助校正电路结构并根据电感伏秒平衡可得

$$\frac{V_i}{V_{\text{out}}} = \overline{D_i} \tag{7.17}$$

式中，V_i 为光伏电池单体或组件输出的电压；V_{out} 为阵列的输出电压。由式 (7.16) 和式 (7.17) 可得，图 7.13 所示的单串阵列中各个光伏电池单体或组件的输出电压满足如下关系：

$$V_1 : V_2 : \cdots : V_i : \cdots : V_{n-1} : V_n = \overline{D_1} : \overline{D_2} : \cdots : \overline{D_i} : \cdots : \overline{D_{n-1}} : \overline{D_n} \tag{7.18}$$

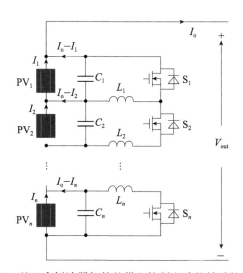

图 7.13　基于多斩波器拓扑的供电控制电路的辅助校正电路

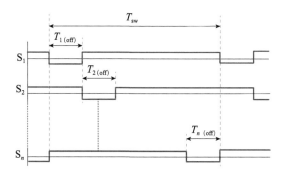

图 7.14　基于多斩波器拓扑的 GCC 辅助校正电路的开关驱动波形

对于图 7.13 所示的 GCC 辅助校正电路，其输出功率 P_{out} 和输入功率 P_{in} 分别为

$$P_{out} = \sum_{i=1}^{n} V_i(I_o - I_i) \tag{7.19}$$

$$P_{in} = 0 \tag{7.20}$$

由于 GCC 辅助校正电路没有输入端口，所以其输入功率 $P_{in} = 0$。即当电流 $I_o - I_i$ 为正时，电容 C_i 与光伏电池 PV_i 同时向负载提供功率；当电流 $I_o - I_i$ 为负时，光伏电池 PV_i 对电容 C_i 提供功率。假设 GCC 辅助校正电路效率为 100%，则可得如下方程：

$$\sum_{i=1}^{n} V_i(I_o - I_i) = 0 \tag{7.21}$$

根据式（7.21）可得光伏串联支路的输出电流为

$$I_o = \frac{1}{V_{out}} \sum_{i=1}^{n} V_i I_i \tag{7.22}$$

将式（7.17）代入式（7.22）可得

$$I_o = \sum_{i=1}^{n} \overline{D_i} I_i \tag{7.23}$$

根据式（7.23）可得，图 7.13 所示的单串光伏阵列的输出功率为

$$P_{out} = V_{out} \sum_{i=1}^{n} \overline{D_i} I_i = \sum_{i=1}^{n} V_i I_i \tag{7.24}$$

根据式（7.18）和式（7.24）可知，对于图 7.13 所示的 GCC 辅助校正电路，调整其各个开关的截止占空比，使得每个光伏电池单体或组件的输出电压之比为其在当前辐照条件下的最大功率点电压之比，即保证光伏每个单体或组件都能工作在其最大功率点附近，从而可以使得阵列的 P-V 曲线校正为单峰曲线，避免了多峰的出现。

虽然图 7.13 所示的 GCC 辅助校正电路能有效地提高光伏电池串的输出功率，并且可以随着电池串中电池单体或组件数量的增加而扩展。但是对于维度较大的单串光伏电池阵列，其所需要的 GCC 辅助校正电路的结构较复杂。需要指出的是，GCC 辅助校正电路是基于光伏电池单体或组件的最大功率点电压不随辐照或温度显著变化的假设来工作的。然而，在实际当中，光伏电池单体或组件的最大功率点电压会随着辐照和温度的变化而变化，从而导致阵列中所有光伏电池单体或组件并不是都能工作在其最大功率点附近。

针对上述 GCC 辅助校正电路存在的问题，文献［210］中提出了另一种电压补偿型辅助校正电路，其具体拓扑如图 7.15 所示，每个光伏电池单体或组件均与一个反激变换器并联。其中，反激变换器工作在两种模式：谐振最大功率点跟踪模式和正常反激模式。

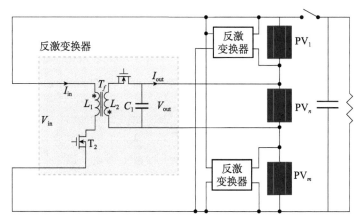

图 7.15　电压补偿型辅助校正电路

首先，为了精确确定每个光伏电池单体或组件的最大功率点电压，反激变换器工作在谐振最大功率点跟踪模式下，其工作模态如图 7.16（a）和（b）所示。

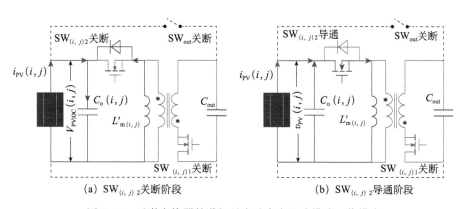

（a）$SW_{(i,j)2}$ 关断阶段　　　　　　　（b）$SW_{(i,j)2}$ 导通阶段

图 7.16　反激变换器的谐振最大功率点跟踪模式工作模态

如图 7.16 所示，先控制开关管 SW_{out} 和 $SW_{(i,j)1}$ 关断。此时，开关管 $SW_{(i,j)2}$ 的体二极管被迫导通，使得反激变换器的变压器中的能量消耗在电路中。

经过足够长的时间，变压器中的能量消耗为零（即 $i_r(i,j)=0$），对应光伏电池完全开路（即 $v_{PV}(i,j)=V_{PV|OC}(i,j)$，其中 $V_{PV|OC}(i,j)$ 为第 i 个光伏串中的第 j 个组件）。此时，控制开关管 $SW_{(i,j)2}$ 导通，使得反激变换器进入谐振最大功率点跟踪模式。如图 7.17 所示，电容 $C_{o(i,j)}$ 和激磁电感 $L'_{m(i,j)}$ 构成谐振腔，光伏电池组件作为激励源。电容 $C_{o(i,j)}$ 和激磁电感 $L'_{m(i,j)}$ 的谐振电压和电流波形如图 7.17 所示。其中，光伏电池单体或组件两端的电压从开路电压 V_{oc} 开始谐振，并在谐振过程中经过最大功率点电压 $V_{PV/MPP}$，从而可以得到每个光伏电

池单体或组件具体的最大功率点电压。

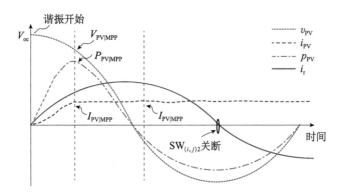

图 7.17   反激变换器谐振最大功率点跟踪模式下谐振电压和电流波形

然后，反激变换器工作在正常反激模式下，调节与其并联的光伏电池单体或组件的输出电压为谐振最大功率点跟踪模式下检测到的最大功率点电压 $V_{\mathrm{PV/MPP}}$，以保证每个电池单体后组件都能工作在各自最大功率点处，以提高光伏阵列的输出功率。

文献［210］的实验结果表明，与图 7.13 所示的 GCC 辅助校正电路相比，图 7.15 所示的电压补偿型校正电路可以使光伏阵列的最大功率提高 14.6%。

3. 电流补偿型辅助校正电路

利用电流补偿型辅助校正电路来提高光伏阵列最大输出功率的基本思路是：为光伏电池串联支路中的每一个光伏电池或模块并联一个有源开关拓扑，通过控制有源开关拓扑的输出电流来补偿受辐照较弱的光伏电池单体或组件的输出电流与受辐照较强的光伏电池单体或组件的输出电流之间的差值。从而保证每个光伏电池单体或组件都能工作在其最大功率点处，并且同时向负载提供功率。

文献［211］以两个光伏电池单体串联为例对其输出特性进行了研究，并且得出如下结论：为了使得光伏电池 PV_1 和 PV_2 合成后的 P-V 曲线只有一个最大功率点，应保证 PV_1 和 PV_2 各自的 P-V 曲线在相同电流范围内为一个凹函数。如图 7.18（a）所示，由于 PV_2 的 P-V 曲线在 1.5～3A 的功率为 0，所以不满足上述结论的条件，从而使得 PV_1 和 PV_2 串联后阵列的 P-V 曲线存在两个峰值功率点。为了使得 PV_1 和 PV_2 串联后阵列的 P-V 曲线为一单峰曲线，即要满足上述结论，可以在满足 PV_2 输出功率不变的情况下，等比例地扩大和缩小其输出电流和电压的范围，如图 7.18（b）所示，从而使得 PV_1 和 PV_2 串联后阵列的 P-V 曲线只有一个峰值功率点。

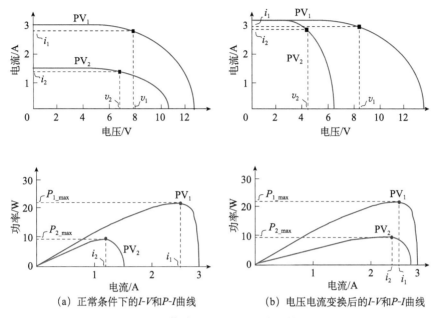

（a）正常条件下的 *I-V* 和 *P-I* 曲线　　　　　（b）电压电流变换后的 *I-V* 和 *P-I* 曲线

图 7.18　光伏阵列 *I-V* 和 *P-I* 曲线等效变换

　　基于以上结论，文献 ［211］ 提出了如图 7.19 所示的可控电流互感器（controllable current transformer，CCT）来提高不均匀辐照下光伏阵列的最大输出功率。如图 7.19 所示，每个可控电流互感器单元一端与光伏电池单体或组件并联，另一端相互串联在一起。若光伏电池 PV_2 所受辐照较弱，则 CCT_2 会放大其输出电流至 i_2'，以便匹配光伏电池 PV_1 对应的输出电流 i_1'。为了减小电路中的损耗，可控电流互感器的输出电流可由后级电流源（DCS）控制在合适的值，假设 $i=C$，则 CCT_2 的输出功率为 $P_2=v_2'i=v_2'C$。假设 CCT_2 的损耗可以

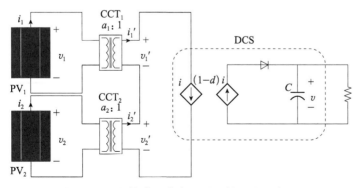

图 7.19　文献 ［211］ 提出的可控电流互感器

忽略，则 CCT 的输出电压为 $v_2 = P_2/C$，当 P_2 取最大值时，光伏电池 PV_2 工作在最大功率点处，此时 CCT_2 的输出电压 v_2' 也为最大值。即，对于任意的可控电流互感器输出电流 i，只要控制可控电流互感器的输出电压值最大，则与其并联的光伏电池此时工作在最大功率点处。

虽然可控电流互感器电路能保证阵列中每个光伏电池都工作在最大功率点处，从而能在辐照不均匀的条件下有效地提高阵列的输出功率，但由于需为每个光伏电池单体或组件并联一个可控电流互感器，所以其结构较复杂且成本较高。

文献［212］提出了一种基于电池电压均衡思想的光伏电池电流均衡拓扑，其具体结构如图 7.20 所示，这种电流均衡拓扑由单一的电感和若干开关管、二极管和电容组成，因此在结构上要比上述两种电流补偿型校正电路简单。电流均衡拓扑的工作原理是：适当的控制开关和占空比使得辐照较强的光伏电池单体或组件通过电感 L 向辐照较弱的光伏电池单体或组件提供不匹配的那部分电流，从而保证了光伏串联支路上的电流恒定为辐照最强的光伏电池单体或组件的输出电流。

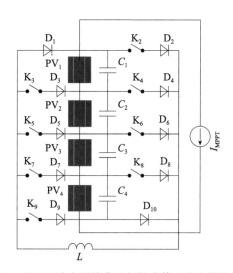

图 7.20　基于电池电压均衡思想的光伏电池电流均衡拓扑

假设图 7.20 中光伏电池单体 PV_4 辐照较弱，而 PV_1、PV_2 和 PV_3 辐照较强且相等，则电流均衡拓扑主要有如图 7.21 所示的两种模态，即高频下电感充电模态和放电模态。

电感充电模态：开关管 K_1 和 K_7 导通，如图 7.21（a）所示，根据基尔霍夫电压定律（KVL）和基尔霍夫电流定律（KCL）定理可得如下方程：

$$V_L = V_{PV_1} + V_{PV_2} + V_{PV_3} \tag{7.25}$$
$$I_{MPPT} + I_L = I_{PV_1} + I_{C_1} \tag{7.26}$$

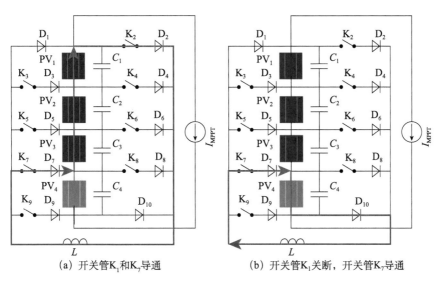

(a) 开关管K_1和K_7导通　　　　　　(b) 开关管K_1关断，开关管K_7导通

图 7.21　电流均衡拓扑的工作模态

$$I_{\text{MPPT}} = I_{\text{PV}_4} + I_{C_4} \tag{7.27}$$

电感放电模态：开关管 K_1 关断，开关管 K_7 导通，如图 7.21（b）所示，根据 KVL 和 KCL 定理可得如下方程：

$$V_L = -V_{\text{PV}_4} \tag{7.28}$$

$$I_{\text{MPPT}} - I_L = I_{\text{PV}_4} + I_{C_4} \tag{7.29}$$

$$I_{\text{MPPT}} = I_{\text{PV}_1} + I_{C_1} \tag{7.30}$$

式中，I_{MPPT} 为负载电流；V_L 和 I_L 分别为电感电压和电流；V_{C_i} 和 I_{C_i} 分别为电容 C_i 的电压和输出电流；V_{PV_i} 和 I_{PV_i} 分别为光伏电池 PV_i 的输出电压和电流。这里假设所有电池的输出电压均相等，辐照相同的光伏电池 PV_1、PV_2 和 PV_3 的输出电流相等，而辐照较弱的光伏电池 PV_4 的输出电流为

$$I_{\text{PV}_4} = (1 - k) I_{\text{PV}_1} \tag{7.31}$$

根据电压方程式（7.25）和式（7.28）以及电感伏秒平衡原理，可得开关管 K_1 的占空比为

$$D = \frac{n_2}{n_1 + n_2} \tag{7.32}$$

式中，n_1 和 n_2 分别为阵列中辐照较强和辐照较弱的光伏电池单体或组件数。

根据电流方程式（7.26）、式（7.27）、式（7.29）和式（7.30）以及电容的安秒平衡原理，可得负载电流 I_{MPPT} 和电感电流 I_L 分别为

$$I_{\text{MPPT}} = (1 - Dk) I_{\text{PV}} \tag{7.33}$$

$$I_L = k I_{\text{PV}} \tag{7.34}$$

根据式（7.33）和式（7.34）可知，选择合适的开关管和相应的占空比，可

以使得电感电流补偿阵列中不匹配的那部分电流，从而使得辐照较弱的光伏电池单体或组件也能向负载提供功率。值得注意的是，尽管电池电流均衡拓扑结构简单，但其仅适用于阵列中存在两种辐照情况的条件下，而对于辐照情况复杂的高斯光辐照的情况，仍需进一步进行优化。

表 7.3 总结了上面所提到的各类辅助校正电路的特点，尽管在阵列中引入辅助校正电路能保证每个光伏电池单体或组件都工作在其最大功率点处，从而大幅提高阵列的最大输出功率，但是其实现结构较为复杂，且成本较高。

表 7.3　各类辅助校正电路的特点

方法	优点	缺点
偏置电压校正电路	应用简单； 容易扩展	系统复杂且成本较高
基于多斩波器拓扑的 GCC	每个光伏电池模块都能工作在其最大功率点处； 容易扩展	控制复杂
模式互补的 GCC	可实现理论最大功率输出； 容易扩展	需要大量的电压和电流传感器； 在某些模态下光伏阵列不能向负载提供功率
可控电流互感器	可以省去电流传感器，节约成本； 可实现理论最大功率输出； 容易扩展	结构和控制方式复杂
光伏电池电流均衡拓扑	结构简单； 容易扩展	控制复杂度随阵列规模的增加而增加

7.2.4　光伏阵列电气连接结构优化

在实际应用中，光伏阵列中各个光伏电池或模块的物理位置通常是固定不变的。但是各个光伏电池或模块之间通过不同的电气连接方式进行连接，可以导致在相同辐照条件下阵列的全局最大功率点互相不同。因此，为了提高光伏阵列在高斯光束辐照下的输出功率，光伏阵列的电气连接结构需要根据激光束的能量分布进行合理的设计，以减小不均匀辐照条件下各个光伏电池或模块输出特性不匹配造成的失配损耗。目前，光伏阵列的连接方式主要有串-并联（series-parallel，SP）结构、完全交叉（total-cross-tie，TCT）结构或桥式（bridge-linked，BL）结构[213,214]，其具体连接方式如图 7.22 所示。由于 TCT 和 SP 结构在实际中得到了广泛的应用，所以以下将主要介绍这两种连接方式在高斯光束条件下的输出特性。

1. 静态电气连接结构

在文献［185］中，光伏阵列采用 SP 的电气连接结构，并且根据激光束能量

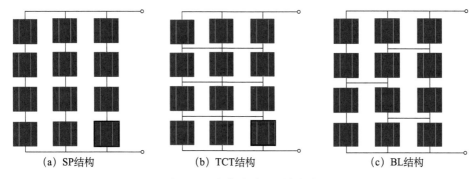

(a) SP结构　　　　　　　　(b) TCT结构　　　　　　　　(c) BL结构

图 7.22　光伏阵列的连接方式

分布的规律设计了具体的连接方案，以减小不均匀辐照对阵列输出特性的影响。图 7.23 给出了激光束的能量分布示意图和光伏阵列各个光伏电池之间的具体连接结构。图中相同编码的光伏电池表示它们之间是相互串联的，而不同串联支路之间是并联的，从而构成了一个光伏阵列的 SP 结构。从图中可见，由于同一光伏电池串联支路中光伏电池上的辐照强度彼此接近，从而在一定程度上可以使得每个串联支路的最大输出功率达到最大。在文献 [185] 中，该结构的光伏阵列在辐照强度为 0.3W/cm^2 的激光辐照下的效率为 21.9%。尽管如此，由于光束的不均匀性，该效率仅为预期效率的一半。

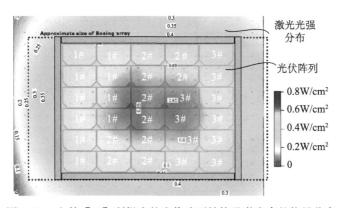

图 7.23　文献 [20] 所提出的光伏阵列结构及激光束的能量分布

文献 [215] 发现，光伏阵列 TCT 结构通过先并后串的电气连接方式，可以使得每个电池单体所产生的电流都由若干个方向流出，因此可以减少流过各个光伏电池单体的不匹配电流，从而达到提高光伏阵列输出功率的目的。文献 [216] 和文献 [217] 的实验结果表明，在不同的不均匀光照条件下，TCT 结构的最大输出功率相比 SP 结构的最大输出功率分别提高了 5.84% 和 3.8%。因此，与光伏阵列的 SP 结构相比，通常认为 TCT 结构可以提高非均匀辐照条件下光伏阵列的最大功率点。显然，对于 TCT 结构，将光伏电池单体或模块从一个位置交换到另一个位置可以获得不同的最大输出功率。因此，为了获得最佳的输出性能，在 TCT 结构中光伏电池单体或模块的最佳连接方式需以辐照度均衡的原则进行连接，即保证每一行的所有光伏电池单体或模块所受辐照度之和尽量相等，也就是使每行所有光伏电池单体或模块输出电流的能力尽可能相等。

2. 可重构电气连接结构

目前已有许多文献提出了不同结构的可重构光伏阵列来提高光伏阵列在不均匀光照下的输出功率。其中，文献 [218] 提出了如图 7.24 所示的可重构的 TCT 结构的光伏阵列，该可重构阵列由两部分组成：一个固定的 TCT 结构的光伏阵列和一个辅助光伏阵列，并且这两部分由一个开关矩阵互相连接，以实现对阵列中各个光伏电池单体或模块之间的电气连接进行重组。在非均匀光照条件下，开关矩阵由自适应的重构算法控制，从而可以自适应地将辅助光伏阵列中辐照最强的光伏电池单体或模块并联到固定的 TCT 阵列中辐照最小的那一行，从而保证固定的 TCT 阵列每一行中所有光伏电池单体或模块所受辐照强度之和尽可能相等。如文献 [218] 所述，对于由 3×3 固定的 TCT 阵列和 3×1 的辅助阵列构成的可重构光伏阵列，该阵列在重构后的最大输出功率比重构前增加了 65%。

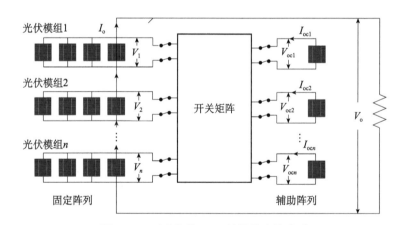

图 7.24　可重构的 TCT 结构的光伏阵列

文献 [219] 提出了另一种形式的可重构 TCT 光伏阵列，即动态光伏阵列 (dynamic photovoltaic array，DPVA)，以提高光伏阵列在非均匀辐照下的输出功率。如图 7.25 所示，动态光伏阵列的最大特点是光伏阵列的维度可以任意调整，因此可以重构成任意的电气连接形式，以提高各种辐照条件下的光伏阵列输出功率。文献 [219] 中提出了辐照度均衡算法，以确定动态光伏阵列在不同辐照条件下的最佳电气连接方案。图 7.26 所示为辐照度均衡算法的流程图。

图 7.27 所示为辐照度均衡算法的例子。该辐照度均衡算法本质上是一种迭代排序算法，主要依据各个光伏电池单体或模块所受辐照强度，对所有光伏电池单体或模块按照一定规律进行排序和组合，以保证算法在每次迭代的过程中都能使得辐照较强的光伏电池单体或模块与辐照较弱的光伏电池单体模块并联在一起，从而使得该可重构的 TCT 阵列每一行的所有光伏电池单体或模块所受辐照强度之和尽量相等，以达到提高阵列最大输出功率的目的。该算法主要通过简单的排序、翻转和相加等操作来搜索阵列最佳的电气连接方式，因此搜索时间非常快，适合于维度较大的光伏阵列。如文献 [219] 所述，动态光伏阵列的效率可以比传统的静态 TCT 阵列的效率提高 10% 以上。

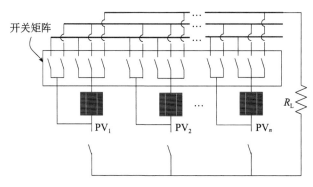

图 7.25　可重构 TCT 光伏阵列

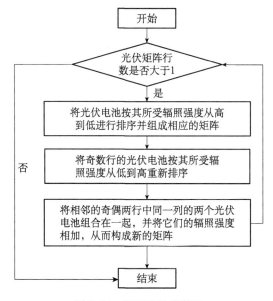

图 7.26　辐照度均衡算法

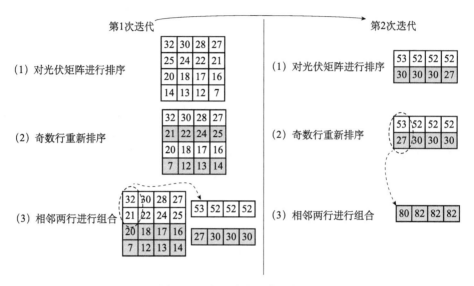

图 7.27　辐照度均衡算法例子

综上所述，在复杂变化的辐照条件下，与静态的 TCT 光伏阵列相比，可重构光伏阵列的最大输出功率更大。然而，可重构光伏阵列的结构更复杂，成本也相对较高。激光束的能量分布是恒定的高斯分布，具有一定的规律性，因此对于一个光伏阵列来说，可以认为其一定存在一个最优的电气连接方式来使得阵列在高斯光辐照条件下的输出功率最大化。因此，在激光无线能量传输技术领域，寻找合适的光伏阵列电气连接结构来提高光伏阵列的最大输出功率是最常用的方法。此外，由于高斯光束能量分布的规律性和固定性，与可重构光伏阵列相比，采用优化后的静态电气连接结构的光伏阵列实现起来更加简单、实用。

7.3　本章小结

本章对光伏阵列效率优化方法进行了总结归纳。表 7.4 给出了以上四种光伏阵列效率优化方式的特点对比。其中，采用具有全局搜索能力的最大功率点跟踪算法，虽然能保证光伏阵列运行在最大功率点处，但是此时光伏阵列实际能输出的功率远大于当前最大功率点功率，因此该方法不能从根本上减小由不均匀辐照而引起的失配损耗。优化光伏阵列空间结构和布局以及采用有源 P-V 特性校正的方式，需要增加额外的工作量，实施起来比较复杂。而优化光伏阵列电气连接结构的方式简单方便，且能有效地提升阵列效率，因而是目前实现光伏接收器效率提升的主要方式。

表 7.4　不同光伏阵列效率优化方式的对比

方式	优点	缺点
全局最大功率点跟踪技术	低成本，应用简便，适应性好； 提升部分效率	不能补偿不均匀光照引起的功 率损耗
优化物理结构	能提升不均匀光照引起的功率损耗	成本高，效率提升有限
优化电气连接	低成本，应用简便； 能有效地提升不均匀光照引起的功率损耗	连接方式复杂； 实际效率与预期效率存在差异
校正电路	能提升不均匀光照引起的功率损耗； 每个光伏模块均能实现最大功率点跟踪	系统结构复杂； 成本高

第 8 章　激光辐照下光伏阵列全局最大功率跟踪技术

在激光无线能量传输系统中，由于激光光斑能量呈高斯分布，所以光伏阵列的输出特性受到很大的影响：一是光伏阵列全局峰值功率降低，二是阵列输出 P-V 特性呈现多峰值特点，使传统最大功率点跟踪（maximum power point tracking，MPPT）控制技术失效。现有光伏阵列效率优化技术主要有增加校正电路、优化光伏阵列的物理结构、优化光伏阵列的电气连接方式和全局最大功率跟踪（golbal maximum power point tracking，GMPPT）技术。其中，全局最大功率跟踪技术由于不会增加硬件电路的复杂度、可移植性好、应用简便的优点而受到了很大的关注。现有的全局最大功率跟踪技术普遍针对光伏阵列在太阳光下局部、无规律遮阴的情况。在该情况下，光伏阵列的最大功率点不具有统一的分布规律，因此全局最大功率跟踪需要对光伏阵列的整个输出电压范围进行搜索，跟踪速度较慢。与之相区别的是，激光辐照的能量呈高斯分布，虽然不均匀却仍然具有一定的规律性和稳定性，因此针对性地提出适用于高斯激光辐照下光伏阵列的全局最大功率跟踪算法很有必要。本章针对高斯激光辐照的能量分布规律，总结出高斯激光辐照下光伏阵列输出特性的特有规律，并据此提出了一种针对高斯激光辐照下光伏阵列的全局最大功率跟踪算法，该算法比现有的普遍适用于不均匀太阳光照下的全局最大功率跟踪算法的搜索速度更快，进一步提高了激光能量的利用率。

8.1　光伏电池电路模型及其输出特性

光伏阵列是由若干个光伏电池单体通过串并联形式组成的，因此，建立光伏电池的等效电路模型是分析光伏阵列输出特性的基础。典型的光伏电池等效电路模型如图 8.1 所示[220]。图中，$I_{ph}(G)$ 为光生电流，其大小与光伏电池的面积和入射辐照强度成正比；$I_d(T)$ 为暗电流，它是流过 PN 结内的总扩散电流，可由理想二极管方程进行描述，其大小受温度影响较大；R_s 是串联等效电阻，R_{sh} 为旁路电阻。对于一个理想的光伏电池，其 R_s 很小，R_{sh} 很大。

根据图 8.1，可得光伏电池单体的数学模型为

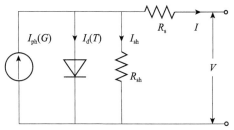

图 8.1　光伏电池典型等效电路模型

$$I = I_{\mathrm{ph}}(G) - I_{\mathrm{d}}(T) - I_{\mathrm{sh}} = \frac{G}{G_{\mathrm{STC}}} I_{\mathrm{ph}}(G_{\mathrm{STC}}) - I_{\mathrm{o}}(T)\left\{\exp\left[\frac{V + IR_{\mathrm{s}}}{AkT}\right] - 1\right\} = \frac{V + IR_{\mathrm{s}}}{R_{\mathrm{sh}}}$$

(8.1)

式中，I 和 V 分别是光伏电池的输出电流和输出电压；G 是辐照强度（W/m²）；STC 表示光伏电池测试的标准条件，即辐照强度为 $1000\mathrm{W/m^2}$，温度为 25℃；I_{o} 是反向饱和电流（A），其大小会随温度变化而变化；A 是无量纲的二极管理想因子，取值范围为 $1 \leqslant A \leqslant 2$；$k$ 是玻尔兹曼常量（$1.38 \times 10^{-23}\mathrm{J/K}$）；$T$ 是光伏电池单体的热力学温度（K）。

由式（8.1）可知，光伏电池的输出特性与辐照强度 G 和电池温度 T 有关。在不同环境条件下（即 G 和 T 发生变化时），只要知道具体的 G 和 T，就可以通过简化计算确定该环境下的所有模型参数，从而得到相应的电路模型，进而获得光伏电池在该环境下的输出特性。

当光照强度 G 和温度 T 一定时，根据式（8.1）可以得到电流-电压（I-V）特性曲线和功率-电压（P-V）特性曲线，如图 8.2 所示。图中 V_{oc} 和 I_{sc} 分别是光伏电池的开路电压和短路电流，可见 P-V 曲线仅有一个峰值点，即最大功率点（maximum power point，MPP），在峰值点左侧，光伏电池近似恒流输出，输出功率单调递增；在峰值点右侧，输出功率单调递减。I_{m} 和 V_{m} 分别是最大功率点电流和最大功率点电压。根据文献 [54] 和文献 [55]，I_{m} 和 V_{m} 可近似表示为

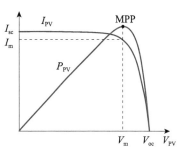

图 8.2　光伏电池的输出特性曲线

$$I_{\mathrm{m}} \approx 0.9 I_{\mathrm{sc}}$$

(8.2)

$$V_{\mathrm{m}} \approx 0.76 V_{\mathrm{oc}}$$

(8.3)

8.2　高斯激光能量分布简化模型

如图 8.3（a）所示，在高斯激光辐照下，光伏阵列中各个光伏电池单体所受

辐照情况复杂，具有中间辐照强、四周辐照弱的特点。该高斯激光的辐照强度分布具有如下规律[167]：

$$\frac{G_{i,j}}{G_{0,0}} = \exp\left[-\frac{2\,(D_{i,j})^2}{w_0^2}\right] \tag{8.4}$$

式中，$G_{0,0}$ 为光斑中心的辐照强度；$G_{i,j}$ 和 $D_{i,j}$ 分别为光斑中某点的辐照强度和其到阵列中心的距离；w_0 为光斑半径。根据式（8.4）可得标幺化的高斯激光辐照强度分布曲线（横截面），如图 8.3（b）所示。

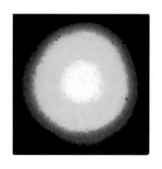 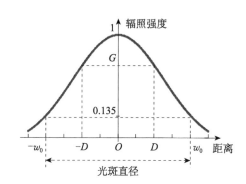

(a) 高斯激光光斑　　　　　　　　(b) 高斯激光辐照强度分布曲线

图 8.3　高斯激光能量分布

由式（8.4）可知，光伏电池所受辐照强度与其在阵列中的位置有关，为得到各电池单体上的辐照强度，需在光伏阵列中建立相应的坐标系，从而明确各个电池单体之间的位置关系。同上述简化光伏电池模型的出发点一样，在光伏阵列电气连接结构的优化过程中，主要关注的是阵列中各个光伏电池单体之间所受辐照强度的差异和变化趋势，并不需要精确计算辐照强度。因此在建立光伏阵列坐标系时，可对光伏阵列进行适当简化，从而达到简化高斯激光能量分布的目的。现约定如下：

（1）相对于光伏阵列，电池单体面积较小，可看作一个质点，并假设其上辐照均匀。从而光伏阵列可看作一个点阵，阵列中心为点阵的原点，相邻电池之间的距离为单位 1。

（2）激光光斑轮廓为阵列的外接圆，即光斑的圆心与光伏阵列的物理中心重合，光斑直径等于阵列对角线的长度。这样阵列中所有光伏电池都能进行光电转化，且能尽可能地减小几何损耗。

（3）定义 PV (i, j) 表示光伏阵列中的一个电池单体，其中 i 表示该电池单体的横坐标，j 表示该电池单体的纵坐标，阵列中心坐标设为（0，0）。

根据以上假设，可以得到任意 $m \times n$ 的光伏阵列的坐标，其中 n 和 m 分别表示阵列中并联支路的数目和每条串联支路中光伏电池的数目。图 8.4 分别以 3×3

和 4×4 的光伏阵列为例，给出了相应的光伏电池单体的空间坐标示意图。

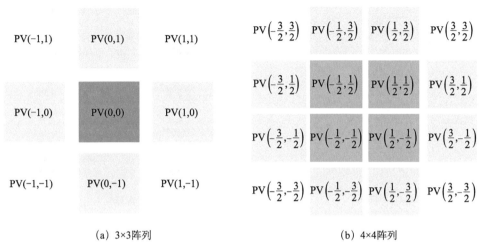

(a) 3×3阵列　　　　　　　　　　　　(b) 4×4阵列

图 8.4　阵列物理坐标示意图

根据以上假设，对于一个 $m\times n$ 的光伏阵列，其光伏电池单体 PV(i,j) 距光斑中心的距离 $D_{i,j}$ 和光斑半径可表示为

$$D_{i,\,j}=\sqrt{i^2+j^2} \tag{8.5}$$

$$w_0=\sqrt{\left(\frac{m-1}{2}\right)^2+\left(\frac{n-1}{2}\right)^2} \tag{8.6}$$

由式（8.4）～式（8.6）可计算出光伏阵列中任意一个电池单体上辐照强度的标幺值 r，从而可以得到高斯激光能量分布的简化模型，如图 8.5 所示。从图中可知，对高斯激光能量分布进行简化的过程本质上是用阶梯函数去拟合高斯函数的过程。图 8.6 以 3×3 和 5×5 的光伏阵列为例给出了具体的辐照强度分布的理论计算值，图中红色字体为光伏电池单体的编号，黑色字体为对应的标幺化辐照强度。

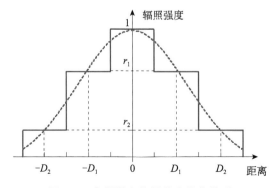

图 8.5　高斯激光能量分布简化模型

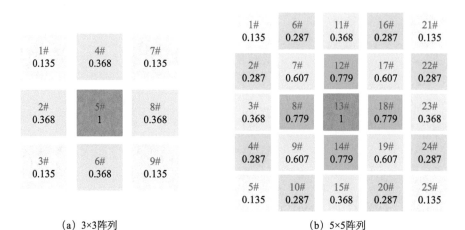

(a) 3×3阵列　　　　　　　　　　　　(b) 5×5阵列

图 8.6　3×3 和 5×5 阵列的激光能量分布简化模型

为了验证上述高斯激光辐照强度分布模型的有效性，这里分别以 3×3 和 5×5 光伏阵列为例，对其中各个电池单体上辐照强度的理论计算值与实验测量值进行了对比。由于辐照强度与光伏电池的短路电流成正比，所以在实验时对光伏阵列中各个电池单体的短路电流进行了测量并标幺化，以此作为阵列辐照强度分布的实验测量值。图 8.7 为光伏阵列辐照强度分布理论计算值与实际测量值的对比图。从图中可知，尽管辐照强度分布的简化模型并不追求精确求解，而且实际中激光光斑并非理想高斯分布，以及各个光伏电池特性之间存在不可避免的差异，但理论计算值和测量结果保持了良好的一致性，并呈现出相同的变化趋势，因此验证了以上高斯激光辐照强度分布模型的有效性。

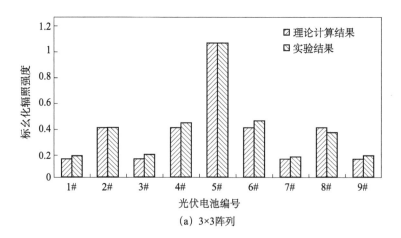

(a) 3×3阵列

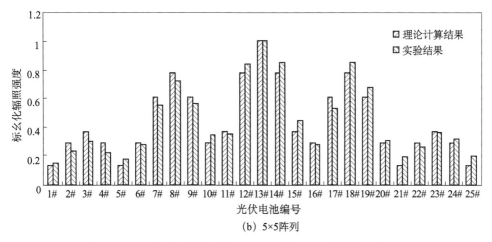

图 8.7　光伏阵列辐照强度分布理论计算值与实际测量值的对比

根据以上方法确定光伏阵列辐照强度分布之后，在 MATLAB 或 SABER 仿真软件中，将以上光伏电池的等效电路模型按一定方式进行串并联，即可得到光伏阵列在高斯激光辐照下的输出特性曲线。

8.3　激光辐照下串-并联结构光伏阵列的输出特性

目前光伏阵列电气连接结构主要有三种——串-并联（series-parallel，SP）结构、完全交叉结构（total-cross-tie，TCT）和桥式（bridge-linked，BL）结构。其中，SP 结构具有结构简单、成本低的优点，是目前使用得最广泛的一种结构。因此，本章主要针对 SP 结构的光伏阵列的输出特性进行分析，从而提出相应的全局最大功率跟踪算法。如图 8.8 所示，在 $a \times a$ 的 SP 阵列中，每个光伏电池单体均并联旁路二极管，以防止热斑效应。并且每条串联支路都串联了防逆二极管，从而使得该光伏阵列的输出特性可以由各串联支路的输出特性叠加得到。

由图 8.6 可知，对于 $a \times a$ 的光伏阵列，若 a 为奇数，高斯激光光斑的中心（即光伏阵列坐标系的原点）与光伏阵列中心的光伏电池单体重合；若 a 为偶数，高斯激光光斑的中心不与光伏阵列中的任何一个光伏电池单体重合。因此接下来将根据 a 的奇、偶特性分别讨论光伏阵列在高斯激光辐照下的输出特性。

（1）$a = 2k - 1$（$k = 2, 3, \cdots$）。将此时的 $a \times a$ 光伏阵列称为光伏奇阵列，光伏阵列坐标系原点和坐标为（0，0）的光伏电池单体重合。该光伏阵列由 $2k - 1$ 个光伏串并联而成，其中每个光伏串都由 $2k - 1$ 个光伏电池单体串联而成，每个光伏串上都有 k 种不同的辐照强度。

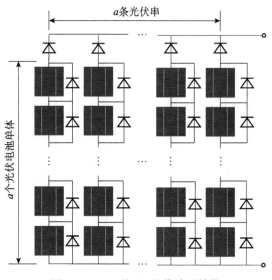

图 8.8　$a \times a$ 的 SP 光伏阵列结构

（2）$a = 2k$（$k = 2$，3，$\cdots$）。将此时的 $a \times a$ 光伏阵列称为光伏偶阵列，光伏阵列坐标系的原点不在任何一个光伏电池单体上。该光伏阵列由 $2k$ 个光伏串并联而成，其中每个光伏串都由 $2k$ 个光伏电池单体串联而成，每个光伏串上都有 k 种不同的辐照强度。

SP 结构光伏阵列属于"先串后并"结构，将光伏阵列中横坐标相同的一列光伏电池串联，记为光伏串 S_i（i 为该串光伏电池的横坐标），接下来按照从高斯激光辐照下光伏阵列中光伏串的输出特性到整个光伏阵列的输出特性的顺序展开研究。

8.3.1　奇阵列输出特性

1. 奇阵列中光伏串的输出特性

如图 8.9 所示，光伏电池串 S_0 由 $2k - 1$ 个光伏电池单体串联而成，光伏串上共有 k（$k = 2$，3，$\cdots$）种不同的光照强度，因此光伏串的 $P\text{-}V$ 曲线上有 k 个局部最大功率点（按照电压从小到大的顺序依次命名为 LMPP1，LMPP2，$\cdots$，LMPPk）。以坐标为（0，0）的光伏电池上的辐照强度为基准 1，那么坐标为（0，j）的光伏电池上的激光辐照强度标幺值 G_j^* 可表示为

$$G_j^* = \exp\left[-\frac{j^2}{(k-1)^2}\right] \tag{8.7}$$

式中，j 是小于 k 的正整数。因为光伏电池的短路电流 I_{sc} 与辐照强度 G 成正比，而最大功率点的电流与短路电流 I_{sc} 成正比，所以以最大功率点的电流与辐照强度 G 成

正比。将 LMPP1 的电流记为基准 1，那么 LMPPn 的电流标幺值 I_{pn}^* 可表示为

$$I_{pn}^* = \exp\left[-\frac{(n-1)^2}{(k-1)^2}\right] \tag{8.8}$$

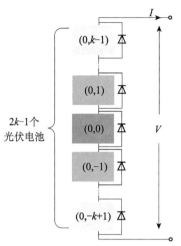

图 8.9　光伏奇阵列中光伏串 S_0 的结构

　　不均匀光照下光伏阵列的各个局部峰值点电压都约等于 $0.8V_{oc}$ 的整数倍，而在光伏串 S_0 上有 k 种不同的光照强度，其中受到辐照程度为基准 1 的光伏电池仅有光伏电池（0，0）一个，其余 $k-1$ 种辐照强度关于原点对称分布。因此各个局部峰值点的电压约为 $0.76V_{oc}$，$3 \cdot 0.76V_{oc}$，$5 \cdot 0.76V_{oc}$，…，$(2k-1) \cdot 0.76V_{oc}$。将 LMPP1 的电压记为基准 1，那么 LMPPn 的电压标幺值 V_{pn}^* 可表示为

$$V_{pn}^* = 2n-1 \tag{8.9}$$

将 LMPP1 的功率 P_{p1} 记为基准 1。根据式（8.8）和式（8.9）可知，LMPPn 的输出功率标幺值 P_{pn}^* 可表示为

$$P_{pn}^* = (2n-1) \cdot \exp\left[-\frac{(n-1)^2}{(k-1)^2}\right] \tag{8.10}$$

式（8.10）对 n 求偏导可得

$$(P_{pn}^*)' = \left[1-\frac{(n-1)(2n-1)}{(k-1)^2}\right] \cdot 2\exp\left[-\frac{(n-1)^2}{(k-1)^2}\right] \tag{8.11}$$

从式（8.11）可以看出，当 $k \geqslant 2$ 时，随着 n 的增加，导数 $(P_{pn}^*)'$ 由正变负，在定义域内 P_{pn}^* 有极大值，令导数为 0 可得

$$n = \frac{3+\sqrt{8k^2-16k+9}}{4} \tag{8.12}$$

在式（8.12）中，若 n 的值是正整数，那么第 n 个局部最大功率点 LMPPn 即全局最大功率点；若 n 的值不是整数，则一定存在正整数 m 满足下式：

$$m < n < (m+1) \tag{8.13}$$

再比较 LMPPm 和 LMPP$(m+1)$ 的功率大小，功率较大的那一个就是全局最大功率点。

图 8.10 给出了 $k=2$，3，4，5，6 时光伏串 S_0 的标幺化局部最大功率点功率变化曲线 $P_{pn}{}^*$-n。从图中可以看出，高斯激光辐照下光伏串 S_0 的各个局部最大功率点和全局最大功率点之间存在如下关系：当 $k=2$ 时，局部最大功率点的功率随着 n 的增大而增大，最后一个局部峰值点 LMPP2 即全局最大功率点；当 $k \geqslant 3$ 时，随着 n 的增大，各个局部最大功率点的功率先单调递增至全局最大功率，继而单调递减，全局最大功率点在 $P_{pn}{}^*$-n 曲线的中部。

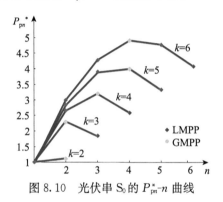

图 8.10　光伏串 S_0 的 P_{pn}^*-n 曲线

2. 奇阵列的整体输出特性

图 8.11 给出了 3×3 和 5×5 光伏阵列的激光能量分布。比较光伏串 S_0 和 S_1 可以发现，纵坐标相同、横坐标分别为 0 和 1 的两个光伏电池的辐照强度都满足下式：

$$G_{1,j} = G_{1,0} \cdot G_{0,j} \tag{8.14}$$

式中，$j=-1$，0，1。如前所述，最大功率点的电流与辐照强度 G 成正比，可以进一步得知，光伏串 S_1 的 P-V 线上各个局部最大功率点的电流 $I_{pn\_S_1}$ 等于光伏串 S_0 的 P-V 线上对应的局部最大功率点的电流 $I_{pn\_S_0}$ 与 $G_{1,0}$ 的乘积，即

$$I_{pn\_S_1} = G_{1,0} \cdot I_{pn\_S_0} \tag{8.15}$$

式中 $n=1$，2。又因为光伏串 S_1 的 P-V 线上各个局部最大功率点的电压与光伏串 S_0 的 P-V 线上各局部最大功率点的电压相等，故光伏串 S_1 的各个局部最大功率点的功率 $P_{pn\_S_1}$ 与光伏串 S_0 的各个局部最大功率点功率 $P_{pn\_S_0}$ 满足如下关系：

$$P_{pn\_S_1} = G_{1,0} \cdot P_{pn\_S_0} \tag{8.16}$$

由此可知，奇数光伏方阵中，各个光伏串 P_i-V 线的单调区间以及在各单调区间的单调性是一致的。光伏阵列的 P-V 特性由各个光伏串的 P_i-V 特性叠加而成，因此光伏阵列 P-V 特性的单调区间以及在各单调区间的单调性也与各个光

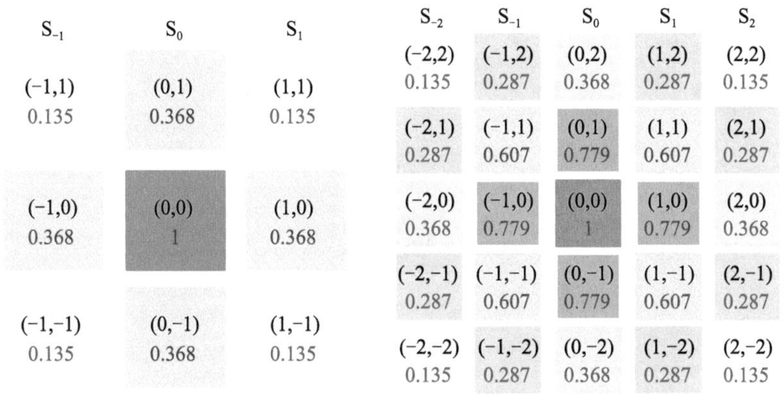

(a) 3×3 光伏阵列

	S$_{-1}$	S$_0$	S$_1$
	(-1,1)	(0,1)	(1,1)
	0.135	0.368	0.135
	(-1,0)	(0,0)	(1,0)
	0.368	1	0.368
	(-1,-1)	(0,-1)	(1,-1)
	0.135	0.368	0.135

(b) 5×5 光伏阵列

S$_{-2}$	S$_{-1}$	S$_0$	S$_1$	S$_2$
(-2,2)	(-1,2)	(0,2)	(1,2)	(2,2)
0.135	0.287	0.368	0.287	0.135
(-2,1)	(-1,1)	(0,1)	(1,1)	(2,1)
0.287	0.607	0.779	0.607	0.287
(-2,0)	(-1,0)	(0,0)	(1,0)	(2,0)
0.368	0.779	1	0.779	0.368
(-2,-1)	(-1,-1)	(0,-1)	(1,-1)	(2,-1)
0.287	0.607	0.779	0.607	0.287
(-2,-2)	(-1,-2)	(0,-2)	(1,-2)	(2,-2)
0.135	0.287	0.368	0.287	0.135

图 8.11　3×3 和 5×5 光伏阵列的激光能量分布简化模型

伏串一致，图 8.10 同时也是奇数光伏方阵的 P_{pn}^*-n 曲线，光伏阵列 P-V 线上的全局最大功率点的电压等于每个光伏串 P_i-V 线上全局最大功率点的电压，光伏阵列 P-V 线上的全局最大功率点的功率等于每个光伏串 P_i-V 线上全局最大功率点的功率之和。

8.3.2　偶阵列输出特性

1. 偶阵列中光伏串的输出特性

如图 8.12 所示，光伏电池串 $S_{0.5}$ 由 $2k$（$k=2$，3，…）个光伏电池单体构成，光伏串上共有 k 种不同的光照强度，因此光伏串上有 k 个局部最大功率点（按照电压从小到大的顺序依次命名为 LMPP1，LMPP2，…，LMPPk）。以光伏阵列坐标系原点（0，0）的辐照强度为基准 1，那么坐标为（0.5，$j-0.5$）的光伏电池上的高斯激光辐照强度标幺值 G_j^* 可表示为

$$G_j^* = \exp\left[-\frac{0.5^2 + (j-0.5)^2}{(k-0.5)^2}\right] \tag{8.17}$$

式中，$j=1$，2，…，k。因为最大功率点 MPP 的电流与辐照强度 G 成正比，将第一个局部最大功率点 LMPP1 的电流记为基准 1，那么第 n 个局部最大功率点 LMPPn 的电流标幺值 I_{pn}^* 可表示为

$$I_{pn}^* = \exp\left[-\frac{0.5^2 + (n-0.5)^2}{(k-0.5)^2}\right] \tag{8.18}$$

在光伏串 $S_{0.5}$ 上有 k 种不同的光照强度，关于原点对称的两个光伏电池单体受到同一种辐照强度。不均匀光照下的光伏阵列的各个局部峰值点电压都约等于 $0.8V_{oc}$ 的整数倍，因此各个局部峰值点的电压约为 $2 \cdot 0.8V_{oc}$，$4 \cdot 0.8V_{oc}$，…，$2k \cdot 0.8V_{oc}$。将第一个局部最大功率点 LMPP1 的电压记为基准 1，那么第 n 个

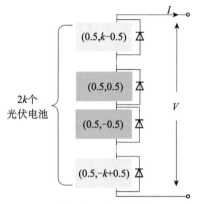

图 8.12　光伏偶阵列中光伏串 $S_{0.5}$ 的结构

局部最大功率点 LMPPn 的电压标幺值 V_{pn}^* 可表示为

$$V_{pn}^* = 2n \tag{8.19}$$

将第一个局部最大功率点 LMPP1 的功率 P_{p1} 记为基准 1。根据式（8.18）和式（8.19）可知，第 n 个局部最大功率点 LMPPn 的输出功率标幺值 P_{pn}^* 可表示为

$$P_{pn}^* = 2n \cdot \exp\left[-\frac{0.5^2 + (n-0.5)^2}{(k-0.5)^2}\right] \tag{8.20}$$

上式对 n 求偏导可得

$$(P_{pn}^*)' = \left[1 - \frac{2n(n-0.5)}{(k-0.5)^2}\right] \cdot 2\exp\left[-\frac{0.5^2 + (n-0.5)^2}{(k-0.5)^2}\right] \tag{8.21}$$

从式（8.21）可以看出，当 $k \geqslant 2$ 时，随着 n 的增加，导数 $(P_{pn}^*)'$ 由正变负，在定义域内 P_{pn}^* 有极大值，令导数为 0 可得

$$n = \frac{1 + \sqrt{8k^2 - 8k + 3}}{4} \tag{8.22}$$

在式（8.22）中，若 n 的值是正整数，那么第 n 个局部最大功率点 LMPPn 即全局最大功率点；若 n 的值不是整数，则一定存在正整数 m 满足下式：

$$m < n < m+1 \tag{8.23}$$

再比较 LMPPm 和 LMPP($m+1$) 的功率大小，功率较大的那一个就是全局最大功率点。

图 8.13 给出了 $k=2$，3，4，5，6 时光伏串 $S_{0.5}$ 的标幺化局部最大功率点功率变化曲线 P_{pn}^*-n。从图中可以看出，高斯激光辐照下光伏串 S_0 的各个局部最大功率点和全局最大功率点之间存在如下关系：当 $k=2$ 时，局部最大功率点的功率随着 n 的增大而减小，LMPP1 即全局最大功率点；当 $k \geqslant 3$ 时，随着 n 的增大，各个局部最大功率点的功率先单调递增至全局最大功率，继而单调递减，全

局最大功率点在 P_{pn}^*-n 曲线的中部。

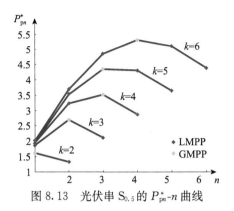

图 8.13　光伏串 $S_{0.5}$ 的 P_{pn}^*-n 曲线

2. 偶阵列的整体输出特性

这里以 4×4 光伏阵列为例分析偶数光伏阵列中各光伏串的输出特性关系，图 8.14 是 4×4 光伏阵列的激光能量分布简化模型。显然，根据对称性，光伏串 $S_{-0.5}$ 与光伏串 $S_{0.5}$、光伏串 $S_{-1.5}$ 与光伏串 $S_{1.5}$ 的辐照强度分别一致，输出特性也相同。接下来分析光伏串 $S_{1.5}$ 的 P-V 特性。

$S_{-1.5}$	$S_{-0.5}$	$S_{0.5}$	$S_{1.5}$
(-1.5,1.5)	(-0.5,1.5)	(0.5,1.5)	(1.5,1.5)
0.135	0.329	0.329	0.135
(-1.5,0.5)	(-0.5,0.5)	(0.5,0.5)	(1.5,0.5)
0.329	0.883	0.883	0.329
(-1.5,-0.5)	(-0.5,-0.5)	(0.5,-0.5)	(1.5,-0.5)
0.329	0.883	0.883	0.329
(-1.5,-1.5)	(-0.5,-1.5)	(0.5,-1.5)	(1.5,-1.5)
0.135	0.329	0.329	0.135

图 8.14　4×4 阵列的高斯激光能量分布简化模型

由图 8.14 可以看出，显然在偶阵列中，光伏串 $S_{1.5}$ 与 $S_{0.5}$ 之间并不存在类似于式（8.14）所述的光伏奇阵列中光伏串 S_0 和 S_1 之间的辐照强度等比关系，因此 $S_{1.5}$ 的 P-V 特性需要仿照式（8.17）～式（8.23）的流程进行推导，推导过程类似，因此不再赘述，推导结果如下：

$$G_{j1.5}^* = \exp\left[-\frac{1.5^2 + (j-0.5)^2}{(k-0.5)^2}\right] \tag{8.24}$$

$$I_{p1.5}^* = \exp\left[-\frac{1.5^2 + (n-0.5)^2}{(k-0.5)^2}\right] \tag{8.25}$$

$$V_{pn\_S_{1.5}}^* = 2n \tag{8.26}$$

$$P_{p1.5}^* = 2n \cdot \exp\left[-\frac{1.5^2 + (n-0.5)^2}{(k-0.5)^2}\right] \tag{8.27}$$

$$(P_{p1.5}^*)' = \left[1 - \frac{2n(n-0.5)}{(k-0.5)^2}\right] \cdot 2\exp\left[-\frac{1.5^2 + (n-0.5)^2}{(k-0.5)^2}\right] \tag{8.28}$$

$$n = \frac{1 + \sqrt{8k^2 - 8k + 3}}{4} \tag{8.29}$$

类似地，光伏串 $S_{0.5}$ 标幺化局部峰值点功率导数 $(P_{p0.5}^*)'$ 的表达式为

$$(P_{pn0.5}^*)' = \left[1 - \frac{2n(n-0.5)}{(k-0.5)^2}\right] \cdot 2\exp\left[-\frac{0.5^2 + (n-0.5)^2}{(k-0.5)^2}\right] \tag{8.30}$$

由式（8.28）和式（8.30）可知，光伏串 $S_{1.5}$ 和 $S_{0.5}$ 的功率导数 $(P_{p1.5}^*)'$ 和 $(P_{p0.5}^*)'$ 的正负主要由 $1 - 2n\ (n-0.5)/(k-0.5)^2$ 决定。而且，当 $1 - 2n\ (n-0.5)/(k-0.5)^2 = 0$ 时，光伏串 $S_{1.5}$ 和 $S_{0.5}$ 的功率导数 $(P_{p1.5}^*)'$ 和 $(P_{p0.5}^*)'$ 等于 0，即光伏串 $S_{1.5}$ 和 $S_{0.5}$ 的输出特性的单调区间相同，并且在各单调区间的单调性一致。并且，当光伏串电压的标幺值 n 满足公式（8.28）时，光伏串 $S_{1.5}$ 和 $S_{0.5}$ 能分别工作在各自的最大功率点处。

进一步推广这个结论可以发现，在一个 $2k \times 2k$ 光伏阵列中，光伏串 $S_{0.5}$，$S_{1.5}$，$\cdots$，$S_{k-0.5}$ 的 P_i-V 线的单调区间以及在各单调区间的单调性是一致的。光伏阵列的 P-V 特性由各个光伏串的 P_i-V 特性叠加而成，因此光伏阵列 P-V 特性的单调区间以及在各单调区间的单调性也与各个光伏串一致，图 8.13 同时也是光伏奇阵列的 P_{pn}^*-n 曲线。因此，光伏阵列 P-V 线上全局最大功率点的电压等于每个光伏串 P_i-V 线上全局最大功率点的电压，光伏阵列 P-V 线上的全局最大功率点的功率等于每个光伏串 P_i-V 线上全局最大功率点的功率之和。

8.3.3　高斯激光辐照下光伏阵列输出特性的规律总结和仿真验证

1. 阵列输出特性的规律总结

由 8.3.1 节和 8.3.2 节可知，虽然光伏奇阵列与光伏偶阵列的高斯激光辐照分布具有不同的特征，但是高斯激光辐照下光伏阵列的输出特性都具有如下特征。

（1）光伏阵列 P-V 特性的单调区间与各个光伏串 P-V 特性的单调区间一致；光伏阵列 P-V 特性在各单调区间的单调性与各个光伏串 P-V 特性在各单调区间的单调性一致。

（2）光伏阵列全局最大功率点的电压等于每个光伏串 P-V 线上全局最大功率点的电压，即当光伏串电压的标幺值 n 满足式（8.22）或式（8.29）时，光伏阵列工作在全局最大功率点处。光伏阵列全局最大功率点的功率等于每个光伏串 P-V 线上全局最大功率点的功率之和。

（3）高斯激光辐照下，光伏阵列全局最大功率点的电压由光伏方阵的边长决定。当高斯激光光斑的半径一定时，若高斯激光光斑的辐照强度发生变化，光伏方阵的标幺化局部峰值点功率变化曲线（P_{pn}^*-n 曲线）不变。

2. 仿真验证

为了验证以上总结的高斯激光辐照下光伏阵列输出特性的规律，本节在 MATLAB/Simulink 中搭建了 4×4 和 5×5 光伏阵列的光伏串模型进行仿真验证。首先搭建如图 8.15 所示的光伏电池仿真模型，其在标准测试条件下（光强 $1000\text{W}/\text{m}^2$，温度 25℃）的主要参数如下：

（1）最大功率点功率 $P_m = 34.7\text{W}$；

（2）开路电压 $V_{oc} = 5.6\text{V}$；

（3）短路电流 $I_{sc} = 8.34\text{A}$；

（4）最大功率点电压 $V_m = 4.6\text{V}$；

（5）最大功率点电流 $I_m = 7.59\text{A}$。

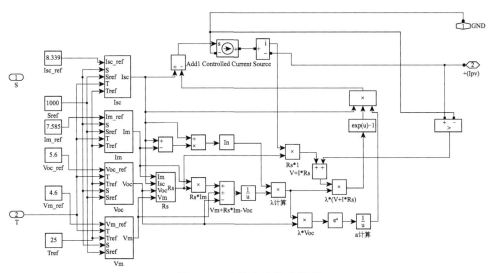

图 8.15　光伏电池仿真模型

在光伏电池仿真模型的基础上，设置高斯激光光斑中心的辐照强度为 1000 W/m^2，根据 4×4 和 5×5 阵列的高斯激光能量分布简化模型分别设置光伏阵列中各个光伏电池的辐照强度，搭建光伏串仿真模型。图 8.16 所示是 5×5 阵列中光伏串的仿真模型，4×4 阵列的光伏串仿真模型结构与之类似，仅光伏电池串联数及光强设置有所区别。

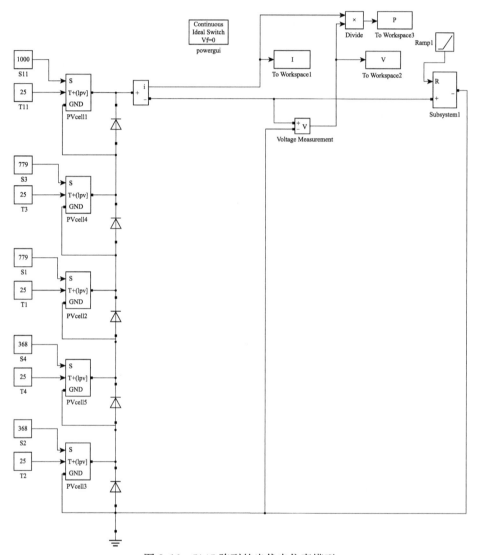

图 8.16　5×5 阵列的光伏串仿真模型

高斯激光辐照下 4×4 光伏阵列中各个光伏串的输出 P-V 曲线如图 8.17 所示。从图上可以看出，在实际情况下，当辐照强度减弱时，光伏电池单体的开路电压有所下降，因此各个光伏串的开路电压和局部最大功率点电压也略有差异。图 8.17 中的黄色曲线是整个光伏阵列的输出 P-V 特性，表 8.1 给出了图中光伏阵列和各个光伏串的局部最大功率点的输出电压和功率参数。

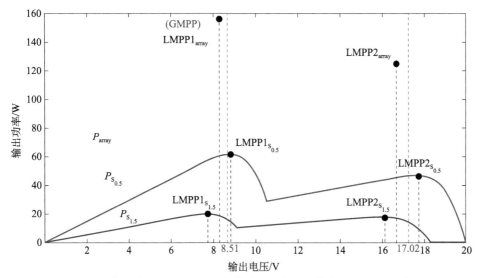

图 8.17　高斯激光辐照下 4×4 光伏阵列中各个光伏串的输出 $P\text{-}V$ 特性

表 8.1　4×4 光伏阵列及其各个光伏串的局部最大功率点输出特性参数

	LMPP1		LMPP2	
	电压/V	功率/W	电压/V	功率/W
4×4 光伏阵列	8.28	156.6	16.64	124.8
光伏串 $S_{0.5}$	8.78	61.4	17.64	46.7
光伏串 $S_{1.5}$	7.66	19.5	16.10	17.7
理论值	8.51	161.8	17.02	128.8

从图 8.17 可知：

（1）4×4 光伏阵列 $P\text{-}V$ 特性的单调区间及其在各单调区间的单调性，与各个光伏串 $P\text{-}V$ 特性的单调区间及其在各单调区间的单调性基本一致；

（2）根据式（8.19）可以算出，LMPP1 电压 V_{LMPP1} 的理论值为 8.51V，LMPP2 电压 V_{LMPP2} 的理论值为 17.02V，4×4 光伏阵列及其中各个光伏串的局部最大功率点的电压都在对应理论值附近；

（3）4×4 光伏阵列及其中各个光伏串的全局最大功率点均为其输出 $P\text{-}V$ 特性上的 LMPP1，4×4 光伏阵列的全局最大功率点的电压约等于 LMPP1 电压 V_{LMPP1} 的理论值（误差 2.7%），4×4 光伏阵列的全局最大功率点的功率约等于每个光伏串上全局最大功率点的功率之和（误差 3.2%）。

高斯激光辐照下 5×5 光伏阵列中各个光伏串的输出 $P\text{-}V$ 曲线如图 8.18 所示，其中黄色曲线是整个光伏阵列的输出 $P\text{-}V$ 特性，表 8.2 给出了图中光伏阵列和各个光伏串的局部最大功率点的输出电压和功率参数。显然，高斯激光辐照下 5×5 光伏阵列中各个光伏串的输出 P-V 特性具有与 4×4 光伏阵列类似的规律。

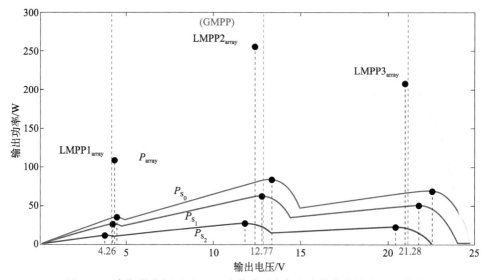

图 8.18 高斯激光辐照下 5×5 光伏阵列中各个光伏串的输出 P-V 特性

表 8.2 5×5 光伏阵列及其各个光伏串的局部最大功率点输出特性参数

	LMPP1		LMPP2		LMPP3	
	电压/V	功率/W	电压/V	功率/W	电压/V	功率/W
5×5 光伏阵列	4.42	108.2	12.54	255.5	20.94	208
光伏串 S_0	4.46	34.8	13.22	83.3	22.32	69.1
光伏串 S_1	4.28	26.4	12.72	62.3	21.60	50.8
光伏串 S_2	3.90	11.3	11.76	27.2	20.22	22.3
理论值	4.26	110.0	12.77	262.3	21.28	215.3

（1）5×5 光伏阵列 P-V 特性的单调区间及其在各单调区间的单调性，与各个光伏串 P-V 特性的单调区间及其在各单调区间的单调性基本一致；

（2）根据式（8.18）可以算出，LMPP1 电压 V_{LMPP1} 的理论值为 4.26V，LMPP2 电压 V_{LMPP2} 的理论值为 12.77V，LMPP3 电压 V_{LMPP3} 的理论值为 21.28V，5×5 光伏阵列及其中各个光伏串的局部最大功率点的电压都在对应理论值附近；

（3）5×5 光伏阵列及其中各个光伏串的全局最大功率点均为其输出 P-V 特性上的 LMPP2，5×5 光伏阵列的全局最大功率点的电压约等于 LMPP2 电压 V_{LMPP2} 的理论值（误差 1.8%），5×5 光伏阵列的全局最大功率点的功率约等于每个光伏串上全局最大功率点的功率之和（误差 2.6%）。

8.4　适应激光辐照情况的定位式全局最大功率跟踪技术

针对不均匀激光辐照，最基本的全局最大功率跟踪方法是传统全局搜索MPPT（conventional global MPPT，C-GMPPT）法，该算法对光伏阵列输出P-V曲线进行全电压范围扫描，即从电压起始点开始，搜索和记录每一个局部峰值点，直到电压终止点。这种算法的跟踪精度很高，但是，由于搜索时间和光伏阵列开路电压正相关，所以对大型光伏阵列来说搜索速度非常缓慢。因此要提高跟踪速度，就要快速确定全局最大功率点所在的区域，尽可能地缩小电压搜索范围。本章通过充分研究高斯激光辐照下光伏阵列的输出特性，分析全局最大功率点的电压特征，提出了一种定位式全局最大功率跟踪（L-GMPPT）方法，首先通过电压定位子程序，极大程度地缩小电压搜索区间，提高了搜索速度，最后再结合传统的扰动观察（P&O）法进行局部精确跟踪，确保了全局最大功率跟踪的精确性。

8.4.1　定位式全局最大功率跟踪方法的基本思路

对于高斯激光辐照下的 SP 结构光伏方阵，光伏串 S_i 的 P_{pn}^*-n 曲线与光伏方阵的 P_{pn}^*-n 曲线具有相同的单调区间，并且在各单调区间保持一致的单调性。因此可以研究某个光伏串的 P_{pn}^*-n 曲线代替光伏方阵的 P_{pn}^*-n 曲线以减小计算量，计算得到的光伏串全局最大功率点的电压也是光伏串全局最大功率点的电压。在本章中，分别研究光伏奇阵列中光伏串 S_0 的 P_{pn}^*-n 曲线和光伏偶阵列中光伏串 $S_{0.5}$ 的 P_{pn}^*-n 曲线。

对于光伏串 S_i 的 P_{pn}^*-n 曲线，令 P_{pn}^* 对 n 的一阶偏导数等于 0，若 n 的值是正整数，那么第 n 个局部最大功率点 LMPPn 就是全局最大功率点；若 n 求出的值不是整数，则一定存在正整数 m 满足 $m<n<m+1$，比较 LMPPm 和 LMPP($m+1$) 的功率大小，功率较大的那一个就是全局最大功率点。当 n 的取值确定之后，根据式（8.4）和式（8.9）或式（8.19）就可以计算出全局最大功率点的电压。

本节据此提出了 L-GMPPT 算法，该方法不需要任何附加电路，不会增加光伏系统的硬件复杂性和成本，其具体思路可以用以下步骤描述：

（1）首先，根据光伏方阵边长 a 的奇偶性进行分类讨论，计算出高斯激光辐照下光伏方阵中每个光伏串上几种不同的辐照强度，即 k。

（2）当 a 是奇数或偶数时，分别采用式（8.22）或式（8.29）计算出当光伏阵列标幺化局部峰值点功率导数等于 0 时的 n 计算值。这个计算值通常不是正整数，因此真正的 n 的取值为这个值相邻的两个最小整数之一，即 8.3 节中所述的 m 或者 $m+1$。

（3）比较 LMPPm 和 LMPP($m+1$) 的标幺化功率的大小，功率较大的那一个就是全局最大功率点。

（4）求出全局最大功率点的电压理论值 V_{ref}，并快速将工作点移动到该值附近，即本章所说的"电压定位"。这一过程将全局最大功率点的电压迅速缩小到一个确定的值附近，极大程度地减小了电压搜索范围。

（5）采用传统的最大功率点跟踪法进行精确跟踪。这一过程确保了 L-GMPPT 方法的准确性。

8.4.2 定位式全局最大功率跟踪方法的流程图

L-GMPPT 方法的整个流程可以分为三个环节：全局最大功率点电压理论值计算、电压定位控制和扰动观察法（P&O）。图 8.19 给出了 L-GMPPT 方法的流程图，其中 V_{oc} 是单个光伏电池的开路电压，可以从光伏电池参数表中查到。

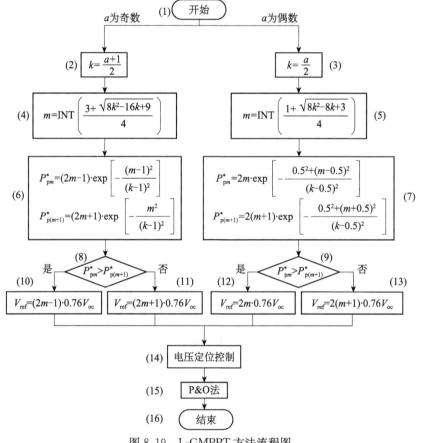

图 8.19　L-GMPPT 方法流程图

下面以 5×5 光伏方阵为例，介绍 L-GMPPT 方法具体的最大功率点搜索和跟踪过程。高斯激光辐照下，5×5 光伏方阵的 I-V 特性和 P-V 特性及全局最大功率跟踪过程如图 8.20 所示。从图中可以看出，此时 P-V 曲线有三个局部最大功率点，且全局最大功率点位于 LMPP2 处。

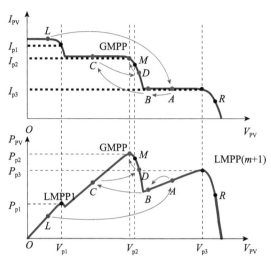

图 8.20　高斯激光辐照下 5×5 光伏方阵的 L-GMPPT 搜索过程

首先，Boost 变换器的初始占空比为 0.9，初始状态光伏阵列工作在 A 点，确保 L-GMPPT 的搜索过程不错过第一个局部最大功率点，接着按照全局最大功率点电压理论值计算、P&O 的三个环节进行。

第一个环节是计算全局最大功率点电压理论值 V_{ref}。根据光伏方阵的边长进行分类讨论，若是奇数光伏方阵，则执行步骤（1），若是偶数光伏方阵，则执行步骤（2），求出每个光伏串上有多少种辐照强度，即 k 的值。因为 5×5 光伏方阵是奇数阵列，执行步骤（2），可知 $k=3$。接下来，根据步骤（4）可以求出 m 的值：

$$m = \text{INT}\left(\frac{3 + \sqrt{8 \cdot 3^2 - 16 \cdot 3 + 9}}{4}\right) = \text{INT}(2.186) = 2 \qquad (8.31)$$

式中，2.186 就是标幺化局部峰值点功率导数 $(P_{pn}^*)' = 0$ 时 n 的计算值。继续执行步骤（6），计算 LMPP2 和 LMPP3 的标幺化功率 P_{pn}^* 的大小：

$$P_{p2}^* = (2 \times 2 - 1) \cdot \exp\left[-\frac{(2-1)^2}{(3-1)^2}\right] = 3\exp\left(-\frac{1}{4}\right) \qquad (8.32)$$

$$P_{p3}^* = (2 \times 2 + 1) \cdot \exp\left[-\frac{2^2}{(3-1)^2}\right] = 5\exp(-1) \qquad (8.33)$$

比较 P_{p2}^* 和 P_{p3}^*（步骤（8））可以发现，显然 $P_{p2}^* > P_{p3}^*$。因此局部最大功率点 LMPP2 就是全局最大功率点。因此接下来执行步骤（10）求出全局最大功率点

电压的理论值 V_{ref}（图 8.20 中的 M 点）。

第二个环节是电压定位控制。初始状态占空比范围分别设置为 $D_L=0.9$（图 8.20 上的 L 点），$D_R=0.1$（图 8.20 上的 R 点），确保不错过任何一个局部最大功率点。首先，测量初始工作点 L 的电压，显然小于（$V_{ref}-1$），因此将此时 Boost 变换器的占空比记为 D_L，接着改变占空比 $D=(0.9+0.1)/2=0.5$，此时工作点移动到 A 点；经测量，A 点的电压大于（$V_{ref}+1$），将此时 Boost 变换器的占空比记为 D_R，接着改变占空比 $D=(0.9+0.5)/2=0.7$，将工作点移动到 B 点。重复以上电压测量、比较和改变占空比的步骤，接着工作点先后移到了 C 点（占空比 $D=0.8$）和 D 点（占空比 $D=0.75$），工作在 D 点时满足（$V_{ref}-1$）< V_{PV}<（$V_{ref}+1$）的判断条件，此时的工作点电压 V_{PV} 在全局最大功率点电压理论值 V_{ref} 的附近，电压定位控制子程序结束。

第三个环节是扰动观察法。随着辐照强度的变化，光伏电池的最大功率点电压会发生较小的改变，并不精确等于 $0.76V_{oc}$ 的整数倍。因此，当光伏阵列输出电压达到全局最大功率点电压的理论值 V_{ref} 时，还需要采用 P&O 法在 V_{ref} 附近对全局最大功率点进行精确跟踪（步骤（15）），将工作点 D 移动到全局最大功率点，从而保证 L-GMPPT 结果的准确性。

8.5 实验验证

为了验证所提出的 L-GMPPT 算法的有效性，本章在实验室搭建了一套 300W 的激光光伏系统样机。实验中，分别以 4×4 光伏阵列代表光伏偶阵列，以 5×5 光伏阵列代表光伏奇阵列，对 L-GMPPT 算法进行验证及评估，并采用 C-GMPPT 方法作为对照实验。

激光光伏系统主要由主电路和控制电路组成，系统的总体结构如图 8.21 所示。其中，主电路由可程控光伏模拟器、Boost 变换器和负载构成；控制电路由 DSP 控制器、采样电路、驱动电路等构成。Boost 变换器的主要参数如下：

(1) 输入电压 $V_{in}=1\sim30$V；

(2) 最大输出功率 $P_o=300$W；

(3) 开关频率 $f_s=100$kHz；

(4) 效率 $\eta\geqslant95\%$；

(5) 负载电阻 $R_L=10\Omega$。

实验中采用 Chroma 公司的型号为 62050H-150S 的可程控光伏模拟器模拟高斯激光辐照下光伏阵列的输出特性。本章用该模拟器模拟 Applied Solar Energy 公司的 OE-34 光伏电池，本章实验所用的光伏阵列都由这种光伏电池构成，其在标准测试条件下（光强 1000W/m²，温度 25℃）的主要参数如下：

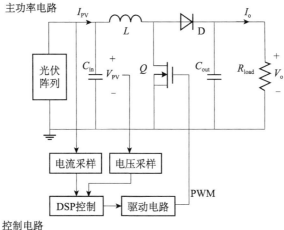

主功率电路

控制电路

图 8.21 激光光伏系统结构示意图

(1) 最大功率点功率 $P_m = 34.7\text{W}$;

(2) 开路电压 $V_{oc} = 5.6\text{V}$;

(3) 短路电流 $I_{sc} = 8.34\text{A}$;

(4) 最大功率点电压 $V_m = 4.6\text{V}$;

(5) 最大功率点电流 $I_m = 7.59\text{A}$。

在实验过程中，对于两种不同的最大功率点跟踪方法，Boost 变换器开关频率均为 100kHz，电压增量步长均为 0.2V。此外，为了保证每次占空比扰动之前光伏阵列的输出已经达到稳态，采样频率设置为 100Hz。本章搭建的实验平台如图 8.22 所示。

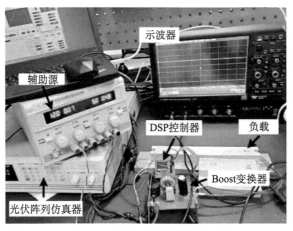

图 8.22 激光光伏系统实验平台

设定高斯激光光斑中心的辐照强度为 $1000\mathrm{W/m^2}$，高斯激光辐照下 4×4 和 5×5 光伏阵列的关键输出特性参数如表 8.3 所示。

表 8.3 高斯激光辐照下 4×4 和 5×5 光伏阵列的关键输出特性参数

光伏阵列分类	4×4 光伏阵列（偶阵列）	5×5 光伏阵列（奇阵列）
短路电流 I_{sc}/A	21.54	29
开路电压 V_{oc}/V	20.6	26.2
最大功率点电流 I_m/A	19.8	21.9
最大功率点电压 V_m/V	8.2	12.4
最大功率点功率 P_m/W	162	272

8.5.1 光伏偶阵列的实验结果

这里以高斯激光辐照下的 4×4 光伏阵列为例，对 L-GMPPT 算法进行验证及评估。根据第 2 章所述的光伏阵列激光能量分布简化模型设定各个光伏电池上的辐照强度。图 8.23 是 L-GMPPT 和 C-GMPPT 两种方法进行全局最大功率跟踪的过程中，4×4 光伏阵列的输出电流、输出电压和功率的波形。具体搜索过程如下所述。

C-GMPPT：从电压初始点（光伏电池开路电压的 60%，3.7V）处开始运行，电压的增量步长为 0.02，直至电压终止点（光伏阵列开路电压的 90%，18.5V），记录全过程中功率最大点对应的占空比 D_m，扫描至电压终止点后，占空比变为 D_m 并保持在该占空比工作。如图 8.23（a）所示，系统最终工作在 P-V 曲线的第一个局部功率最大点，其电压为 8.2V，功率为 162W。占空比步进 74 步，搜索过程总耗时 760ms。

L-GMPPT：从电压初始点（光伏电池开路电压的 60%，3.7V）处开始运行，首先根据计算可知全局最大功率点为第一个局部最大功率点，计算得到全局最大功率点电压的理论值 $V_{ref}=9.3$V，然后进入电压定位控制子程序运行，当占空比 $D=0.8$ 时 V_{PV} 为 8.62V，满足判断条件，返回主程序，电压定位控制子程序运行过程中占空比变化 3 次。最后，运用扰动观察法在 $V_{PV}=8.62$V 附近精确跟踪，并最终稳定在第一个局部最大功率点，其电压为 8.2V，功率为 162W。L-GMPPT 搜索过程总耗时 60ms。

8.5.2 光伏奇阵列的实验结果

以高斯激光辐照下的 5×5 光伏阵列为例，对 L-GMPPT 算法进行验证及评估。根据第 2 章所述的光伏阵列激光能量分布简化模型设定各个光伏电池上的辐照强度。图 8.24 是 L-GMPPT 和 C-GMPPT 两种方法进行全局最大功率跟踪的过程中，5×5 光伏阵列的输出电流、输出电压和功率的波形。具体搜索过程如下所述。

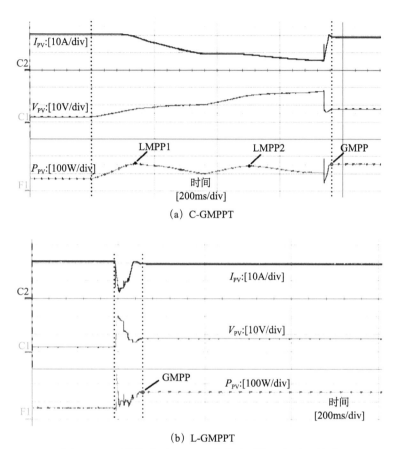

(a) C-GMPPT

(b) L-GMPPT

图 8.23　两种算法对于 4×4 光伏阵列的运行过程波形

C-GMPPT：从电压初始点（光伏电池开路电压的 60%，3.7V）处开始运行，电压的增量步长为 0.02，直至电压终止点（光伏阵列开路电压的 90%，23.6V），记录全过程中功率最大点对应的占空比 D_m，扫描至电压终止点后，占空比变为 D_m 并保持在该占空比工作。如图 8.24（a）所示，系统最终工作在 P-V 曲线的第二个局部功率最大点，其电压为 12.4V，功率为 272W，占空比步进 100 步，搜索过程总耗时 1010ms。

L-GMPPT：从电压初始点（光伏电池开路电压的 60%，3.7V）处开始运行，首先根据计算可知全局最大功率点为第一个局部最大功率点，计算得到全局最大功率点电压的理论值 $V_{ref}=13.9$V，然后进入电压定位控制子程序运行，当占空比 $D=0.75$ 时 V_{PV} 为 13.4 V，满足判断条件，返回主程序，电压定位控制子程序运行过程中占空比变化 4 次。最后，运用 P&O 法在 $V_{PV}=13.4$V 附近精确跟踪，并最终稳定在第二个局部最大功率点，其电压为 12.4V，功率为 272W。L-GMPPT 搜索过程总耗时 90ms。

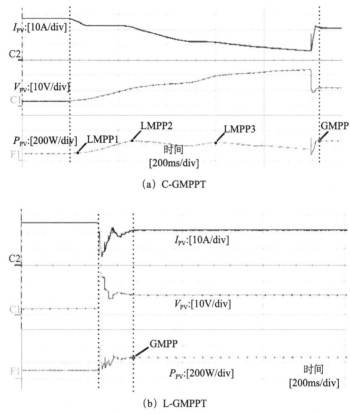

图 8.24　两种算法对于 5×5 光伏阵列的运行过程波形

　　表 8.4 给出了 C-GMPPT 和 L-GMPPT 对于高斯激光辐照下 4×4 和 5×5 光伏阵列的跟踪速度对比。从表中可以看出，两种算法都可以跟踪到全局最大功率点，但是在电压增量步长相同的情况下，C-GMPPT 的跟踪速度远远慢于L-GMPPT，并且，随着光伏阵列规模的增大，二者之间跟踪耗时的差距越大。

表 8.4　两种算法对高斯激光辐照下 4×4 和 5×5 光伏阵列的速度对比

MPPT 方法	4×4 光伏阵列	5×5 光伏阵列
C-GMPPT	760ms	1010ms
L-GMPPT	60ms	90ms

8.6　本章小结

　　为了提高高斯激光辐照下激光无线能量传输系统中光伏阵列的光-电转换效

率，本章针对 $a \times a$（a 行 a 列）串-并联型光伏阵列，详细分析了高斯激光辐照下光伏阵列及其中各个光伏串的输出特性，提出了光伏奇阵列和光伏偶阵列在高斯激光辐照下的局部最大功率点输出特性标幺化表达式，并总结出光伏阵列全局最大功率点的分布规律。基于高斯激光辐照下光伏阵列局部峰值点电流、电压及功率的标幺化表达式，提出了一种方法。该算法充分运用高斯激光辐照下光伏阵列的输出特性标幺化局部峰值点功率表达式，首先计算出全局最大功率点的电压理论值，并通过电压定位控制程序将工作点移动到该值附近，最后运用 P&O 法进行精确跟踪，找到全局最大功率点。与其他方法相比，L-GMPPT 算法通过计算极大地缩小了电压搜索范围，无论光伏阵列规模大小，都只需要搜索一个电压邻域，因此跟踪速度极快，提高了激光能量的利用率。为验证 L-GMPPT 算法的可行性，在实验室搭建了一个小型激光光伏系统的样机，以高斯激光辐照下的 4×4 和 5×5 光伏阵列为例，并以 C-MPPT 算法为对照实验，实验结果验证了 L-GMPPT 算法的准确性和快速性。

第9章 激光辐照下光伏阵列效率最优电气布局

在激光无线能量传输系统中,由于激光光斑能量呈高斯分布,所以会出现光伏阵列中各电池单体之间出现电气不匹配的现象,导致光伏阵列的输出功率降低,使得其光-电转换能力得不到充分利用。而较低的光伏阵列效率是制约系统效率提升的主要瓶颈。尽管在第 8 章中,提出了适用于高斯激光辐照下的光伏阵列全局最大功率点跟踪技术,可以有效地保证光伏阵列始终工作在最大功率点处,但该方法并不能完全补偿不均匀光照引起的功率损耗。

为此,本章将对效率最优的光伏阵列电气布局展开研究,通过调整不均匀光照在光伏阵列电气结构中的分布来减少阵列中的失配损耗,从而达到提高光伏阵列输出功率的目的。首先,研究高斯激光辐照下光伏阵列的简化模型,从而可以简化光伏阵列在高斯激光辐照条件下最大功率点的算法,有效地提高工程设计的效率。其次,针对几种典型的光伏阵列电气连接结构,在高斯激光辐照条件下设计相应的最优结构搜索算法来分别构建各自输出功率最大的电气连接结构,并对这些优化结构的最大输出功率进行比较,寻找最佳结果,并从中总结出具有普适性的激光辐照下光伏阵列效率最优的电气布局规律。最后进行实验验证。

9.1 高斯激光辐照下光伏阵列的简化模型

光伏阵列是由若干个光伏电池单体通过不同的串并联形式组成的。理论上,在辐照均匀的情况下,不管光伏阵列中各个光伏电池单体如何串并联连接,阵列的输出功率都应该是一样的。然而在辐照不均匀的情况下,对于固定的不均匀辐照强度分布和光伏阵列空间结构,不同的电气连接方式却可以获得不同的最大输出功率。因此可以用第 8 章中式 (8.1) 所示的电路模型组合成各种电气连接结构的光伏阵列,比较它们的输出特性,并寻找效率最优的电气连接方式,从而在不均匀辐照下使光伏阵列尽可能多地输出功率。

但是,由于式 (8.1) 是一个隐式超越方程,直接求解困难,需要通过计算机仿真得到准确的输出特性,进而才能筛选出输出功率最大的电气连接方式。当阵列规模较大时,整个求解过程比较复杂,难以满足工程设计的需要。由于光伏阵列电气结构的优化设计主要关注各种电气连接方式下光伏阵列最大功率点的位置和相互之间的差异，并不需要精确求解光伏阵列在整个工作范围内的输出特性，所以有必要对光伏电池的模型进行合理的简化。

根据式（8.1）可知，光伏电池的输出特性与辐照强度 G 和电池温度 T 有关。在高斯激光辐照场合，光伏阵列中处于不同空间位置的光伏电池单体所受辐照强度不同，因而其电池温度也有所不同。其中，处于光斑中心的电池单体所受辐照强度最高，其温度也最高；而离光斑中心越远的电池单体，其上所受辐照强度越低，相应的温度也越低。但理论上，在入射光强处于光伏电池可承受范围内的前提下，由于入射激光能量分布符合高斯分布规律，所以光伏阵列中辐照最强和辐照最弱的电池单体之间的辐照强度之比是一个定值，即表明阵列中温度最高和温度最低的电池单体之间的温度差也应是一个定值。通过对实际的 3×3 和 5×5 光伏阵列（主要通过热电散热装置和风冷进行散热）在激光辐照下的测试发现，阵列中电池单体之间的最大温差在 10℃以内。而根据文献［221］可知，10℃的温差仅会造成光伏电池最大输出功率和最大功率点电压 5% 的衰减。因此在高斯激光辐照的场合，在适当的散热条件下，光伏阵列中各个电池单体输出特性之间的差异受温度影响较小，其主要受辐照强度 G 的影响。

由上文可知，为实现光伏阵列电气结构的优化设计，在对光伏电池模型进行简化时，温度的影响可以忽略，即可以认为阵列中所有光伏电池的最大功率点电压 V_{MPP} 保持恒定。同时假定光伏电池的最大功率点电流 I_{MPP} 与辐照度 G 成正比，因此可以认为光伏电池的最大输出功率与辐照度成正比。从而光伏电池的简化模型可以用如下的阶梯函数进行描述[222]：

$$I = \begin{cases} I_{MPP}, & V \leqslant V_{MPP} \\ 0, & V > V_{MPP} \end{cases} \tag{9.1}$$

根据式（9.1），光伏电池简化模型的 $I\text{-}V$ 曲线近似为图 9.1 中的折线（实线）。约定在高斯激光辐照下，光伏阵列中受辐照最强的光伏电池的辐照度、最大输出功率、最大功率点电压和电流作为基准 1，则其他光伏电池的最大输出功

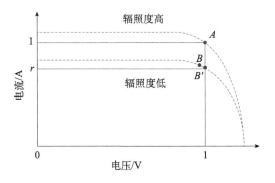

图 9.1　光伏电池简化模型

率和最大功率点电流按所受辐照度等比例缩减为 r。从图中可以明显看出，该简化模型重点突出了光伏电池最大功率点的信息，而其他诸如开路电压、短路电流等信息，由于不是光伏阵列电气连接结构优化设计过程中主要关注的方面，所以被简化了，从而大大降低了理论分析的复杂度。

9.2　不均匀辐照下光伏阵列的输出特性

考虑到光伏阵列的实际应用情况，为了降低不均匀辐照对光伏阵列的影响，在本章讨论中对光伏阵列作如下约定：①每个光伏电池单体均并联旁路二极管；②在多串并联阵列中，每条串联支路都接有防逆流二极管。根据以上约定，理论上多串并联阵列的输出特性可由其中的每条串联支路的输出特性直接叠加得到，因此单串阵列是构成多串并联阵列的基本单元。所以，以下将利用上述介绍的光伏电池简化模型，并以如图 9.2（a）所示的单串阵列为例，对其输出特性进行讨论。

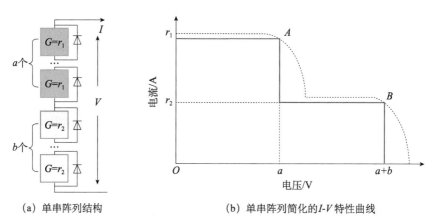

(a) 单串阵列结构　　　　　　(b) 单串阵列简化的 I-V 特性曲线

图 9.2　单串阵列最大输出功率的简化计算

如图 9.2（a）所示，在 $1 \times n$ 的单串阵列中存在两种不同的辐照强度 r_1 和 r_2（假设 $r_2 < r_1$），其中辐照强度为 r_1 和 r_2 的光伏电池单体分别有 a 个和 b 个（满足 $a+b=n$）。该阵列的 I-V 特性曲线如图 9.2（b）所示，其中实线为简化模型的特性曲线。由图可知，阵列的输出功率存在两个极大值点（A 点和 B 点），其中之一将成为阵列的全局最大功率点。假定阵列中所有光伏电池单体的转换效率为 1，且具有一样的面积，则入射到光伏电池上的光能与其所受辐照强度成正比。约定光伏电池在标准条件下的辐照度、最大输出功率、最大功率点电压和电流作为基准 1，则 A 点和 B 点对应的功率值分别为

$$P_A = a \times r_1 \tag{9.2}$$

$$P_B = (a+b) \times r_2 = n \times r_2 \tag{9.3}$$

假设不论何种情况，入射光能的总能量始终为 k，则式（9.2）和式（9.3）中的参数 r_1、r_2、a 和 b 满足如下关系：

$$a \times r_1 + b \times r_2 = k \tag{9.4}$$

根据式（9.2）～式（9.4），可得出单串串联阵列全局最大输出功率 P_m 与辐照不均匀度 Δr（$\Delta r = r_1 - r_2$）的关系曲线，如图 9.3 中实线所示。

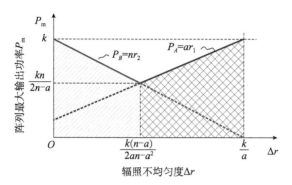

图 9.3　单串串联阵列最大输出功率 P_m 与辐照不均匀度 Δr 的关系曲线

当 $\Delta r = 0$ 时，即 $r_1 = r_2 = k/n$，表明单串串联阵列所受辐照均匀。此时，阵列中所有光伏电池单体均可工作在最大功率点处，阵列中不存在失配损耗，其全局最大输出功率 $P_m = k$ 为最大值。

当 $0 < \Delta r \leqslant k(n-a)/(2an-a^2)$ 时，阵列的全局最大输出功率 $P_m = P_B$，即图 9.2（b）中的 B 点为全局最大功率点。此时，辐照度为 r_2 的光伏电池（辐照度较弱）工作在其最大功率点处，而辐照度为 r_1 的光伏电池（辐照度较强）由于输出电流较低，已偏离其最大功率点。随着阵列所受辐照的不均匀度 Δr 的增加，辐照度为 r_1 的光伏电池偏离其最大功率点的程度增加，使得阵列中的失配损耗逐渐增大，导致阵列全局最大输出功率 P_m 逐渐减小。当 $\Delta r = k(n-a)/(2an-a^2)$ 时，即 $r_1 = kn/(2an-a^2)$，$r_2 = k/(2n-a)$，P_m 达到最小。

当 $k(n-a)/(2an-a^2) < \Delta r \leqslant k/a$ 时，阵列的全局最大输出功率 $P_m = P_A$，即图 9.2（b）中的 A 点为全局最大功率点。此时，辐照度为 r_2 的光伏电池（辐照度较弱）处于短路状态，其输出电流从旁路二极管流过。而辐照度为 r_1 的光伏电池（辐照度较强）工作在其最大功率点处。在入射光能不变的前提下，随着阵列所受辐照的不均匀度 Δr 进一步增加（即 r_1 逐渐增加，r_2 逐渐减小），辐照度为 r_1 的光伏电池上所占光能比例不断增加，其转化成的输出电功率也因此不断增加。而辐照度为 r_1 的光伏电池上所占光能比例不断减小，由于这部分光能转化成的电功率被旁路二极管短路，不能向负载输出，所以阵列的全局最大输出功率 P_m 反而逐渐增加。当 $\Delta r = k/a$ 时，即 $r_1 = k/a$，$r_2 = 0$，表明入射光能全部辐照

在辐照度为 r_1 的光伏电池上，并全部转化成电功率输出。

综上，在阵列辐照不均匀度较小时，即在 $\Delta r = 0$ 附近，阵列最大输出功率 P_m 较大的原因是，阵列中的大部分光伏电池辐照程度接近，都能工作在各自最大功率点附近，失配损耗较少。

而在阵列辐照不均匀度较大时，即在 $\Delta r = k/a$ 附近，阵列最大输出功率较大的原因是，大部分的入射光能都是由辐照较强的那部分光伏电池转化并输出的，本质上也是失配损耗的减少，从而提高了阵列的输出功率。

由此可见，在对光伏阵列电气连接结构进行优化设计时，应尽量减小阵列中的失配损耗。为此可将辐照相近的光伏电池集中在某几个支路中，以获得较大的输出功率。

根据以上分析，利用上文介绍的光伏电池简化模型，通过简单的代数运算，根据实际系统的阵列结构及辐照分布，可以获得非常明确的比较结果，可为以下光伏阵列电气连接结构的优化设计提供有效的分析工具。

9.3 高斯激光辐照下光伏阵列电气布局优化设计

在能量分布不均匀的高斯激光辐照下，影响光伏阵列输出功率的最主要原因是阵列中各个光伏电池单体的输出特性不匹配。在大部分激光无线能量传输系统的研究中，主要通过优化光伏阵列的电气连接方式来减少阵列中的失配损耗，从而达到提高阵列输出功率的目的。一般光伏阵列具有固定的物理布局，即固定的行数和列数，而阵列中的电气连接方式却可以多种多样。在同样的辐照情况下，不同的电气连接方式会导致不同的失配情况，从而获得不同的阵列输出特性。根据第 7 章可知，在实际应用中较为普遍的光伏阵列电气连接方式主要有：SP 结构和 TCT 结构。为表述方便，这里重新给出它们的连接结构示意图，如图 9.4 所示。本章将以这两种结构为研究对象，分析它们在高斯激光辐照下的输出特性，从而总结出在高斯激光辐照下具有普适性的光伏阵列效率最优的电气布局方式来指导工程应用。

相比于复杂且随机变化的太阳光光照环境，由于激光辐照强度的分布呈高斯分布，具有一定的规律性，所以阵列中各个光伏电池单体上的辐照强度是固定不变的。这就意味着在高斯激光辐照下，必然存在着一种效率最优的光伏阵列电气连接结构。在固定辐照情况下，对于 SP 和 TCT 结构，改变每个光伏电池单体在阵列电气结构中的位置，可以获得不同的输出特性。因此，为寻找最佳的电气布局，本章将首先提出 SP 和 TCT 结构的最优电气布局搜索算法，以此来确定每个光伏电池单体在阵列电气结构中的位置，从而分别构建出输出功率最大的 SP 结构和 TCT 结构，接着根据两种优化结构的最大输出功率择一作为光伏阵列最优

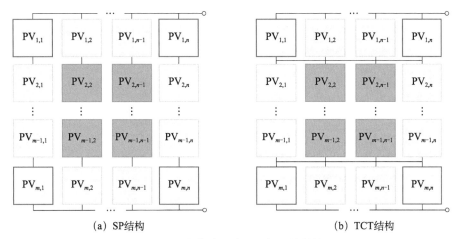

(a) SP结构　　　　　　　(b) TCT结构

图 9.4　光伏阵列典型电气连接结构

电气布局方式，以实现光伏阵列的最大功率输出。

9.3.1　SP结构最优电气布局搜索算法

在如图 9.4（a）所示的 $m \times n$ 光伏阵列 SP 结构中，n 为并联支路数，m 为每条支路中光伏电池单体的数量，记这样的电气连接结构为 $\{m \times n\}$。$\mathrm{PV}_{i,j}$ 为光伏电池单体的编号，其中 i 和 j 分别为该电池所在阵列中的行数和列数。阵列中第 k 条由编号为 $\mathrm{PV}_{1,k}$，$\mathrm{PV}_{2,k}$，$\cdots$，$\mathrm{PV}_{m-1,k}$，$\mathrm{PV}_{m,k}$ 组成的支路表示为 C_k（$\mathrm{PV}_{1,k}$，$\mathrm{PV}_{2,k}$，$\cdots$，$\mathrm{PV}_{m-1,k}$，$\mathrm{PV}_{m,k}$）。令 $P_{\mathrm{MPP},k}$（C_k）和 $V_{\mathrm{MPP},k}$（C_k）分别表示为支路 C_k 的最大输出功率和最大功率点电压。

对于图 9.4（a）所示的光伏阵列 SP 结构来说，其电气连接方式显然不止一种，除了有 $\{m \times n\}$ 的连接结构外，还有 $\{1 \times mn\}$ 和 $\{mn \times 1\}$ 等。通常在光伏系统中，往往希望光伏阵列的最大功率点电压尽可能地大，这样有利于后级变换器的设计。以图 9.4（a）所示的光伏阵列 SP 结构为例，在实际应用中，对给定的需要优化的 $\{m \times n\}$ 的光伏阵列来说，其后级变换器一般按输入电压为 mV_{MPP} 进行优化设计。当然，对相当一部分其他连接形式的 SP 阵列来说，其优化后的阵列的最大功率点电压也会大于或等于 mV_{MPP}，同样适合作为最优的阵列结构。为此本章为方便讨论，约定在高斯激光辐照下对 SP 结构的光伏阵列进行优化时，优化前后阵列的电气连接结构不变（即并联支路数和支路中串联的电池单数不变），只是通过改变光伏电池单体在电气结构中的位置来调整不均辐照的分布，从而达到提高阵列输出功率的目的。根据以上分析，对 SP 阵列进行优化时作如下约束。

（1）光伏阵列 SP 结构本质上是多串并联的阵列，其输出特性为每条支路输出特性的叠加，因此，为使其输出功率最大，在优化时应保证每条支路 C_k（$1 \leqslant k \leqslant n$）的最大功率点电压尽可能等于 mV_{MPP}，从而保证在阵列工作时，每条支路都能工作在其各自的最大功率点处[223]。

（2）SP 结构的输出特性可以分解为每条支路输出特性的叠加，因此在优化 SP 结构的电气连接方式时，可基于贪婪法的思想（一种求解局部最优的思想，即在对问题求解时，总是作出在当前看来最好的选择），分别对其每条支路进行优化，以期通过局部（阵列中每条支路）最优解的叠加得到一个整体（光伏阵列）的最优解。为了保证每条所构造的串联支路尽可能多地输出功率，可将光照相等或相近的光伏电池尽量安排在同一条串联支路中。

在上述约束条件下，本章提出了图 9.5 所示的 SP 结构的优化重构算法。该算法的思想为：算法通过每次迭代过程构造出阵列中的一条串联支路，该串联支路为当前所能构造出的所有串联支路组合中输出功率最大的那条支路。在每次迭代过程中，需满足如下约束条件：

（1）每次迭代按照将辐照相近的光伏电池单体集中在同一条支路的思想来构造当前输出功率最优的支路。

（2）本次迭代寻找到的串联支路的最大输出功率对应的电压应与上次迭代所寻找到的最优串联支路的最大输出功率所对应的电压大致相等。否则，本次迭代继续对串联支路进行调整，直至满足如上的约束条件。

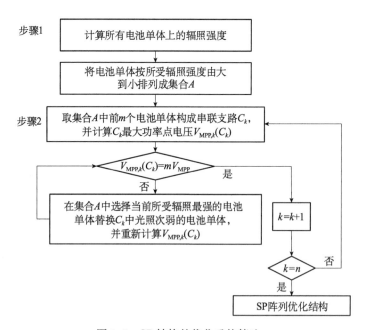

图 9.5　SP 结构的优化重构算法

对 $\{m\times n\}$ 的光伏阵列 SP 结构进行电气布局优化的具体流程为：

(1) 算法在进入迭代前，利用第 8 章 8.2 节介绍的高斯激光能量分布的简化计算方法，计算出阵列中所有光伏电池单体上的辐照强度，并将这些光伏电池按所受辐照强度由大到小重新排列成集合 A。

(2) 算法基于贪婪法的思想进入迭代，每迭代一次就构造一条当前输出功率最优的支路 C_k $(1\leqslant k\leqslant n)$。

在迭代过程中，首先令集合 A 中前 m 个电池构成串联支路 C_k，由于这 m 个电池所受辐照相近，所以支路 C_k 为当前所有可能的串联支路组合中输出功率最大的串联支路。

然后利用 9.1 节介绍的最大功率简化算法，求解支路 C_k 的最大功率点电压 $V_{MPP,k}(C_k)$，并与上文约束条件规定的阵列最大功率点电压 mV_{MPP} 进行比较。若 $V_{MPP,k}(C_k) = mV_{MPP}$，则进行下一次迭代。否则，在集合 A 中选取当前所受辐照最强的电池单体替换当前构造的串联支路 C_k 中辐照次弱的电池单体，直至当前迭代构造的串联支路 C_k 的最大功率点电压 $V_{MPP,k}(C_k) = mV_{MPP}$ 时，才进行下一次迭代。

最后将每次迭代构造的串联支路并联后形成 SP 结构。

图 9.6 以在高斯激光辐照下的 $\{3\times 3\}$ 光伏阵列 SP 结构为例，对以上 SP 结构的优化搜索算法进行了具体的说明。图中给出了阵列中所有光伏电池单体的辐照度，并标识在表示光伏电池单体的方框内。同时，根据以上迭代算法得到的 $\{3\times 3\}$ 光伏阵列的最优电气布局也显示在图 9.6 中右下角。

为了验证算法的有效性，这里对 $\{3\times 3\}$ 的光伏阵列所有可能的电气连接方式进行了仿真，其相应的 P-V 特性曲线如图 9.7 所示，其中图 9.6 根据优化算法得到的连接方式标识为 1♯。从仿真结果可以看出，连接方式 1♯ 具有最大的输出功率，证明了算法的有效性。尽管以上 SP 结构的优化搜索算法只能找到全局近似最优解，但算法计算简单、收敛速度快。

9.3.2　TCT 结构最优电气布局搜索算法

在图 9.4 (b) 所示的 $m\times n$ 的光伏阵列 TCT 结构中，每行有 n 个光伏电池并联构成一个子阵列，m 个子阵列串联构成最终的 TCT 结构。若将这些子阵列看作 TCT 结构中进行光电转换的最小单元，则光伏阵列的 TCT 结构本质上是一个单串阵列。因此，为使 TCT 结构的输出功率最大，应满足辐照均衡的原则，即对不同子阵列中的光伏电池进行相应的交换，使得每个子阵列中各个光伏电池单体所受辐照强度之和尽可能相等（即保证每个子阵列的光生电流或最大功率点电流尽可能一致）[224]。

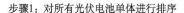

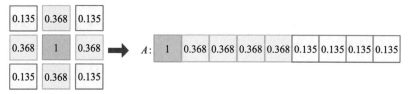

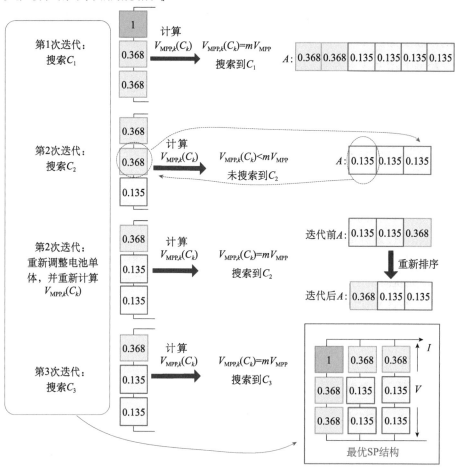

图 9.6　〈3×3〉光伏阵列 SP 结构优化过程

显而易见，对图 9.4（b）所示的光伏阵列 TCT 结构来说，其电气连接方式显然不止一种，除了可以由 m 个子阵列串联构成外，还可能由 2 个、3 个或者 $m+1$ 个等子阵列串联构成。由于 $m \times n$ 的光伏阵列的后级变换器一般按输入电压为 mV_{MPP} 进行优化设计，所以为方便讨论，本章约定：

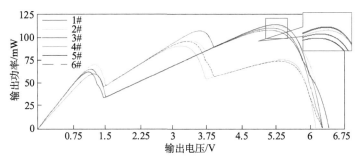

图 9.7　⟨3×3⟩ 光伏阵列所有连接方式的 P-V 曲线对比

（1）在高斯激光辐照下对 TCT 结构的光伏阵列进行优化时，优化前后阵列中子阵列的数目不变，但不同子阵列中，光伏电池并联的数目可以不一致。

（2）通过比较辐照强度之和最大和最小的两个子阵列的辐照度之差，来判断 TCT 结构的电气连接方式的优劣，即辐照度之差越小，说明该结构中各个子阵列所受辐照的均衡性越好，该种电气连接方式也越优。

目前针对 TCT 结构的最优电气布局的方法有很多研究，其中大部分方法主要基于以上提到的辐照均衡的思想。文献 [225] 提出了一种"COI"最优连接方式的搜索算法，该算法须逐个比较每种电气连接方式的最大输出功率，对于大规模阵列，需要较长的时间去寻找最优的结果，因此该算法适用于小规模的阵列。为缩短算法的搜索时间，文献 [224] 提出了一种"冒泡排序"的算法，该算法只需通过简单的排序和比较来构造最优的阵列结构，从而能大大缩短算法搜索的时间。但该算法的准确性仍有待提高，即通过该算法所优化后的 TCT 阵列的最大输出功率并非最优。因此本章将结合以上两种方法的优点，提出一种改进的 TCT 结构最优电气连接方式搜索算法，算法的流程图如图 9.8 所示。该算法的主要思想为：首先利用简单的排序和比较方法，快速地构造出一个基础阵列，然后再在该基础阵列上对其中某些子阵列通过逐个比较和调整的方式对其进行进一步优化，从而可以在可接受的时间范围内，寻找到效率更优的 TCT 阵列的具体电气连接方式。

如图 9.8 所示，针对 $m \times n$ 的光伏阵列 TCT 结构的优化重构算法的具体过程为：

（1）在高斯激光辐照条件下，计算出阵列中所有光伏电池单体上的辐照强度，并将光伏电池单体按所受光强由大到小排列成电池序列 A，如

$$G_{aA_1} > G_{aA_2} > \cdots > G_{aA_j} > \cdots > G_{aA_{mn}} \tag{9.5}$$

（2）根据以上约束条件可知，$m \times n$ 的光伏阵列 TCT 结构中有 m 个子阵列，为了使子阵列与子阵列之间所受辐照之和尽量相等，首先计算每个子阵列所受辐照之和，并按由小到大的顺序进行排列，构成子阵列序列 M，如

$$G_{M_1} \leqslant G_{M_2} \leqslant \cdots \leqslant G_{M_j} \leqslant \cdots \leqslant G_{M_m} \tag{9.6}$$

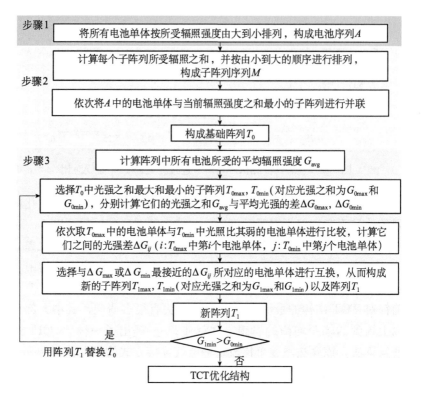

图 9.8　TCT 结构的优化重构算法

其次，依次将序列 A 中的光伏电池并联到当前辐照之和最小的子阵列中去，从而构成基础阵列 T_0。例如，当光伏电池 A_1 并联在子阵列 M_1 之后，序列 A 中的光伏电池数目相应减少 1 个，变为

$$G_{aA_2} > G_{aA_3} > \cdots > G_{aA_j} > \cdots > G_{aA_{mn}} \tag{9.7}$$

子阵列序列 M 可能相应变为

$$G_{M_2} \leqslant G_{M_1} \leqslant \cdots \leqslant G_{M_j} \leqslant \cdots \leqslant G_{M_m} \tag{9.8}$$

然后，将光伏电池 A_2 并联在子阵列 M_2 中，如此循环，直至序列 A 中的光伏电池数目减少为 0。

（3）由于以上步骤得出的基础阵列 T_0 只是一个近似最优解，因此还必须对阵列 T_0 进行优化，从而使得 T_0 中辐照强度之和最强的子阵列与辐照强度之和最弱的子阵列之间的辐照度之差尽可能地小。

首先，计算基础阵列 T_0 中所有电池单体所受的平均辐照强度 G_0。理想情况下，最优的 TCT 结构的所有子阵列所受辐照强度之和应等于 G_0。

其次，选择 T_0 中辐照强度之和最大和最小的子阵列 T_{0max} 和 T_{0min}（它们对应的辐照强度之和分别为 G_{0max} 和 G_{0min}）。分别计算它们的辐照强度之和与平均辐照

强度 G_0 之差 $\Delta G_{0\max}$ 和 $\Delta G_{0\min}$。如

$$\Delta G_{0\min} = G_{\text{avg}} - G_{0\min} \tag{9.9}$$

$$\Delta G_{0\max} = |G_{\text{avg}} - G_{0\max}| \tag{9.10}$$

然后，依次求取子阵列 $T_{0\max}$ 中第 i 个电池单体与 $T_{0\min}$ 中第 j 个电池单体之间的光强差 ΔG_{ij}，其中，所述电池单体 j 所受辐照强度比电池单体 i 所受辐照强度要弱。

之后，选择与 $\Delta G_{0\max}$ 和 $\Delta G_{0\min}$ 最接近的 ΔG_{ij} 所对应的电池单体进行互换，从而构建新阵列 T_1。判断新阵列 T_1 中辐照之和最小的子阵列所对应的辐照度 $G_{1\min}$ 是否大于 $G_{0\min}$，若 $G_{1\min} > G_{0\min}$，则用 T_1 取代 T_0 重新进行步骤 3 的整个过程，否则算法结束。

图 9.9 以在高斯激光辐照下 4×3 的光伏阵列 TCT 结构为例，对以上 TCT 结构的优化搜索算法进行了具体的说明。图中给出了阵列中所有光伏电池单体的辐照度，并标识在表示光伏电池单体的方框内。同时，根据以上迭代算法得到的

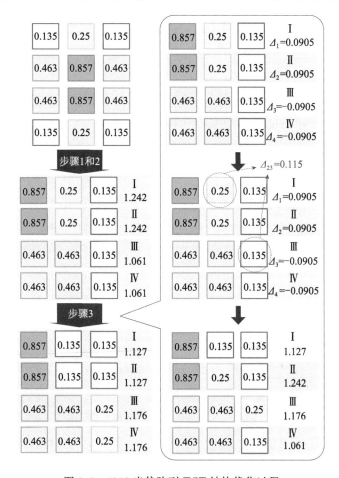

图 9.9　4×3 光伏阵列 TCT 结构优化过程

4×3 的光伏阵列 TCT 结构的最优电气布局也显示在图 9.9 中的左下角。从图中可知，优化的 TCT 阵列中每个子阵列的标幺化辐照度之和分别为 1.127、1.127、1.176 和 1.176，它们与阵列中每个电池单体的平均辐照强度 $G_0 = 1.1515$ 之间的误差在 2% 左右，说明此时阵列所受辐照的均衡度较好，从而很好地证明了算法的有效性。

9.4　仿真结果与分析

以上在高斯激光辐照的条件下，分别针对光伏阵列的 SP 和 TCT 的结构形式提出了相应的电气连接方式的优化搜索算法，为了对比 SP 和 TCT 结构在高斯激光辐照下的输出特性，以及验证所提出的优化搜索算法的有效性，本节采用 SABER 仿真软件对 3×3 和 5×5 的光伏阵列进行仿真分析。具体建模过程可参考文献[226]。仿真模型中的主要参数值，即实验中所采用的光伏电池特性如表 9.1 所示。

表 9.1　光伏电池性能参数

变量	数值
开路电压，V_{oc}/V	2
短路电流，I_{sc}/A	0.04
最大功率点电压，V_{MPP}/V	1.65
最大功率点电流，I_{MPP}/A	0.0349
最大输出功率，P_{MPP}/W	0.058

1. 3×3 阵列仿真结果与分析

在相同高斯激光辐照情况下，根据上文所提出的最优电气布局搜索方法，可分别得到如图 9.10 和图 9.11 所示的 3×3 光伏阵列 SP 和 TCT 结构优化前后的电气连接方式。

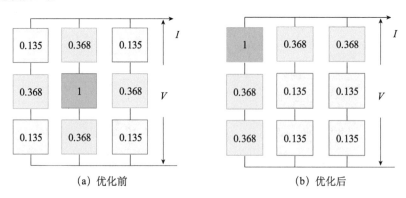

（a）优化前　　　　　　　　　　　（b）优化后

图 9.10　3×3 光伏阵列 SP 结构优化前后的阵列电气连接方式

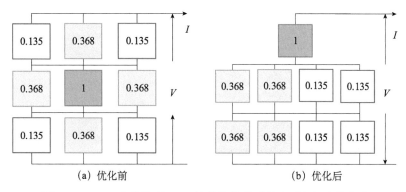

（a）优化前　　　　　　　　　　（b）优化后

图 9.11　3×3 光伏阵列 TCT 结构优化前后的阵列电气连接方式

从图 9.10 中可知，SP 结构优化前后的电气连接方式不变，即表明阵列优化前按物理位置进行电气连接的方式已是最优的电气布局（由图 9.7 可证明优化结果的正确性），因此优化前后阵列的输出功率不变。

从图 9.11 中可知，TCT 结构优化前后的电气连接方式发生了较大的变化，表明阵列的输出特性也随之发生了变化。TCT 阵列优化前后的 *P-V* 仿真曲线如图 9.12 所示，由图可知，优化前后阵列的输出功率提高了 33%。

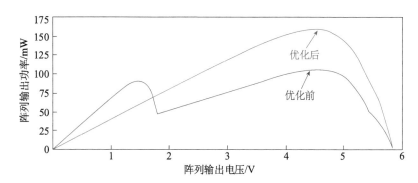

图 9.12　3×3 光伏阵列 TCT 结构优化前后的 *P-V* 仿真曲线

将优化后的 SP 和 TCT 结构的光伏阵列的输出特性进行比较，得到如图 9.13 所示的 *P-V* 仿真曲线对比图，由图可知，TCT 优化阵列的输出功率比 SP 优化阵列的输出功率提高了 33%。

2. 5×5 阵列仿真结果与分析

在相同高斯激光辐照情况下，根据上文所提出的最优电气布局搜索方法，可分别得到如图 9.14 和图 9.15 所示的 5×5 光伏阵列 SP 和 TCT 结构优化前后的电气连接方式。从图中可知，SP 和 TCT 结构在优化前后的电气连接方式都发生了相应的变化。

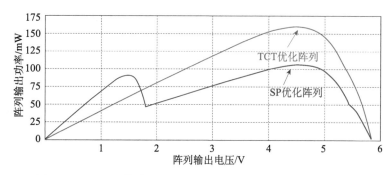

图 9.13   3×3 光伏阵列 SP 和 TCT 结构优化后的 *P*-*V* 仿真曲线

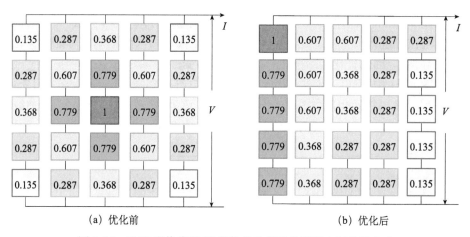

图 9.14   5×5 光伏阵列 SP 结构优化前后的阵列电气连接方式

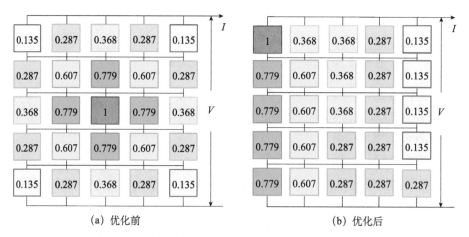

图 9.15   5×5 光伏阵列 TCT 结构优化前后的阵列电气连接方式

SP 和 TCT 阵列优化前后的 P-V 仿真曲线分别如图 9.16 和图 9.17 所示。如图 9.16 所示，优化后的 SP 结构的输出功率比优化前提高了 20%。如图 9.17 所示，优化后的 TCT 结构的输出功率比优化前提高了 32.7%。

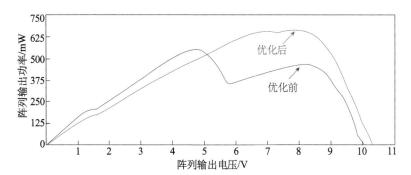

图 9.16　5×5 光伏阵列 SP 结构优化前后的 P-V 仿真曲线

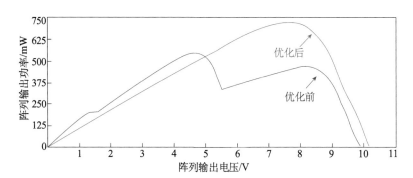

图 9.17　5×5 光伏阵列 TCT 结构优化前后的 P-V 仿真曲线

将优化后的 SP 和 TCT 结构的光伏阵列的输出特性进行比较，得到如图 9.18 所示的 P-V 仿真曲线对比图，由图可知，TCT 优化阵列的输出功率比 SP 优化阵列的输出功率提高了 9%。

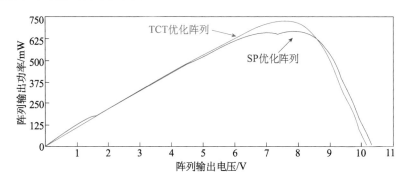

图 9.18　5×5 光伏阵列 SP 和 TCT 结构优化后的 P-V 仿真曲线

综上，在相同高斯激光辐照情况下，采用本章所提出的最优电气布局搜索算法分别对光伏阵列 SP 和 TCT 结构进行优化，通过比较二者最优电气连接结构的输出功率可以发现：

（1）基于辐照均衡思想进行优化后的 TCT 结构更易输出较高的功率，使得光伏阵列的效率得到了提升。这是因为，TCT 结构中每个电池单体所产生的电流都由若干个方向流出，所以当某个电池单体的光照出现差异时不会影响同一支路中其他电池的工作。

（2）相较于优化前的 TCT 结构和优化后的 TCT 结构，优化后的 TCT 结构的 P-V 曲线更加平滑，原本在不均匀辐照下表现出的多峰特性得到了较大的改善，从而便于传统 MPPT 技术的应用。

（3）随着阵列规模的扩大，可认为光伏阵列中各个光伏电池单体在高斯光斑范围排列得越紧密，阵列中光伏电池单体之间的辐照度相差越小。所以在大规模 SP 结构中，更容易将辐照度相近的光伏电池单体集中在同一条支路中，这样失配损耗会相应减小，从而有利于 SP 结构的效率提升。因此，5×5 光伏阵列的 TCT 优化结构相比其 SP 优化结构在输出功率上所提升的幅度要小于 3×3 光伏阵列的情况。

9.5 实验结果与分析

从以上仿真中发现，在高斯激光辐照下 TCT 结构更具有效率优势，因此为了验证该结论，在实验室中采用性能参数如表 9.1 所示的光伏电池分别构建了一个 3×3 和 5×5 的光伏阵列，并按照上文中所提出的最优电气布局搜索算法对其电气连接方式进行了优化。同时采用第 2 章中所述的 LD（波长：808nm，最大输出光功率：50W）作为光源进行实验。

在相同辐照情况下，3×3 光伏阵列的 SP 优化结构和 TCT 优化结构的 P-V 曲线如图 9.19 所示。从图中可以看出，相比于 SP 优化结构，TCT 优化结构的输出功率提高了 9.2%。类似地，5×5 光伏阵列的 SP 优化结构和 TCT 优化结构的 P-V 曲线如图 9.20 所示。从图中可以看出，相比于 SP 优化结构，TCT 优化结构的输出功率提高了 4.3%。以上实验结果与仿真结果相近，因此，基于光伏阵列 TCT 结构，对其电气连接方式按照本章所提出的最优电气布局搜索算法进行优化，有利于光伏阵列在高斯激光辐照下效率的提升。

表 9.2 给出了本章所提出的 TCT 结构最优电气布局搜索算法和其他 TCT 结构优化算法在执行时间和准确度方面的对比。对于高斯激光辐照下的 4×4 光伏阵列 TCT 结构，本章所提出的优化算法的执行时间为 50ms。而对于文献［225］

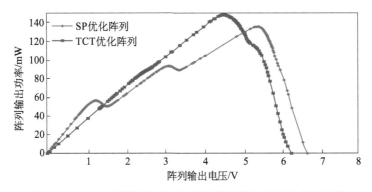

图 9.19　3×3 光伏阵列 SP 和 TCT 优化结构的 *P-V* 实验曲线

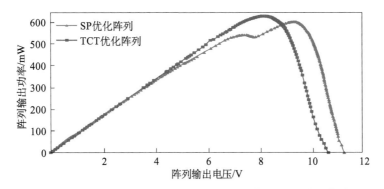

图 9.20　5×5 光伏阵列 SP 和 TCT 优化结构的 *P-V* 实验曲线

表 9.2　本章所提出的优化算法与其他算法的特点对比

算法	执行时间	搜索准确度	适用场合
"COI" 优化算法	慢	高	小规模阵列
"冒泡排序" 优化算法	快	较差	动态重构阵列
本章所提出的优化算法	较快	较高	规模较大的静态阵列

所提出的 "COI" 优化算法，由于需要对所有可能的连接方式进行逐一比较，所以需要花费 9.7h 的时间才能寻找到最佳连接方式。显而易见，"COI" 优化算法能准确得到效率最优的电气布局，但阵列规模越大，该算法的搜索时间越长。对于文献 [224] 所提出的基于 "冒泡排序" 的优化算法，由于只需进行简单的比较和替换操作，所以只需要 300ns 的时间就能寻找到最佳连接方式。尽管基于 "冒泡排序" 的优化算法能快速收敛，但其搜索的准确性仍有待提高。图 9.21 和图 9.22 分别为 3×3 和 4×3 光伏阵列的 TCT 结构采用本章所提出的优化算法和文献 [224] 所提出的基于 "冒泡排序" 的优化算法进行优化后得到的电气连接

形式。图中灰色区域内的数字表示 TCT 阵列中子阵列的辐照度之和。由理论分析可知,采用本章所提出的优化算法所得出的 TCT 优化阵列结构具有更好的辐照均衡度。图 9.23 给出了以上不同算法优化后阵列的输出功率对比图,从实验结果可知,相比于文献 [224] 所提出的优化算法,本章所提出的优化算法构建的 3×3 和 4×3 光伏阵列的输出功率分别提高了 8.1% 和 4.79%。

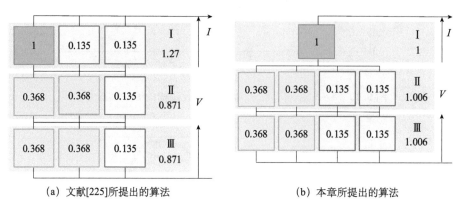

(a) 文献[225]所提出的算法　　　　　　(b) 本章所提出的算法

图 9.21　不同算法优化后的 3×3 阵列的 TCT 结构

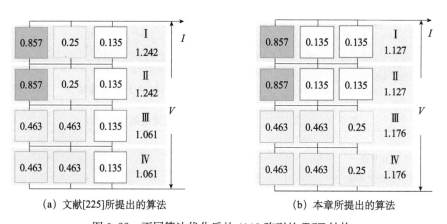

(a) 文献[225]所提出的算法　　　　　　(b) 本章所提出的算法

图 9.22　不同算法优化后的 4×3 阵列的 TCT 结构

上述实验结果表明,在高斯激光辐照下,采用本章所提出的最优电气布局搜索算法对光伏阵列的 TCT 结构进行优化,更具有效率优势。而且,本章所提出的最优电气布局搜索算法在执行时间和搜索准确度方面具有良好的均衡性,能在工程可接受的时间范围内寻找到较优的阵列连接方式,既不会为了准确寻找到最佳结果而牺牲搜索时间,也不会为了追求搜索的快速性而牺牲搜索的准确度。因此,采用本章所提出的光伏阵列电气布局优化设计方法,可以为实际工程应用提供一定的指导。

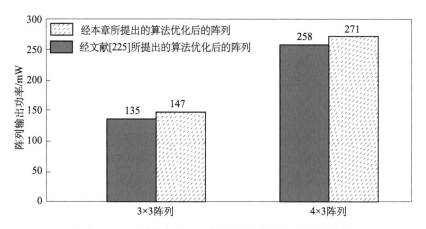

图 9.23　不同阵列经不同算法优化后输出功率的对比

9.6　本章小结

　　本章提出了一种针对高斯激光辐照下光伏阵列电气布局优化设计的方法。考虑到光伏阵列电气连接结构的优化设计主要关注阵列最大功率点的位置及相互之间的差异，并不需要精确计算阵列的输出特性，因此本章首先对光伏电池模型和高斯激光能量分布曲线进行简化，简化后的光伏电池模型中只包含最大功率点信息，而激光能量分布的高斯曲线则简化为阶梯函数曲线从而便于线性计算。基于光伏电池简化模型和激光能量分布简化曲线，可通过简单的代数运算，对所有可能的光伏阵列电气连接方式的输出特性进行理论分析，从而获得明确的比较结果，为寻找激光辐照下光伏阵列效率最优的电气布局设计提供了理论基础。然后，主要针对应用较为普遍的 SP 结构和 TCT 结构提出了相应的最优电气布局搜索算法来分别构建输出功率最大的 SP 结构和 TCT 结构，接着根据两种优化结构的最大输出功率择一作为光伏阵列最优的电气布局方式，实现了光伏阵列的最大功率输出。最后，本章在实验室分别搭建了一个 3×3 和 5×5 光伏阵列进行实验验证。实验结果表明，在实际激光无线能量传输系统中，其光伏阵列采用 TCT结构并按本章所提出的最优电气布局搜索算法进行优化后，更具有效率优势。

第 10 章　系统功率优化控制

目前绝大多数的激光无线能量传输系统都为开环系统，在不同负载条件下，很难同时保证激光器的电-光转换能力和光伏阵列的光-电转换能力得到充分利用，从而使得系统的工作效率得不到进一步的优化。为此，本章将对系统功率优化控制展开研究，拟针对不同负载情况，通过对系统中的瞬时功率进行控制，使得激光器和光伏阵列都处于最佳工作点，从而保证系统效率最优。首先，根据第2章发现的激光器在不同模式下的效率变化规律，通过理论分析和实验测量，得到光伏阵列和系统在不同模式下的效率曲线，并从中寻找影响系统效率的关键因素。然后在此基础上，提出系统的功率控制策略，通过对系统效率影响因素进行合理控制，达到优化系统效率的目的。最后进行实验验证。

10.1　系统效率特性分析

如第4章所述，半导体激光器工作在脉冲模式下更具效率优势，因此当系统通过脉冲激光传输能量时，可等效为一个光耦合的开关变换器，如图10.1所示。类似于传统开关电源可以通过控制策略来提升电源效率的情况（如 PWM 和 PFM 的混合调制，可以在很宽的负载范围内保证电源都具有较高的转换效率），激光无线能量传输系统同样也一定存在相应的功率控制方式来保证系统能在不同情况下（不同距离和负载等情况）都具有较高的总体传输效率。图10.2 给出了系统在脉冲和连续模式下的主要电气参数的波形，据此，以下将分别讨论激光无线能量传输系统中激光器、光伏阵列和系统整体的效率特性，以此为功率控制方式的提出提供理论基础。

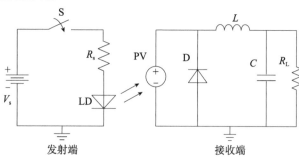

图 10.1　激光无线能量传输系统等效为光耦合开关变换器

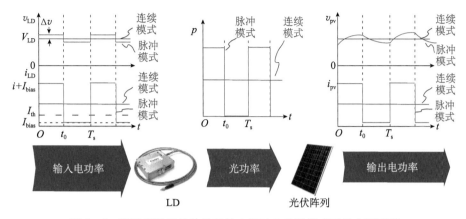

图 10.2　激光无线能量传输系统在脉冲和连续模式下的主要波形

10.1.1　半导体激光器效率特性分析

由第 4 章可知，在连续模式下，半导体激光器的输出光功率随着输入电流的增加而线性增加，其表达式为

$$p_{\text{laser}} = \eta_{\text{d}}(i_{\text{LD}} - I_{\text{th}}) \tag{10.1}$$

式中，p_{laser} 和 i_{LD} 分别为激光器的输出光功率和输入电流；I_{th} 为激光器的阈值电流；η_{d} 为外微分量子效率。

根据式（10.1），可得半导体激光器在脉冲模式下的效率为

$$\eta_{\text{LD}} = \frac{p_{\text{laser\_avg}}}{p_{\text{LD\_avg}}} = \frac{D \cdot \eta_{\text{d}} \cdot (i + I_{\text{bias}} - I_{\text{th}})}{V_{\text{LD}}(D \cdot i + I_{\text{bias}})}$$

$$= \frac{1}{V_{\text{LD}}} \cdot \frac{1}{\dfrac{1}{\eta_{\text{d}}} + \dfrac{D(I_{\text{th}} - I_{\text{bias}}) + I_{\text{bias}}}{p_{\text{o\_LD}}}} \tag{10.2}$$

式中，V_{LD} 是激光器输入电压，为方便分析，假设 V_{LD} 脉动较小，近似于一个恒定值；D 为脉冲电流的占空比；I_{bias} 为脉冲输入电流的偏置电流，且 $I_{\text{bias}} < I_{\text{th}}$；$i + I_{\text{bias}}$ 为脉冲电流的峰值电流。值得注意的是，连续模式是脉冲模式的一个特例。当 $I_{\text{bias}} = 0$ 和 $D = 1$ 时，表示输入电流为连续电流。

根据第 4 章分析和式（10.2）可知，单从激光器本身来看，在平均输出光功率相同时，当激光器的输入电流为脉冲电流时，即工作在脉冲模式下，更具有效率优势，而且光脉宽越小，越有利于效率的提升。为方便理解，图 10.3 重新给出了半导体激光器在不同输入电流形式下的效率曲线。由于在实际应用当中，系统为补偿恶劣条件下大气对激光能量的衰减，往往需对激光器的输出功率进行超额设计。因而，在额定情况下，激光器往往工作在图 10.3 所示的灰色区域，而不会工作在效率较高的最大输出功率处。根据以上激光器的效率特性，从系统整

体角度出发，自然会联想到光伏阵列在脉冲激光的辐照下是否也同样具有效率优势。因此以下将首先分析光伏阵列在不同激光辐照情况下的效率特性，然后根据激光器和光伏阵列的效率特性得到系统整体的效率特性，并从中寻找影响系统整体效率的电气因素。

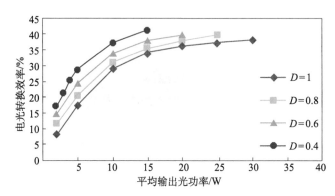

图 10.3　本章激光无线能量传输系统中半导体激光器在不同输入电流下的效率曲线

10.1.2　光伏阵列效率特性分析

前文针对较高能量密度激光辐照进行优化的光伏电池的效率可达 50% 以上，图 10.4 为一典型的优化后的 GaAs 光伏电池在 808nm 连续激光辐照下的效率曲线。从图中可知，在整个额定工作范围内（激光辐照强度 $10^3 \sim 10^6\,\mathrm{W/m^2}$），随着入射激光辐照强度的增加，光伏电池内部的辐射复合（光吸收过程的逆过程）在总入射能量中所占比例不断下降，因而电池效率不断增加。又因高强度激光辐照下光伏电池的温升明显，所以当入射辐照强度继续增加，并超过额定工作范围后，光伏电池的效率又会呈现下降的趋势。

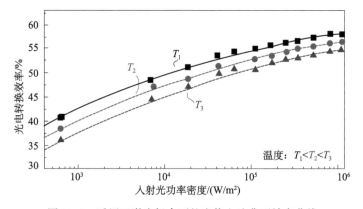

图 10.4　适用于激光场合下的光伏电池典型效率曲线

通常光伏阵列最大功率点处的电压和电流与辐照度 G 和温度 T 有关，并有如下关系：

$$V_m(G,\ T) = V_m(\text{STC}) \cdot \ln(e + b \cdot \Delta G) \cdot (1 - c \cdot \Delta T) \tag{10.3}$$

$$I_m(G,\ T) = I_m(\text{STC}) \cdot \frac{G}{G(\text{STC})} \cdot (1 + a \cdot \Delta T) \tag{10.4}$$

式中，V_m 和 I_m 分别是光伏阵列最大功率点处的电压和电流；STC 表示辐照强度为 $1000\,\text{W}/\text{m}^2$ 以及电池温度 $25\,℃$ 的标准环境条件；常数 a、b 和 c 为补偿系数，通常由大量实验数据拟合得到；$\Delta G = G - G(\text{STC})$，$\Delta T = T - T(\text{STC})$。

由式（10.3）和式（10.4）可得光伏阵列在脉冲光下的效率为

$$\eta_{PV} = \frac{p_{PV\_avg}}{p_{laser\_avg}} = \frac{D \cdot V_m(G,\ T) \cdot I_m(G,\ T)}{D \cdot G \cdot S}$$

$$= \frac{I_m(\text{STC}) V_m(\text{STC})}{S \cdot G(\text{STC})} \ln(e + b\Delta G)(1 + a\Delta T)(1 - c\Delta T) \tag{10.5}$$

式中，D 为入射脉冲激光的占空比，其值等于激光器脉冲输入电流的占空比；S 为光伏阵列的面积。

假设 $V_m(\text{STC}) = 5\text{V}$，$I_m(\text{STC}) = 1.38\text{A}$，$S = 0.024\text{m}^2$，$a = 0.00015\,℃^{-1}$，$b = 0.00042\,(\text{W}/\text{m}^2)^{-1}$ 和 $c = 0.00888\,℃^{-1}$。由式（10.5）可以得到在不同占空比条件下光伏阵列效率 η_{PV} 随辐照强度 G 和温度 T 变化的曲线，如图 10.5 所示。由图 10.5 可得如下结论。

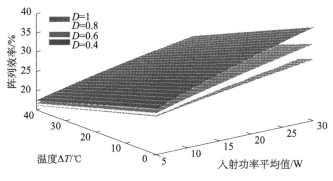

图 10.5　光伏阵列理论效率曲线

结论 1：当采用激光辐照环境下特殊的光伏电池时，由于该类型电池在较高辐照强度下仍具有较高的转换效率，所以可以认为在合理的不同辐照情况下温度对电池转换效率的影响较小。因此，根据图 10.5，令 $\Delta T = 0$，可得不同光脉冲占空比 D 情况下，光伏阵列效率 η_{PV} 与入射的平均光功率的曲线，如图 10.6 所示。从图 10.6 可知，在入射光功率的平均值一定的情况下，随着入射光脉冲的占空比 D 减小，入射激光的瞬时功率逐渐增加，从而导致光伏阵列的效率也随之增加（如图 10.6 中，效率点从 A_1 转移到 A_2）。此结论符合图 10.4 中实际光伏电池对应温度不变的效率变化情况。因此，当采用特殊光伏电池时，为了提高光伏电池的转换效率，应在合理的范围内尽可能地提高光功率密度，比如，采用脉冲激光照射。

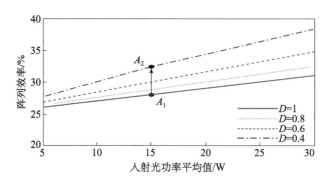

图 10.6　当 $\Delta T=0$ 时阵列效率与入射功率平均值的曲线

结论 2：如果采用传统的光伏电池，由于其在高功率激光辐照下效率较低，大量不能被转换的激光能量变成废热引起电池温度升高，所以对于高强度激光辐照下的传统电池，应考虑温度对其效率的影响。因此，根据图 10.5，令 $p_{laser\_avg}=20\mathrm{W}$，可得不同光脉冲占空比 D 情况下，光伏阵列效率 η_{PV} 与电池温度的曲线，如图 10.7 所示。由于在入射光功率的平均值一定的情况下，随着入射光脉冲的占空比 D 的减小，入射激光的瞬时功率逐渐增加，从而使得不能被转换的激光能量增加，进而导致电池温度上升，并引起电池效率下降（如图 10.7 中，效率点从 B_1 转移到 B_2）。因此，当采用传统电池时，为了保证光伏电池具有较高的转换效率，应采用较低强度的入射激光辐照，比如，采用连续激光照射。

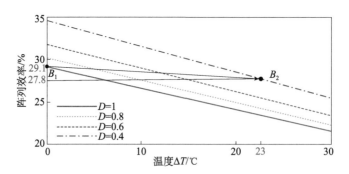

图 10.7　当 $p_{laser\_avg}=20\mathrm{W}$ 时，阵列效率与温度的曲线

本章受实验条件限制，使用普通单结 GaAs 电池作为激光无线能量传输系统的光电转换单元。该光伏电池在不同辐照强度下的实验 I-V 曲线和效率曲线如图

10.8 所示。从图中可知，输入连续光功率小于 1W 时（即辐照强度较小且变化范围较小），光伏电池效率较高且变化幅度不大。而当输入连续光功率大于 1W 时，随着光功率增加（从 1.8W 增加到 6.5W），光伏电池的热阻效应表现明显，其转换效率有明显的衰减（从 30.5％下降到 21.5％），说明此时的辐照功率密度已超出光伏电池的额定工作范围。

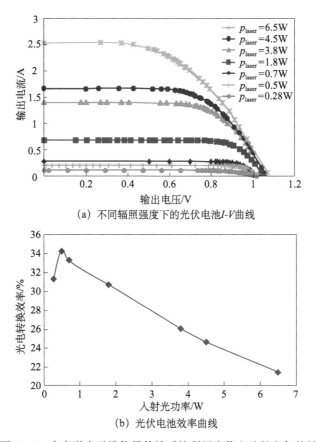

(a) 不同辐照强度下的光伏电池 *I-V* 曲线

(b) 光伏电池效率曲线

图 10.8　本章激光无线能量传输系统所用光伏电池的电气特性

将以上特性的光伏电池作为光电转换的最小单元，这里构建 6×6 的 TCT 结构的光伏阵列。根据第 3 章所提出的电气连接方式优化方法对该阵列在高斯激光辐照下进行优化，得到其在不同入射激光功率下的效率曲线，如图 10.9 所示。图中，*D* 为入射脉冲光的占空比，*D*=1 表示入射光为连续光。在实验测量中，为了保证效率，适当地限制了入射光功率，使得光伏阵列中的大部分光伏电池工作在如图 10.8 (b) 所示的效率较高的灰色区域内。从图 10.9 中可以发现以下结论。

（1）在入射脉冲光占空比 *D* 固定的情况下，随着入射光平均功率的增加，

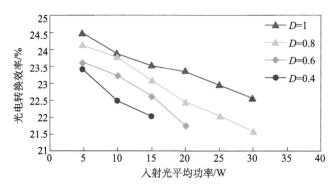

图 10.9　本章激光无线能量传输系统中光伏阵列在不同入射光情况下的效率曲线

光伏阵列的效率逐渐降低。这主要是由光伏电池的热阻效应和光伏阵列的失配损耗造成的。根据以上分析可知，辐照强度越高，光伏电池上的温度也越高，一方面会导致光伏电池效率下降，另一方面会使得各个电池单体之间输出特性的不匹配程度增加，从而增加了阵列中的失配损耗。此外，激光功率越高，光束质量越低，其原本是高斯分布的光斑能量出现畸变，进一步增加了光伏电池之间的不匹配程度，使得失配损耗进一步增加。

（2）在入射光平均功率固定的情况下，随着脉冲光占空比 D 减小，光伏阵列的效率逐渐降低。由文献［227］可知，低频脉冲光的光脉宽对光伏电池输出特性的影响可等效为其辐照强度对光伏电池输出特性的影响。显然，在平均光功率相同的情况下，脉冲光占空比 D 越小，其峰值功率越高，即辐照强度也越大。根据以上结论，热阻效应和失配损耗对光伏阵列效率的影响也会增加，因而阵列效率也就越低。

以上结论与激光器的情况相反，但由于实验测量过程中，大部分光伏电池工作在如图 10.8（b）所示的灰色区域内，所以阵列效率变化的幅度不大。

10.1.3　系统效率特性分析

对激光无线能量传输系统来说，较高的能量传输效率是保证其实现快速充电的基础。根据第 2 章图 2.8 所示的典型系统效率分布，相比于激光电源和光伏变换器，激光器和光伏阵列上的损耗是制约系统效率提升的主要因素，即激光器和光伏阵列的效率特性决定了系统的效率特性。因此在本章中，激光器和光伏阵列的效率特性是主要研究对象，所以以下所述的系统效率均指激光输入电功率与光伏阵列输出电功率之比。因此根据式（10.2）和式（10.5）可得，系统效率为

$$\eta_{\text{sys}} = \eta_{\text{LD}}\,\eta_{\text{PV}} = \frac{p_{\text{PV\_avg}}}{p_{\text{LD\_avg}}} \tag{10.6}$$

理想情况下，系统中应采用特殊的光伏电池，即在分析系统效率时忽略温度对光

伏阵列效率的影响。则由式（10.6）可得不同激光器输入电流占空比 D 条件下，系统效率与平均光伏输出功率的曲线，如图 10.10 所示。从图 10.10 可知，在合理范围内，由于激光器和光伏阵列在较高输入/入射功率下具有较高的效率，系统效率会随着占空比 D 的减小而增加。

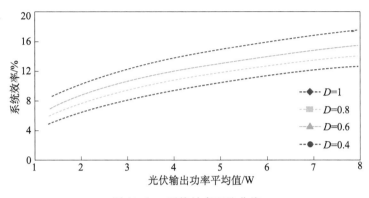

图 10.10　系统效率理论曲线

为验证以上理论分析的正确性，在实验室中搭建了一台激光无线能量传输系统原理样机，主要由激光电源、50W/808nm 的半导体激光器、6×6 的 TCT 结构的光伏阵列和电阻负载四部分组成。该实验系统中其他一些特性参数如下。

（1）在大部分激光无线能量传输系统中，除了给接收端中各种负载提供其所需的功率外，另一主要任务是为接收端的蓄电池进行充电，如无人机激光充电系统等。因此，在本实验系统中约定，光伏阵列的输出功率应大于 2W，其中 1W 的固定功率提供给各种负载，以满足接收端的基本需求；而其他超过 1W 的功率则提供给蓄电池进行充电，这部分功率越多，蓄电池充电速度越快。

（2）根据激光器手册规定，为保证激光器的安全，其在脉冲模式下的脉冲输入电流的脉冲频率不应过高，几百赫，且占空比须大于 30%。因此在本实验系统中约定，激光器脉冲输入电流的频率 f_s 为 100Hz，最小占空比 D_{min} 为 0.45（主要考虑到在小占空比下，激光峰值功率较高，光伏电池性能退化严重）。

上文中激光器和光伏阵列的效率曲线都是基于上文中的实验系统硬件测试得到的，因此根据图 10.3 和图 10.9，可得如图 10.11 所示的系统效率曲线。图中 D 为入射脉冲光的占空比，$D=1$ 表示入射光为连续光。从图中可知，光伏阵列在不同激光辐照情况下的效率变化不明显，因此系统效率曲线的变化趋势类似于激光器的效率曲线，从图 10.11 中可以得出以下结论。

（1）在入射脉冲光占空比 D 固定的情况下，当负载功率较小时，激光器输出的光功率也相应较小，而由于半导体激光器在输出小功率激光时，其电-光转换效率较低，所以系统效率也较低；但随着负载功率的增加，激光器的输出功率

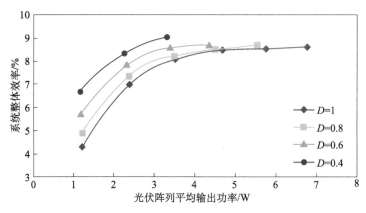

图 10.11 本章激光无线能量传输系统中光伏阵列在不同入射光情况下的效率曲线

逐渐增大，其工作点也逐渐移动到效率较优的状态，因此系统效率逐渐提高。

（2）在相同光伏阵列输出功率的情况下，入射脉冲光的占空比 D 越小，系统效率越高。由此可见，脉冲光的占空比 D（即激光器输入脉冲电流占空比）是影响系统效率的关键因素。

这里需要特别指出的是：受实验条件限制，实验系统中所采用的光伏电池在较高功率密度的激光辐照下会出现性能退化的现象，因此，该实验系统并不能充分地利用激光高能量密度的优势。

若系统中采用对高能量密度激光转化较好的光伏电池，在相同光伏输出功率情况下（可认为负载功率相同），随着脉冲光占空比的减少，激光器输出的激光峰值逐渐增加，由于在大功率激光输出/辐照情况下，激光器和光伏电池都能工作在转换效率较高的工作点（图 10.3 和图 10.9），所以系统效率也会越高。因此，根据以上分析，上述关于激光器输入脉冲电流占空比 D 影响系统效率的结论，在更大功率等级的激光无线能量传输系统中仍然适用。

10.2 系统功率优化控制策略

由以上分析可得优化激光无线能量传输系统效率的一般规律，即在相同负载功率下，系统效率最优点出现在激光器输入电流占空比 D 较小的时刻。但是在实际系统中，受激光器最大输出光功率的限制，负载功率不同时，系统效率最优的激光器输入电流占空比 D 也会不同。比如，在负载功率较大的情况下，若此时激光器的瞬时输出光功率已达最大限制，需适当增加激光器输入电流占空比 D，以提高激光器的平均发射功率。该过程类似于，在全负载范围内，为了让变换器保持一个较高的效率，使其在轻载时工作在断续模式，重载时工作在连续模式的情况。因此，在系统中需根据负载功率，对激光器输入电流占空比 D 进行控制，即控制系统中的瞬时功率，使得激光器和光伏阵列处于效率最优的功率点，从而提高系统效率。

10.2.1 脉冲光功率对系统效率的影响

由于辐照在光伏阵列上的激光为脉冲光，所以光伏阵列的输出功率为脉冲功率。又由于系统中负载功率一般为恒定值，所以在光伏阵列与光伏功率变换器之间需要储能电容 C_{in} 来均衡光伏阵列脉动的输出功率和负载端平直的负载功率，因此，系统接收端的结构如图 10.12（a）所示，该结构中主要波形如图 10.12（b）所示。

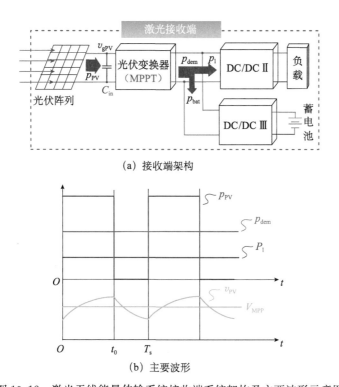

（a）接收端架构

（b）主要波形

图 10.12　激光无线能量传输系统接收端系统架构及主要波形示意图

在图 10.12（a）中，p_{PV} 为光伏阵列的瞬时输出功率，p_{dem} 为系统接收端所需的功率（主要包括负载功率 p_l 和蓄电池充电功率 p_{bat}），其值应等于光伏阵列的平均输出功率 p_{PV_ave}。v_{PV} 为储能电容 C_{in} 上的瞬时电压，V_{MPP} 是其电压平均值（其值等于光伏阵列最大功率点电压）。

如图 10.12（b）所示，在 $0 < t < t_0$ 时段，光伏阵列的输出功率大于接收端所需的功率，其中多余的功率给储能电容 C_{in} 充电，使得电容电压上升。在 $t_0 < t < T_s$ 时段，光伏阵列输出功率为 0，储能电容 C_{in} 向负载和蓄电池提供功率，电容

放电导致其上电压下降。因此储能电容 C_{in} 上存在脉动的电压，而且脉冲光的占空比越小，给储能电容 C_{in} 充电的能量也越多，使得 C_{in} 上的电压脉动 Δv_{MPP} 也越大。如图 10.13 所示，当光伏阵列输出电压存在电压脉动时，其工作点会在最大功率点附近来回扰动，从而造成光伏输出功率的下降[228]。图 10.14 给出了在负载功率相同的情况下，不同储能电容容值（即光伏阵列输出电压脉动大小不同时）对应的系统实际测量效率曲线，从图中可知：

（1）当储能电容 C_{in} 较大时，光伏阵列输出电压脉动 Δv_{MPP} 较小，与上文分析的结论一样，系统效率 η_{small} 会随着激光器输入电流占空比 D 的减小而增加，最终在占空比 D 减小至预设的最小值 $D_{min}=0.45$ 时系统效率达到最大。

（2）而当储能电容 C_{in} 较小时，光伏阵列输出电压脉动 Δv_{MPP} 较大，系统效率 η_{large} 随激光器输入电流占空比 D 的减小先增加后减小，系统效率最优的激光器输入电流占空比 D_{opt} 不再等于 D_{min}。

（3）受光伏阵列输出端脉动电压对其输出功率的影响，Δv_{MPP} 较大时对应的系统效率 η_{large} 要整体低于 Δv_{MPP} 较小时的系统效率 η_{small}。而且，由于激光器输

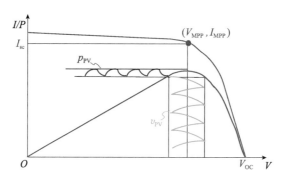

图 10.13　光伏阵列输出电压脉动对其输出功率影响的示意图

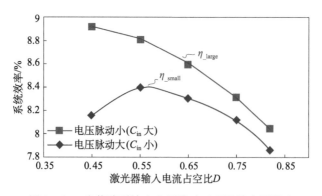

图 10.14　光伏阵列输出电压脉动对系统效率的影响

入电流占空比 D 越小，电压脉动越大，电压脉动所造成的光伏输出功率损耗也越大，从而使得 $\eta_{\_small}$ 和 $\eta_{\_large}$ 之间的差距越来越大。

由此可见，为了抑制脉冲光功率引起的脉动电压对光伏阵列输出功率的影响，储能电容 C_{in} 必须足够大。根据第 5 章中的式（5.9）和式（5.10），可得储能电容 C_{in} 的表达式：

$$C_{in} = \frac{\dfrac{1-D}{D} p_{PV\_avg}}{f_s \Delta v_{MPP} V_{MPP}} \qquad (10.7)$$

假设激光无线能量传输系统的设计参数为 $V_{MPP} = 5\mathrm{V}$，$\Delta v_{MPP} = 10\% V_{MPP} = 0.5\mathrm{V}$，$f_s = 100\mathrm{Hz}$，$D = 0.45$，由式（10.7），代入数据可得储能电容 C_{in} 的容值关于光伏阵列平均输出功率 p_{PV_ave} 的变化曲线，如图 10.15 所示。从图中可以看出：当 $p_{PV\_ave} = 2\mathrm{W}$ 时，储能电容 C_{in} 为 10mF，且 p_{PV_ave} 越大，为保证较小的电压脉动 Δv_{MPP}，储能电容 C_{in} 的容值也越大。

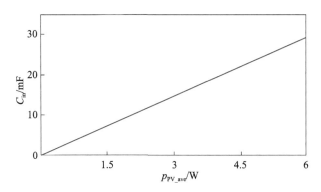

图 10.15　不同负载功率下对应的储能电容容值

由此可见，为保证系统在激光器输入电流占空比 D 较小时能有较高的效率，需要较大的储能电容 C_{in}。但较大的储能电容体积、质量较大，会带来输出端电源系统功率密度较低的问题，尤其是对于功率等级较高的系统，情况更为严重，从而使得系统不适用于一些对体积有严格要求的场合（如无人机供电场合）。因此，本书对系统效率、储能电容 C_{in} 容值和系统体积、质量进行综合考虑，取 $C_{in} = 10\mathrm{mF}$，即表明在系统工作范围内（光伏阵列的平均输出功率 $p_{PV\_ave} > 2\mathrm{W}$）对其进行效率优化时，除了负载功率，光伏阵列输出电压的脉动也会影响激光器输入电流最优占空比 D 的取值。

当 $C_{in} = 10\mathrm{mF}$ 时，光伏阵列输出电压的脉动对光伏阵列输出功率的影响可根据文献［229］计算得到，具体计算过程如下：

根据光伏阵列输出电流 $i(t)$ 与电压 $v(t)$ 之间的关系，可得光伏阵列的输出功率 P 为

$$P = v(t) \cdot i(t) = v(t) I_{sc} - v(t) I_s \left(e^{\frac{v(t)}{nm V_T}} - 1 \right) \tag{10.8}$$

假设光伏阵列的工作点为 (V_0, I_0)，则光伏阵列的输出功率在 (V_0, I_0) 处的泰勒级数展开式为

$$p(t) = V_0 I_0 + \Delta v(t) \frac{\mathrm{d}P}{\mathrm{d}v} + \frac{1}{2} \Delta v (t)^2 \frac{\mathrm{d}^2 P}{\mathrm{d}v^2} \tag{10.9}$$

式中，$\Delta v(t)$ 为光伏阵列输出电压在 V_0 处的脉动幅值。

由于在光伏阵列最大功率点 (V_{MPP}, I_{MPP}) 处，一阶导数 $\mathrm{d}P/\mathrm{d}t = 0$，所以式（10.9）可表示为

$$p(t) \approx V_{MPP} I_{MPP} + \frac{1}{2} \Delta v (t)^2 \frac{\mathrm{d}^2 P}{\mathrm{d}v^2} \tag{10.10}$$

根据式（10.10）可得，电压脉动引起的功率损耗为

$$P_r \approx \frac{1}{2} \left[(\Delta v)_{rms} \right]^2 \frac{\mathrm{d}^2 P}{\mathrm{d}v^2} \tag{10.11}$$

将式（10.8）的二阶导数代入式（10.11）中得

$$P_r \approx (\Delta v_{rms})^2 \frac{1}{R_{ss}} \left(1 + \frac{V_{MPP}}{2nm V_T} \right) \tag{10.12}$$

式中，$n = 1.4$ 为二极管理想因子；$V_T = 26\mathrm{mV}$ 为温度电压当量；$m = 6$ 为阵列串联支路中的电池单体数目；$R_{ss} = V_{MPP}/I_{MPP}$ 为阵列在最大功率点处的小信号阻抗。

根据式（10.7），可得光伏阵列输出电压脉动的有效值

$$\Delta v_{rms} = \frac{1}{2\sqrt{3}} \Delta v_{MPP} = \frac{1}{2\sqrt{3}} \frac{(1-D) \cdot p_{PV\_avg}}{f_s V_{MPP} C_{in}} \tag{10.13}$$

根据以上得出的光伏阵列输出电压脉动引起的功率损耗的表达式（10.12），可以计算出电压脉动对系统效率的影响，具体过程如下：

由式（10.12）和式（10.13）可得，光伏阵列入射激光的峰值功率近似为

$$p_{laser} = \frac{1}{\eta_{PV}} \left(\frac{p_{PV\_avg}}{D} + p_r \right) \tag{10.14}$$

式中，η_{PV} 为光伏阵列的效率。根据图 10.9 可知，η_{PV} 在不同入射光的情况下变化不大，因此为方便计算，假定 $\eta_{PV} = 23\%$。

根据式（10.1）和式（10.14），可得激光器的平均输入功率为

$$p_{LD\_avg} = \frac{1}{T_s} \int_0^{T_s} V_{LD\_in} i \mathrm{d}t = V_{LD\_in} \left[D \left(\frac{p_{laser}}{\eta_d} + I_{th} \right) + (1-D) I_{bias} \right] \tag{10.15}$$

根据式（10.15），可得系统效率的表达式为

$$\eta_{system} = \eta_{LD} \eta_{PV} = \frac{p_{PV\_avg}}{p_{LD\_avg}} \tag{10.16}$$

根据式（10.12）～式（10.16），在给定光伏阵列平均输出功率 p_{PV_ave} 的情况下（即负载功率一定的情况下），可得系统效率 η_{system} 随激光器输入电流占空比

D 的变化而变化的曲线，从而可以确定使系统效率最大的最优占空比 D_{opt}。因此，图 10.16 给出了系统最优占空比 D_{opt} 关于光伏阵列平均输出功率 p_{PV_ave} 的理论计算曲线和实验测量曲线。

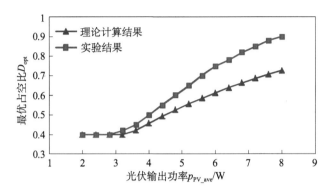

图 10.16　不同光伏输出功率 p_{PV_ave} 对应的最优占空比 D_{opt}

从图中可以看出，在轻载情况下，最优占空比 D_{opt} 可取到最小值；但随着负载功率的增加，受激光器最大输出功率的限制和光伏阵列脉动的输出电压的影响，最优占空比 D_{opt} 逐渐增加。在负载较重的情况下，一方面，在激光器输出瞬时功率达到最大限制时，需通过增加占空比 D，以增加激光器的平均输出光功率；另一方面，增加 D，可以减小光伏阵列输出电压的脉动，从而减少光伏阵列输出功率的损耗，有利于系统效率的提升。图中，由于理论计算时一些参数简化的影响，理论曲线和实验测量曲线存在一定的误差。比如，利用式（10.12）计算电压脉动引起的功率损耗时，在计算过程中省略了三阶以上的多项式，因此，计算的功率损耗值比实际值要小，从而导致理论值和测量值存在误差。此外，在计算过程中对一些参数的假设（比如，在计算过程中假设光伏阵列最大功率点电压 V_{MPP} 和光伏阵列效率 η_{PV} 为定值）也会带来理论值和测量值之间的误差，比如，在光伏输出功率较大的情况下，实际光伏阵列效率比理论计算时假设的光伏效率要低，因此，在实际中需要的激光平均入射功率更大，在半导体激光器输入电流小占空比的情况下，光伏输出电压脉动会增加，进而影响系统效率，所以在实际测量过程中为了减小电压脉动带来的影响，需适当增加半导体激光器输入电流的占空比，以减小激光入射功率的峰值，从而减小光伏输出电压脉动，进而提高系统效率。但图 10.16 中理论曲线和实验测量曲线保持了良好的一致性，从而验证了以上理论计算的正确性。

10.2.2　系统功率控制方式及实现

由图 10.16 可知，使得系统效率最优的激光器输入电流占空比 D_{opt} 会随负载功率的不同而变化。因此，在实际系统中需对激光器输入电流的占空比 D 进行控制。本质上，对激光器输入电流占空比进行控制就是对系统瞬时功率的控制。这是因为，在改变占空比时，为保持负载功率不变，瞬时功率必定随之改变，从而可以调整激光器和光伏阵列的工作点，使得系统效率得到优化。

本章所提出的系统功率控制方式如图 10.17 所示，主要由功率外环和电流内环组成。其中功率外环通过 PI 调节控制激光器的平均发射光功率，使光伏阵列输出的平均功率满足负载和蓄电池的需求。电流内环通过适当的搜索算法来优化半导体激光器脉冲输入电流的占空比，从而控制激光器的瞬时输出光功率，以保证系统在对负载和蓄电池供电的同时，工作在效率最优点处。

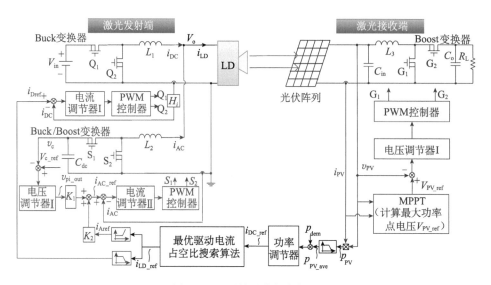

图 10.17　系统功率控制框图

为保证系统中"源"和"载"之间的功率平衡，功率外环采样光伏阵列的输出功率 p_{PV} 与给定的接收端功率基准信号 p_{ref_dem} 相比较，其误差信号送入 PI 调节器，经 PI 调节输出后作为电流内环的给定，此给定信号 i_{ref_DC} 表示激光器平均输入电流的大小。激光器根据 i_{ref_DC} 可调整其输出光功率的平均值，从而可以在距离变化、障碍物干扰等情况下，保证系统供电的稳定性。

电流外环主要基于如图 10.11 所示的系统效率曲线来优化半导体激光器的脉冲输入电流，为方便表述，这里重新给出图 10.11 所示的系统效率曲线，如图 10.18 所示。优化半导体激光器脉冲输入电流的过程主要为：根据功率外环给定的激光器平均输入电流基准 i_{ref_DC}，以系统效率为控制目标，通过搜索算法不断扰动激光器脉冲输入电流基准值 i_{ref_DC} 的占空比 D 和峰值电流 i_{ref_pk}，从而在保证激光器平均输出光功率等于接收端所需功率的前提下，通过改变激光器发射功率的瞬时值，来调整激光器和光伏阵列的工作点，使系统整体工作效率最优。

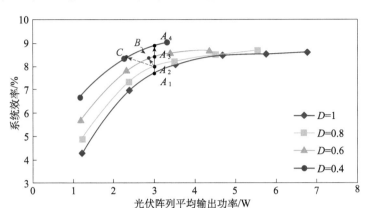

图 10.18　系统功率控制示意图

具体地，半导体激光器脉冲输入电流的优化过程包括以下两种模式。

模式一：在保证激光器平均输出光功率一定的前提下，逐渐减小激光器输入电流的占空比，并相应地增加激光峰值功率，可以提高系统效率，如图 10.18 中 A_1 移动到 A_4 的过程，但光伏阵列输出电压的脉动也随之增加。由于光伏阵列输出电压的脉动增加，光伏阵列偏离最大功率点的情况越来越严重，从而影响效率的提升。在激光器输入电流占空比减小至给定的最小占空比 D_{min}（工作点 A_4）的过程中，若系统效率一直增加（表明光伏阵列输出电压的脉动对系统效率影响不大），则激光器输入电流的最优占空比为 D_{min}（工作点 A_4）。否则，在系统效率变化趋势发生变化处（图 10.18 中 A_2 点），激光器电流优化过程切换至模式二，继续对激光器输入电流的占空比进行扰动。

模式二：假设系统工作在图 10.18 所示的 A_2 点，若继续减小半导体激光器输入电流的占空比，系统效率受光伏阵列输出电压脉动的影响将不再继续增加，反而减小。为进一步提高系统整体效率，必须控制光伏阵列输出电压的脉动值。如图 10.18 所示，若将系统工作点从 A_2 点移动到 B 点或 C 点的小占空比情况，一方面，在不考虑脉动电压对光伏阵列输出功率影响的情况下，如图 10.18 所示，系统效率在 B 点或 C 点本身会有所提高，另一方面，由于 B 点或 C 点传输的功率较小，有利于抑制小占空比下光伏阵列输出电压脉动的增加，从而有利于系统效率的提升。

因此，模式二的主要思想是：通过牺牲部分蓄电池的充电功率（但负载功率不变），即在小占空比的情况下，减小激光器输出光功率的平均值，使得光伏阵列输出电压脉动 Δv 小于给定的最大值 $\Delta v_{\_max}$，从而抑制电压脉动对光伏阵列输出功率的影响，以达到提高系统的整体效率。相对于 A_2 点，B 点或 C 点处的激光器输入电流占空比更小，效率更高，但为抑制电压脉动对光伏阵列输出功率的衰减，其激光器的平均发射功率将较小，即牺牲的充电功率较多。因此，针对诸如 B 点和 C 点的情况，需对提高的效率和牺牲的充电功率进行权衡，即牺牲的充电功率在可允许的范围内，选择效率最高的工作点作为系统最优工作点。

综上所述，能量管理优化策略的控制流程图如图 10.19 所示，具体实现方法如下所述。

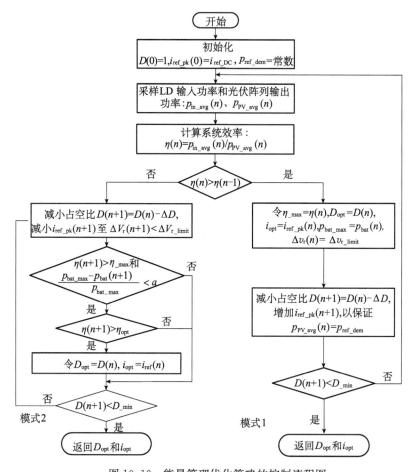

图 10.19　能量管理优化策略的控制流程图

初始化阶段，设定激光器输入电流的初始占空比 $D(0)=1$，即为平直的连续电流。激光器输入电流的初始峰值电流 i_{ref_pk} 设定为由功率外环得到的激光器平均电流基准 i_{ref_DC}，以满足系统功率平衡的需求。

步骤一：基于扰动观察法的思想，在保证光伏阵列平均输出功率 p_{PV_avg} 一定的前提下，寻找效率最优的激光器输入电流占空比。在每次迭代过程中，对激光器脉冲输入电流占空比扰动进行扰动（$D(n)-\Delta D$），同时为保证光伏阵列平

均输出功率 p_{PV_avg} 不变，相应地增加激光器输入电流峰值 i_{ref_pk}。然后测量系统效率的变化，并与扰动之前的效率值进行比较。若效率值增加，则记录此时的激光器输入电流占空比 $D(n)$ 和峰值电流 $i_{ref\_pk}(n)$ 为当前的最优解决方案（D_{opt}，i_{opt}），同时记此时的系统效率 $\eta(n)$、蓄电池充电功率 $p_{bat}(n)$ 和光伏阵列输出电压的脉动值 Δv 分别为 $\eta_{\_max}$、p_{bat_max} 和 Δv_{r_limit}，然后继续减小激光器输入电流占空比 $D(n)$。若效率值减小，则控制算法切换至步骤二。

步骤二：当控制算法切换至步骤二时，将继续减小激光器输入电流的占空比 D，同时适当地减小激光器平均输出光功率，以寻找系统效率更优的工作点。

首先，在继续减小激光器输入电流占空比 D 至最小占空比 D_{min} 的过程中，对于某一特定的占空比 $D(n+1)$，控制算法将减小激光器输入电流的峰值 $i_{ref\_pk}(n+1)$，通过牺牲部分蓄电池充电功率，使得光伏阵列输出电压脉动 $\Delta v(n+1) < \Delta v_{r\_limit}$，从而可以抑制电压脉动对光伏输出功率的影响，达到提高系统效率的目的。

然后，计算此时系统效率 $\eta(n+1)$ 和牺牲的蓄电池充电功率 $\Delta p_{bat}(n+1) = p_{bat\_max} - p_{bat}(n+1)$，并分别与步骤一中记录的 $\eta_{\_max}$ 和 p_{bat_max} 进行比较（即相当于图 10.18 中 A_2 处对应的系统效率和充电功率），若 $\eta(n+1) > \eta_{\_max}$ 且 $\Delta p_{bat}(n+1) < a \cdot p_{bat\_max}$（其中 a 为限制系数，本章中取 25%），说明牺牲的充电功率在允许的范围内，且系统效率进一步得到了提高，说明此时系统的工作点具备成为系统最优工作点的可能。否则，继续减小激光器输入电流占空比 D 重复以上步骤二当中的迭代步骤。

接着在上步迭代的基础上，在若干可能成为系统效率最优的工作点中（对应不同的占空比），通过比较它们对应的系统效率，从而寻找到系统效率最大的那个工作点，并确定该工作点为系统最优的工作点。

10.3 实验结果与分析

为了验证所提出的系统能量控制策略的有效性，在实验室完成了一台由 50W 半导体激光器和 6×6 光伏阵列组成的系统原理样机，如图 10.20 所示。系统样机主要参数如表 10.1 所示。系统能量控制和收发两端之间的通信分别由 DSP（TMS320F28335）和无线通信模块（nRF2401）实现。

图 10.21 给出了系统在激光传输过程中受到遮挡时的实验波形。图中，i_{LD}、v_{PV}、i_{PV} 分别表示激光器输入电流、光伏阵列输出电压和光伏阵列输出电流。在图 10.21（a）中，t_1 时刻光路受到遮挡，此时光伏阵列接收到的光功率减少，其输出电压 v_{PV} 和输出电流 i_{PV} 突降。随后，v_{PV} 受光伏变换器的 MPPT 控制快速恢复至稳定。而激光器输入电流 i_{LD} 受所提出的系统控制回路的控制逐渐增加，使得激光器的输出光功率增加，以补偿光路受遮挡而损失掉的那部分光功率，i_{PV}

也随之增加，并恒定在遮挡前的水平，说明遮挡前后受系统控制回路的控制，光伏阵列的输出功率不变。类似地，图 10.21（b）中 t_2 时刻光路所受到的遮挡被移除，此时光伏阵列上的入射光功率陡增，使得 v_{PV} 和 i_{PV} 突然增加，随后受系统功率外环的控制，v_{PV} 和 i_{PV} 恢复至遮挡移除前的水平，保持了光伏阵列输出功率的恒定。

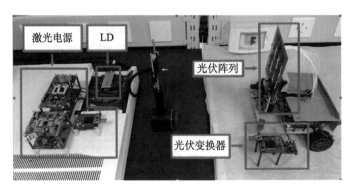

图 10.20　系统样机图

表 10.1　系统样机参数

器件	参数	参数值
半导体激光器 （型号：DILAS M1F4S22-808-50C）	最大输出光功率	50W
	输入电流	0~60A
	光脉冲频率	100Hz
光伏阵列 （单结 GaAs）	输出功率	0~5W
	最大功率点电压	5~6V
激光电源 （本书第 2 章提出的半导体激光器脉冲电流源）	输入电压	12V
	输出电流	0~30A
光伏变换器 （Boost 变换器）	输出功率	0~5W
	输入电容（即储能电容）	10mF

图 10.22 给出了系统接收端光伏阵列输出功率为 3.2W 时，效率自适应优化过程中的实验波形图。图中 v_{LD}、i_{LD} 和 p_{LD} 分别表示激光器的输入电压、输入电流和输入电功率；v_{PV}、i_{PV} 和 p_{PV} 分别表示光伏阵列的输出电压、输出电流和输出电功率。图 10.23（a）～（c）分别为图 10.22 中不同占空比时刻对应的细节图。从图可知，在系统扰动激光器输入电流占空比 D 寻找系统效率最优点时，光伏阵列的输出功率保持不变，而占空比 D 一直减小，并最后稳定至设定的最小值 $D_{min}＝0.45$ 处，系统效率从 9.1% 提升至 9.5%（图 10.23（d））。该实验结果表明此时系统在效率优化过程中始终工作在模式一的状态下。

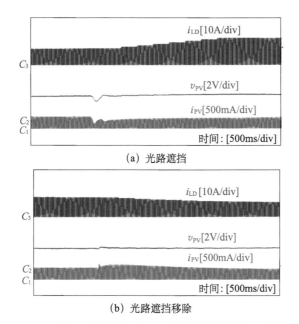

（a）光路遮挡

（b）光路遮挡移除

图 10.21　系统在激光传输过程中受到遮挡时的动态实验波形

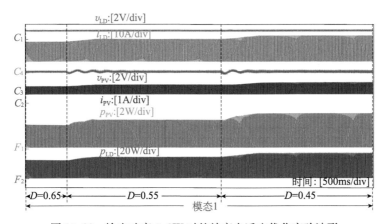

图 10.22　输出功率 3.2W 时的效率自适应优化实验波形

图 10.24 和图 10.25 给出了系统光伏阵列输出功率为 4W 时，效率自适应优化过程中的实验波形图。由图可知，在系统扰动激光器输入电流占空比 D 寻找系统效率最优点时，尽管占空比 D 一直减小，并最后稳定在设定的最小值 $D_{min}=0.45$ 处，但光伏阵列的输出功率在 $D=0.45$ 时，从额定值 4W 下降至 3.76W。此时，按上文规定，给蓄电池充电的功率从额定的 3W 下降至 2.74W，其减小的功率符合上文中设定的约束条件。以上结果表明，此时系统在效率优化的过程中分别工作在模式一和模式二的状态，使得系统效率从 9.35% 提升至 9.55%。具

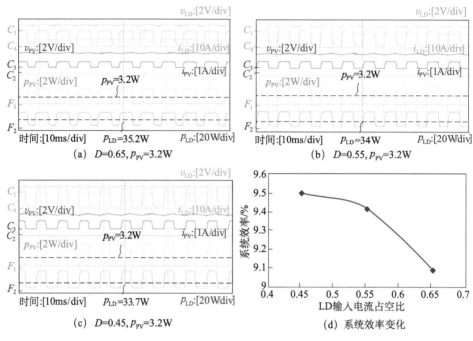

图 10.23 输出功率 3.2W 时的实验波形

体的效率变化曲线如图 10.26 所示。如图 10.26 中红线所示，当系统工作在模式
一时，通过扰动激光器输入电流占空比，使得系统效率在 $D=0.55$ 时刻达到局
部最大值。而继续减小占空比，当 $D=0.45$ 时，系统效率下降至 9.25%。此后，
为了进一步提高系统效率，系统切换至模式二（如图 10.26 中蓝线所示），通过
牺牲部分充电功率，系统效率得到了进一步的提高，从而验证了所提出理论和方
法的正确性。

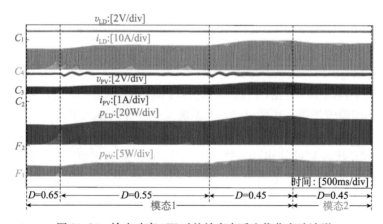

图 10.24 输出功率 4W 时的效率自适应优化实验波形

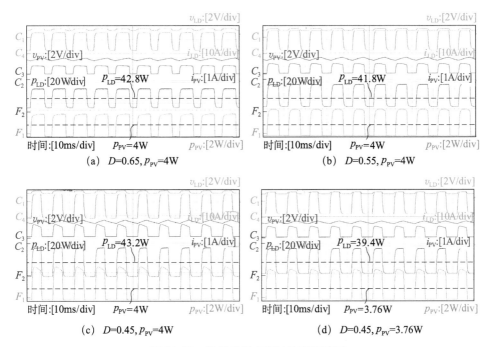

图 10.25 输出功率 4W 时的实验波形

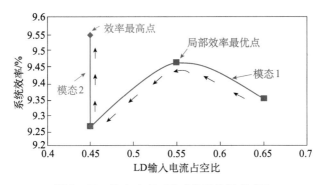

图 10.26 输出功率 4W 时的系统效率变化

图 10.27 中给出了在光伏阵列不同输出功率的情况下，系统效率随激光器输入电流占空比变化的曲线。从图中可知，当光伏阵列输出功率分别为 2.8W、3.2W、3.6W 和 4W 时，系统效率最优的激光器输入电流占空比都为设定的最小值，即 $D=0.45$。从图可知，系统在所提出的功率控制策略的控制下比系统在连续模式下（$D=1$）效率增加了 1% 左右。尽管效率只增加了 1% 左右，但效率提高的幅度却有 10%，从而证明了所提出理论的正确性。

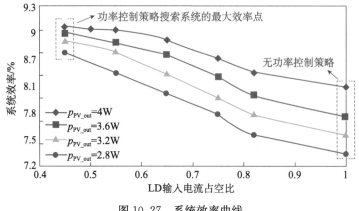

图 10.27　系统效率曲线

10.4　本章小结

　　针对激光无线能量传输系统，本章提出了一种系统功率优化控制策略。首先，通过分析激光器和光伏阵列的效率特性得到了系统的效率特性，即在相同光伏阵列输出功率的情况下，激光器输入电流占空比越小，越有利于系统效率的提高。这一结论为系统能量管理优化策略的提出提供了理论基础——使系统工作在脉冲模式下（即传输脉冲光而非连续光）有利于系统效率的提升，而且通过控制激光器输入电流占空比就能对系统效率进行优化，其本质是：在系统平均传输功率一定的前提下，通过优化激光器输入电流占空比，可以改变系统中瞬时传输功率的大小，从而调整激光器和光伏阵列的工作点，使它们的电光/光电转换能力得到最大程度的利用。然后，通过理论分析和计算发现，由于光伏阵列脉动的输出功率和平直的负载功率之间存在不平衡的情况，所以光伏阵列输出端的储能电容上存在电压脉动，该脉动的电压会使得光伏阵列的输出功率下降，即光伏阵列脉动的电压会影响激光器最优输入电流占空比的大小。基于上述分析，本章提出了一种系统功率控制策略，主要通过基于扰动观察法的自适应激光器最优输入电流占空比搜索算法来实现。最后，以 50W 半导体激光器和 6×6 光伏阵列为基础，搭建了一台激光无线能量传输系统原理样机并进行了充分的实验验证。实验结果表明，采用所提出的功率控制策略，系统的效率在不同负载功率下都能通过优化其激光器输入电流占空比而得到提高。

参 考 文 献

［1］ Dai J J，Ludois D C. A survery of wireless power transfer and a critical comparison of inductive and capacitive coupling for small gap applications. IEEE Trans. Power Electron.，2016，31（12）：8471-8482.

［2］ Hui S Y R，Zhong W X，Lee C K. A critical review of recent progress in mid-range wireless power transfer. IEEE Trans. Power Electron.，2014，29（9）：4500-4511.

［3］ Agarwal K，Jegadeesan R，Guo Y X，et al. Wireless power transfer strategies for implantable bioelectronics. IEEE Reviews in Biomedical Engineering，2017，10：136-161.

［4］ Choi S Y，Gu B W，Jeong Y S，et al. Advances in wireless power transfer systems for roadway powered electric vehicles. IEEE Journal of Emerging and Selected Topics in Power Electronics，2015，3（1）：18-36.

［5］ 王智慧. 基于包络线调制的非接触电能传输模式研究. 重庆：重庆大学，2009.

［6］ Wireless Power Transmission Market：Global Industry Trends，Share，Size，Growth，Opportunity and Forecast 2022—2027. https：//www. research-andmarkets. com/reports/5547065/wireless-power-transmission-market-global＃tag-pos-1.

［7］ Zhang Z，Chau K T. Homogeneous wireless power transfer for move and charge. IEEE Trans. Power Electron.，2015，30（11）：6213-6220.

［8］ Zhang Z，Chau K T，Qiu C，et al. Energy encryption for wireless power transfer. IEEE Trans. Power Electron.，2015，30（9）：5237-5246.

［9］ 孙跃，夏晨阳，戴欣，等.感应耦合电能传输系统互感耦合参数的分析与优化.中国电机工程学报，2010，30（33）：44-50.

［10］ Brown W C，Mims J，Heenan N. An experimental microwave-powered helicopter. IEEE IRE International Convention Record，1966，13（3）：225-235.

［11］ 刘丹宁.基于超声波的隔金属介质无线电能传输技术研究.大连：大连理工大学，2015.

[12] 马益. 声频定向压电换能器及其阵列的建模、分析与测试. 成都：电子科技大学，2011.

[13] Maleki T，Cao N，Song S，et al. An ultrasonically powered implantable micro-oxygen generator（IMOG）. IEEE Transactions on Biomedical Engineering，2011，11（58）：3014-3111.

[14] 韩猛. 基于 DSP 的全桥移相超声波电源研究. 南京：南京航空航天大学，2011.

[15] Dong G Q，Song L，Yang Z X. Research and application on the frequency automatic tracking of ultrasonic power based on DSP//2012 International Conference on Advanced Mechatronic Systems，2012：478-481.

[16] 臧小惠. 基于 PI-DPLL 的高频逆变电源频率跟踪系统的研究. 无锡：江南大学，2006.

[17] Miao M，Ibrahim A，Kiani M. Design considerations for ultrasonic power transmission to millimeter-sized implantable microelectronics devices//2015 IEEE Biomedical Circuits and Systems Conference，2015：1-4.

[18] Hu Y T，Zhang X S，Yang J S，et al. Transmitting electric energy through a metal wall by acoustic waves using piezoelectric transducers. IEEE Transactions on Ultrasonics，Ferroelectrics，and Frequency Control，2003，7（50）：773-781.

[19] 张建华，黄学良，邹玉炜，等. 利用超声波方式实现无线电能传输的可行性的研究. 电工电能新技术，2011，30（2）：66-69.

[20] 李璐. 超声无线电能传输系统功率传输特性及功率提升方法研究. 重庆：重庆大学，2017.

[21] 孙雨. 电场耦合无线电能传输系统耦合机构研究. 重庆：重庆大学，2014.

[22] Dai J J，Ludois D C. A survey of wireless power transfer and a critical comparison of inductive and capacitive coupling for small gap applications. IEEE Trans. Power Electron.，2015，30（11）：6017-6029.

[23] Huang L，Hu A P，Swain A K，et al. Z-impedance compensation for wireless power transfer based on electric field. IEEE Trans. Power Electron.，2016，31（11）：7556-7563.

[24] Li S Q，Liu Z，Zhao H，et al. Wireless power transfer by electric field resonance and its application in dynamic charging. IEEE Trans. Power Electron.，2016，63（10）：6602-6612.

[25] Zhang H，Lu F，Hofmann H，et al. A four-plate compact capacitive coupler design and LCL-compensated topology for capacitive power transfer

in electric vehicle charging application. IEEE Trans. Power Electron. ，2016，31（12）：8541-8551.

[26] Lu F，Zhang H，Mi C. A two-plate capacitive wireless power transfer system for electric vehicle charging application. IEEE Trans. Power Electron. ，2018，33（2）：964-969.

[27] Lu F，Zhang H，Hofmann H，et al. An inductive and capacitive integrated coupler and its LCL compensation circuit design for wireless power transfer. IEEE Trans. Ind. Appl. ，2017，53（5）：4903-4913.

[28] Kazmierkowski M P，Moradewicz A J. Contactless energy transfer（CET）systems—a review//Power Electronics and Motion Control Conference（EPE/PEMC），2012.

[29] 李思奇，代维菊，赵晗，等. 电场耦合式无线电能传输的发展与应用. 昆明理工大学学报（自然科学版），2016，41（3）：76-84.

[30] Lu F，Zhang H，Hofmann H，et al. A double-sided LCLC-compensated capacitive power transfer system for electric vehicle charging. IEEE Trans. Power Electron. ，2015，30（11）：6011-6014.

[31] Liu C，Hu A，Nair N. Modelling and analysis of a capacitively coupled contactless power transfer system. IET Power Electronics，2011，4（7）：808-815.

[32] Huang L，Hu A P，Swain A，et al. Comparison of two high frequency converters for capacitive power transfer//2014 IEEE Energy Conversion Congress and Exposition（ECCE），2014：5437-5443.

[33] Liu C，Hu A P. Steady state analysis of a capacitively coupled contactless power transfer system//2009 IEEE Energy Conversion Congress and Exposition（ECCE），2009：3233-3238.

[34] Dai J J，Ludois D C. Single active switch power electronics for kilowatt scale capacitive power transfer. IEEE Journal of Emerging and Selected Topics in Power Electronics，2015，3（1）：315-323.

[35] 谢诗云. 具有恒压/恒流输出特性的电场耦合无线电能传输系统拓扑研究. 重庆：重庆大学，2017.

[36] Mishra S K，Adda R，Sekhar S，et al. Power transfer using portable surfaces in capacitively coupled power transfer technology. IET Power Electronics，2016，9（5）：997-1008.

[37] Zhang R M，Liu H，Shao Q，et al. Effects of wireless power transfer on capacitive coupling human body communication. IEEE/ASME Transactions

on Mechatronics，2015，20（3）：1440-1447.

[38] Liu C，Hu A P，Covic G A，et al. Comparative study of CCPT systems with two different inductor tuning positions. IEEE Transactions on Power Electronics，2012，27（1）：294-306

[39] Abramov E，Zeltser I，Peretz M M，et al. A network-based approach for modeling resonant capacitive wireless power transfer systems. CPSS Transactions on Power Electronics Applications，2019，4（1）：19-29.

[40] Sinha S，Kumar A，Pervaiz S，et al. Design of efficient matching networks for capacitive wireless power transfer systems//2016 IEEE 17th Workshop on Control and Modeling for Power Electronics，2016.

[41] Theodoridis M P. Effective capacitive power transfer. IEEE Trans. Power Electron.，2012，27（12）：4906-4913.

[42] 陈希有，伍红霞，牟宪民，等.电容耦合式无线电能传输系统阻抗变换网络的设计.电工电能新技术，2015，34（9）：57-63.

[43] Lu F，Zhang H，Hofmann H，et al. A double-sided LCLC compensated capacitive power transfer system for electric vehicle charging. IEEE Trans. Power Electron.，2015，30（11）：6011-6014.

[44] Wang Y J，Yao Y S，Liu X S，et al. An LC/S compensation topology and coil design technique for wireless power transfer. IEEE Trans. Power Electron.，2018，33（3）：2007-2025.

[45] Li H C，Li J，Wang K P，et al. A maximum efficiency point tracking control scheme for wireless power transfer systems using magnetic resonant coupling. IEEE Trans. Power Electron.，2015，30（7）：3998-4008.

[46] Zhang C，Lin D，Hui S Y. Ball joint wireless power transfer systems. IEEE Trans. Power Electron.，2018，33（1）：65-72.

[47] Jow U M，Ghovanloo M. Design and optimization of printed spiral coils for efficient transcutaneous inductive power transmission. IEEE Transactions on Biomedical Circuits and Systems，2007，1（3）：193-200.

[48] Choi B H，Lee E S，Huh J，Rim C T. Lumped impedance transformers for compact and robust coupled magnetic resonance systems. IEEE Trans. Power Electron.，2015，30（11）：6046-6056.

[49] 张玉晟.变参数条件下串-并补偿非接触变换器的优化设计研究.南京：南京航空航天大学，2016.

[50] Chen Q H，Wong S C，Tse C K，et al. Analysis，design and control of a transcutaneous power regulator for artificial hearts. IEEE Transactions on

Biomedical Circuits and Systems，2009，3（1）：23-31.

［51］ Nishimura T H，Eguchi T，Hirachi K，et al. A large air gap flat transformer for a transcutaneous energy transmission system//IEEE 1994 Power Eletronics Specialist Conference（PESC），1994，2：1323-1329.

［52］ Elliot G A J，Boys J T，Covic G A. A design methodology for flat pick-up ICPT systems//IEEE Conference of Industrial Electronics and Applications （ICIEA），2006：1-7.

［53］ Budhia M，Boys J T，Covic G A，et al. Development of a single-sided flux magnetic coupler for electric vehicle IPT charging systems. IEEE Transactions on Industrial Electronics，2013，60（1）：318-328.

［54］ Budhia M，Covic G A，Boys J T，et al. Development and evaluation of single sided flux couplers for contactless electric vehicle charging//IEEE Energy Conversion Congress and Exposition（ECCE），2011：614-621.

［55］ Covic G A，Kissin M L G，Kacprzak D，et al. A bipolar primary pad topology for EV stationary charging and highway power by inductive coupling//IEEE Energy Conversion Congress and Exposition（ECCE），2011：1832-1838.

［56］ Raabe S，Covic G A. Practical design considerations for contactless power transfer quadrature pick-ups. IEEE Trans. Ind. Electron.，2013，60（1）：400-409.

［57］ Zhang W，Wong S C，Tse C K，et al. Design forefficiency optimization and voltage controllability of series-series compensated inductive power transfer systems. IEEE Trans. Power Electron.，2013，29（1）：191-200.

［58］ Mi C C，Buja G，Choi S Y，et al. Modern advances in wireless power transfer systems for roadway powered electric vehicles. IEEE Trans. Ind. E-lectron.，2016，65（11）：9410-9414.

［59］ Wang C S，Covic G A，Stielau O H. Power transfer capability and bifurcation phenomena of loosely coupled inductive power transfer systems. IEEE Trans. Ind. Electron.，2004，51（1）：148-157.

［60］ 侯佳. 变参数条件下感应式无线电能传输系统的补偿网络的研究. 南京：南京航空航天大学，2017.

［61］ 曹玲玲. 自激式非接触谐振变换器的初步研究. 南京：南京航空航天大学，2011.

［62］ 张波，疏许建，黄润鸿. 感应和谐振无线电能传输技术的发展. 电工技术学报，2017，32（18）：3-17.

［63］陈文仙.共振式无线电能传输系统的关键技术研究.南京：南京航空航天大学，2015.

［64］杨庆新，陈海燕，徐桂芝，等.无接触电能传输技术的研究进展.电工技术学报，2010，25（7）：6-13.

［65］Li S Q，Mi C C. Wireless power transfer for electric vehicle applications. IEEE Journal of Emerging and Selected Topics in Power Electronics，2014，3（1）：4-17.

［66］傅文珍，张波，丘东元，等.自谐振线圈耦合式电能无线传输的最大效率分析与设计.中国电机工程学报，2009，29（18）：21-26.

［67］Wang S，Stielau O H，Covic G A. Design considerations for a contactless electric vehicle battery charger. IEEE Trans. Ind. Electron.，2005，52（5）：1308-1314.

［68］Liu F，Zhang Y，Chen K，et al. A comparative study of load characteristics of resonance types in wireless transmission systems//2016 IEEE Asia-Pacific International Symposium on Electromagnetic Compatibility（APEMC），2016：203-206.

［69］Marques H，Borges B V. Contactless battery charger with high relative separation distance and improved efficiency//2011 IEEE 33rd International Telecommunications Energy Conference（INTELEC），2011.

［70］谭林林，黄学良，赵俊峰，等.一种无线电能传输系统的盘式谐振器优化设计.电工技术学报，2013，28（10）：12-18.

［71］张献，杨庆新，崔玉龙，等.大功率无线电能传输系统能量发射线圈设计、优化与验证.电工技术学报，2013，28（10）：12-18.

［72］Lee C K，Zhong W X，Hui S Y R. Effects of magnetic coupling of nonadjacent resonators on wireless power domino-resonator systems. IEEE Trans. Power Electron.，2012，27（4）：1905-1916.

［73］陈文仙.共振式无线电能传输系统的关键技术研究.南京：南京航空航天大学，2015.

［74］Ng W M，Zhang C，Lin D Y，et al. Two-and three-dimensional omnidirectional wireless power transfer. IEEE Trans. Power Electron.，2014，29（9）：4470-4474.

［75］Ishizaki T，Komori T，Ishida T，et al. Comparative study of coil resonators for wireless power transfer system in terms of transfer loss. IEICE Electronics Express，2011，7（11）：785-790.

［76］Hoang H，Lee S，Kim Y，et al. An adaptive techniqueto improve wireless power transfer for consumer electronics. IEEE Transactions on Consumer Electronics，2012，58（2）：327-332.

［77］ Hamam R E，Karalis A，Joannopoulos J D，et al. Efficient weakly-radiative wireless energy transfer：an EIT-like approach. Annals of Physics，2009，324（8）：1783-1795.

［78］ Kong S，Kim M，Koo K，et al. Analytical expressions for maximum transferred power in wireless power transfer systems//IEEE International Symposium on Electromagnetic Compatibility，2011：379-383.

［79］ Zhang Y M，Zhao Z M. Frequency splitting analysis of two-coil resonant wireless power transfer. IEEE Antennas and Wireless Propagation Letters，2014，42（13）：400-402.

［80］ Strassner B，Chang K. Microwave power transmission：historical milestones and system components. Proc. IEEE，2013，101（6）：1379-1396.

［81］ Celest E A，Jeant Y P. Pignolet G. Case study in Reunion island. Acta Astronautic，2004，54（4）：253-258.

［82］ 杨庆新，章鹏程，祝丽花，等.无线电能传输技术的关键基础与技术瓶颈问题.电工技术学报，2015，30（5）：1-8.

［83］ Lu X，Wang P，Niyato D，et al. Wireless networks with RF energy harvesting：a contemporary survey. IEEE Communications Surveys & Tutorials，2015，17（2）：757-789.

［84］ Chen Y F，Sabnis K T，Abd-Alhameed R A. New formula for conversion efficiency of RF EH and its wireless applications. IEEE Trans. Veh. Technol.，2016，65（11）：9410-9414.

［85］ 杨雪霞.微波输能技术概述与整流天线研究新进展.电波科学学报，2009，24（4）：770-779.

［86］ Sokal N O，Sokal A D. Class E—a new class of high-efficiency tuned single-ended switching power amplifiers. IEEE Journal of Solid-State Circuits，1975，10（3）：168-176.

［87］ Raab F H. Maximum efficiency and output of Class-F power amplifiers. IEEE Transactions on Microwave Theory & Techniques，2001，49（6）：1162-1166.

［88］ Phinney J W，Perreault D J，Lang J H. Radio-frequency inverter with transmission-line input network. IEEE Trans. Power Electron.，2007，22（4）：1154-1161.

［89］ Rivas J M，Han Y H，Leitermann O，et al. A high frequency resonant inverter topology with low voltage stress, IEEE Trans. Power Electron. , 2008, 23 (4): 1759-1771.

[90] 夏天智. 微波无线电能传输系统发射端定向辐射的研究. 南京: 南京航空航天大学, 2015.

[91] Marian V, Allard B, Vollaire C, et al. Strategy for microwave energy harvesting from ambient field or a feeding source. IEEE Trans. Power Electron. , 2012, 27 (11): 4481-4491.

[92] Huang Y, Shinohara N, Mitani T. A constant efficiency of rectifying circuit in an extremely wide load range. IEEE Transactions on Microwave Theory and Techniques, 2014, 62 (4): 986-993.

[93] Sakuma K, Koizumi H. Influence of junction capacitance of switching devices on Class E rectifier//2009 IEEE International Symposium on Circuits and Systems, 2009: 1965-1968.

[94] Ivascu A, Kazimierczuk M K, Birca-Galateanu S. Class E resonant low dv/dt rectifier. IEEE Transactions on Circuits & Systems I: Fundamental Theory & Applications, 1992, 39 (8): 604-613.

[95] Kazimierczuk M K, Jozwik J. Class E zero-voltage-switching rectifier with a series capacitor. IEEE Transactions on Circuits and Systems, 1989, 36 (6): 926-928.

[96] Minami Y, Koizumi H. Analysis of Class DE current driven low di/dt rectifier. IEEE Trans. Power Electron. , 2015, 30 (12): 6804-6816.

[97] Kawashima N, Takeda K, Matsuoka H, et al. Laser energy transmission for a wireless energy supply to robots//Symposium on Automation and Robotics in Construction, 2005: 373-380.

[98] 范兴明, 莫小勇, 张鑫. 无线电能传输技术的研究现状与应用. 中国电机工程学报, 2015, 35 (10): 2584-2600.

[99] Liu Q, Wu J, Xia P F, et al. Charging unplugged: will distributed laser charging for mobile wireless power transfer work. IEEE Vehicular Technology Magazine, 2016, 11 (4): 36-45.

[100] 周玮阳, 金科. 无人机远程激光充电技术的现状和发展. 南京航空航天大学学报, 2013, 45 (6): 784-791.

[101] Werthen J. Powering next generation networks by laser light over fiber//Optical Fiber Communication Conference/National Fiber Optic Engineers Conference, 2008: 1-3.

[102] Matsuura M, Furugori H, Sato J. 60W power-over-fiber feed using

double-clad fibers for radio-over-fiber systems with optically powered remote antenna units. Optics Letters，2015，40（23）：5598-5601.

[103] Duncan K J. Laser based power transmission：component selection and laser hazard analysis//PELS Workshop on Emerging Technologies：Wireless Power Transfer，2016：100-103.

[104] Krupke W F，Beach R J，Payne S A，et al. DPAL：new class of lasers for CW power beaming at ideal photovoltaic cell wavelengths. Second International Symposium on Beamed Energy Propulsion，2003：367-377.

[105] Mason R. Feasibility of laser power transmission to a high-altitude unmanned aerial vehicle. Rand Corporation，2011.

[106] Bett A W，Dimrotn F，Lockenhoff R，et al. Ⅲ-Ⅴ solar cells under monochromatic illumination//2008 33rd IEEE Photovoltaic Specialists Conference （PVSC），2018：1-5.

[107] Schubert J，Oliva E，Dimroth F，et al. High-voltage GaAs photovoltaic laser power converters. IEEE Trans. Electron Dev.，2009，56：170-175.

[108] Valdivia C E，Wilkins M M，Bouzazi B，et al. Five-volt vertically-stacked，single-cell GaAs photonic power converter//Physics Simulation and Photonic Engineering of Photovoltaic Devices Ⅳ，2015，9358：93580E-1-93580E-8.

[109] Zhao Y，Sun Y，He Y，et al. Design and fabrication of six-volt vertically-stacked GaAs photovoltaic power converter. Sci. Rep.，2016，6：38044，1-9.

[110] Steinsiek F. Wireless power transmission experiment as an early contribution to planetary exploration missions//54th International Astronautical Congress，2003：169-176.

[111] Raible D E. High intensity laser power beaming for wireless power transmission. Master's Thesis，Department of Electrical and Computer Engineering，Cleveland State University，Cleveland，OH，May，2008.

[112] Raible D E. Free space optical communications with high intensity laser power beaming. Doctor's Thesis，Department of Electrical and Computer Engineering，Cleveland State University，Cleveland，OH，June，2011.

[113] Sahai A，Graham D. Optical wireless power transmission at long wavelengths//2011 International Conference on Space Optical Systems and Applications，2011：164-170.

[114] Laser Power：Russia develops energy beam for satellite refueling. 2015.

[online]. http：//www. spacedaily. com/reports/Laser_Power_Russia_develops_energy_beam_for_satellite_refueling_999. html.

[115] Becker D E，Cniang R，Keys C C，et al. Photovoltaic concentrator based power beaming for space elevator application//AIP，2010：271-182.

[116] AUVSI：Laser Motive，Lockheed demonstrate real-world laser power. 2012.［online］. https：//www. flightglobal. com/news/articles/auvsi-la-sermotive-lockheed-demonstrate-real-world-laser-375166/.

[117] 黄虎. 反馈谐振式激光能量传输理论及实验研究. 北京：清华大学，2013.

[118] He T，Yang S H，Zhang H Y，et al. High-power high-efficiency laser power transmission at 100m using optimized multi-cell GaAs converter. Chin. Phys. Lett.，2014，31 (10)，1042031-1042035.

[119] Shi D L，Zhang L L，Ma H H，et al. Research on wireless power transmission system between satellites//Wireless Power Transfer Conference （WPTC），2016：1-4.

[120] 邓军. 半导体激光器驱动模式与可靠性研究. 长春：吉林大学，2008.

[121] Sharma A，Panwar C B，Arya R. High power pulsed current laser diode driver//2016 International Conference on Electrical Power and Energy Systems （ICEPES），2016：120-126.

[122] Dong C J，Huang H. Analysis and design of high-current constant-current driver for laser diode bar//International Conference on Electronics Communications and Control （ICECC），2011：1321-1324.

[123] Crawford I D. Low-noise current source driver for laser diodes：US09969339. 2003-07-01［2022-3-10］.

[124] Thompson M T，Schlecht M F. High power laser diode driver based on power converter technology. IEEE Trans. Power Electron.，1997，12 (1)：46-52.

[125] Laser Motive Inc. Laser power beaming fact sheet［EB/OL］. https：// www. docin. com/p-726524982. html.

[126] 吕宏，高明. 远场激光瞄准过程中光束扩展的影响分析. 激光与红外，2010，40 (2)：120-123.

[127] 吴世臣，张素娟，常中坤. 大功率激光能量传输多光束系统捕获瞄准与跟踪技术研究. 航天器工程，2015，24 (1)：18-24.

[128] 石德乐，李振宇，吴世臣，等. 模块航天器间激光无线能量传输系统方案设想. 航天器工程，2013，22 (5)：67-73.

[129] Kawashima N，Takeda K，Yabe K. Application of the laser energy

transmission technology to drive a small airplane. Chinese Optics Letters，2007，5：109，110.

[130] 梁启香. 复杂场景下稳健性目标跟踪算法研究. 合肥：合肥工业大学，2015.

[131] Nguyen D，Lehman B. An adaptive solar photovoltaic array using model-based reconfiguration algorithm. IEEE Trans. Ind. Electron. ，2008，55 (7)：2644-2654.

[132] Lasers：Solve Every Task Perfectly. 2017. ［online］. https：//www. laserexpertise. trumpf. com/en/produkte. html.

[133] SHEDs Funding Enables Power Conversion Efficiency up to 85％ at High Powers from 975-nm Broad Area Diode Lasers. 2022 ［online］. http：//www. datasheetarchive. com/whats _ new/15bf772c21ed1f041f6aed97a2b96698. html.

[134] 罗威，董文锋，杨华兵，等. 高功率激光器发展趋势. 激光与红外，2013，43 (8)：845-852.

[135] Bogachev A V，Garanin S G，Dudov A M，et al. Diode-pumped caesium vapor laser with closed cycle laser active medium circulation. Quantum Electron，2012，42 (2)：95-98.

[136] 李东. 基于 Boost 变换器的宽输入电压范围功率因数校正技术的研究. 南京：南京航空航天大学，2006.

[137] 姚凯. 高功率因数 DCM Boost PFC 变换器的研究. 南京：南京航空航天大学，2010.

[138] 顾琳琳. 无电解电容的发光二极管照明 AC/DC 电源的研究. 南京：南京航空航天大学，2009.

[139] 冒小晶. 基于 LLC 谐振变换器的高压母线变换器的研究. 南京：南京航空航天大学，2012.

[140] 任小永. 适用于未来 VRM 的两级式变换器的研究. 南京：南京航空航天大学，2005.

[141] 姜丽. 一种实现功率信息双传输的半导体激光器驱动电源的研究. 南京：南京航空航天大学，2015.

[142] 杨飞. 采用耦合电感的交错并联 Boost PFC 变换器. 南京：南京航空航天大学，2013.

[143] 陈乾宏. 开关电源中磁集成技术的应用研究. 南京：南京航空航天大学，2001.

[144] Balog R S，Krein P T. Coupled-inductor filter：a basic filter building block. IEEE Trans. Power Electron. ，2013，28 (1)：537-546.

[145] Gu Y，Zhang D L. Interleaved boost converter with ripple cancellation network. IEEE Trans. Power Electron. ，2013，28（8）：3860-3869.

[146] Pan C T，Cheng M C，Lai C M. Current-ripple-free module integrated converter with more precise maximum power tracking control for PV energy harvesting. IEEE Trans. Ind. Appl. ，2015，51（1）：271-278.

[147] Diaz D，Garcia O，Oliver J A，et al. The ripple cancellation technique applied to a synchronous buck converter to achieve a very high bandwidth and very high efficiency envelopeamplifer. IEEE Trans. Power Electron. ，2014，29（6）：2892-2902.

[148] Nag S S，Mishra S，Joshi A. A passive filter building block for input or output current ripple cancellation in a power converter. IEEE Journal of Emerging and Selected Topics in Power Electronics，2016，4（2）：564-575.

[149] Yu G，Zhang D，Zhao Z. Input current ripple cancellation technique for boost converter using tapped inductor. IEEE Trans. Ind. Electronics. ，2014，61（10）：5323-5333.

[150] Cantillon-Murphy P，Neugebauer T C，Brasca C，et al. An active ripple filtering technique for improving common-mode inductor performance. IEEE Power Electronics Letters，2004，2（2）：45-50.

[151] Zhu M J，Perreault D J，Caliskan V，et al. Design and evaluation of feed-forward active ripple filters. IEEE Trans. Power Electron. ，2005，20（2）276-285.

[152] Hamill D C. An efficient active ripple filter for use in DC-DC conversion. IEEE Transactions on Aerospace Electronic System，1996，32（3）：1077-1084.

[153] Poon N K，Liu J C P，Tse C K，et al. Techniques for input ripple current cancellation：classification and implementation. IEEE Trans. Power Electron. ，2014，15（6）：1144-1152.

[154] 王官涛. 有源纹波补偿降压型 LED 驱动电源. 重庆：重庆大学，2011.

[155] 王青圃，张行愚，刘泽金，等. 激光原理. 济南：山东大学出版社，2003.

[156] General Handling Instructions for DILAS High-Power Diode Lasers. DILAS Inc. ，Mainz，GER，2011：28.

[157] Mena P V，Kang S M，DeTemple T A. Rate-equation-based laser models with a single solution regime. IEEE Journal Lightwave Technology，1997，15（4）：717-730.

[158] 陈维友，杨树人，刘式墉. 光电子器件模型与 OEIC 模拟. 北京：国防工业出版社，2001.

[159] Thompson G H B. Temperature dependence of threshold current in (GaIn) (AsP) DH lasers at 1. 3 and 1. 5 μm wavelength//IEEE Solid-State and Electron Devices，1981：37-43.

[160] Mena P V，Morikuni J J，Kang S M，et al. A simple rate-equation-based thermal VCSEL model. IEEE Journal Lightwave Technology，1999，17 (5)：865-872.

[161] Sharma A，Panwar C B，Arya R. High power pulsed current laser diode driver//2016 International Conference on Electrical Power ond Energy Systems (ICEPES)，2016：120-126.

[162] Huang X Z，Ruan X B，Du F J，et al. High power and low voltage power supply for low frequency pulsed load. IEEE Applied Power Eleltronics Conference and Erposition (APEC)，2017：2859-2865.

[163] Sun Y，Liu Y，Su M，et al. Review of active power decoupling topologies in single-phase systems. IEEE Transa. Power Electron. ，2016，31 (7)：4778-4794.

[164] Cao X，Zhong Q C，Ming W L. Ripple eliminator to smooth DC-bus voltage and reduce the total capacitance required. IEEE Trans. Ind. Electron. ，2015，62 (4)：2224-2235.

[165] 郗焕. 移动通信领域包络线跟踪电源的研究. 南京：南京航空航天大学，2012.

[166] Wang S，Ruan X B，Yao K，et al. A flicker-free electrolytic capacitor-less AC-DC LED driver. IEEE Trans. Power Electron. ，2012，27 (11)：4540-4548.

[167] Alda J. Laser and Gaussian beam propagation and transformation//Encyclopedia of Optical and Photonic Engineering. Boca Raton CRC Press，2015：1-15.

[168] Saleh B E A，Teich M C. Beam Optics，in Fundamentals of Photonics (Wiley Series in Pure and Applied Optics). 1st ed. New York：Wiley，1991：80-107.

[169] Hecht E. Optics. 4th ed. Black A，Ed. Reading，MA，Boston，USA：Addison-Wesley，2002.

[170] Fakidis J，Videv S，Kucera S，et al. Indoor optical wireless power transfer to small cells at nighttime. Journal Lightwave Technology，2016，34 (13)：3236-3258.

[171] 乔良. 激光无线能量传输系统设计及性能研究. 南京：南京航空航天大学，2015.

[172] Nabouls A. Fog attenuation prediction for optical and infrared waves. Opt. Eng.，2004，43（2）：319-329.

[173] 龚知本. 激光大气传输研究若干问题进展. 量子电子学报，1998，15（2）：114-133.

[174] Schafer C A. Continuous adaptive beam pointing and tracking for laser power transmission. Optics Express，2010，18（13）：13451-13467.

[175] 梁世花. 海天背景下红外弱小目标的检测. 武汉：武汉理工大学，2012.

[176] 侯志强，韩崇昭. 视觉跟踪技术综述. 自动化学报，2006，32（4）：603-617.

[177] 游福成. 数字图像处理. 北京：电子工业出版社，2011.

[178] Qi S. Image registration on image feature. Foreign Electronic Measurement Technology，2008.

[179] 王永忠，赵春晖，梁彦，等. 一种基于纹理特征的红外成像目标跟踪方法. 光子学报，2007，136（11）：2163-2167.

[180] 王志明，殷绪成，曾慧. 数字图像处理与分析. 北京：清华大学出版社，2012.

[181] 蒲石，龙文光. 基于膨胀和腐蚀的迭代优化算法. 四川师范大学学报（自然科学版），2014，37（3）：408-412.

[182] 刘晓悦，孟妍. 运动目标检测与跟踪算法的研究. 河北联合大学学报（自然科学版），2015，37（1）：65-70.

[183] Ortabasi U，Friedman H. Powersphere：a photovoltaic cavity converter for wireless power transmission using high power lasers//2006 IEEE 4th World Conference on Photovoltaic Energy，2006：126-129.

[184] Patel H，Agarwal V. Maximum power point tracking scheme for PV systems operating under partially shaded conditions. IEEE Trans. Ind. Electron.，2008，55（4）：1689-1698.

[185] Smith M D，Brandhorst H W. Support to a wireless power system design. Air Force Research Laboratory，2011：1-32.

[186] 程坤，董昊，蔡卓燃，等. 高效率远距离激光无线能量传输方案设计. 航天器工程，2015，24（1）：8-12.

[187] Tillotson B J. Photovoltaic receiver for beam power：US11459219. 2008-01-24 [2022-3-10].

[188] Ke J，Zhou W Y. Wireless laser transmission：a review progress. IEEE Trans. Power Electron.，2019，32（5）：3662-3672.

[189] Nguyen T L, Low K S. A global maximum power point tracking scheme employing DIRECT search algorithm for photovoltaic systems. IEEE Trans. Ind. Electron., 2010, 57 (10): 3456-3467.

[190] Ahmed N A, Miyatake M. A novel maximum power point tracking for photovoltaic applications under partially shaded insolation conditions. Power Syst. Res., 2008, 78 (5): 777-784.

[191] Furtado A M S, Bradaschia F, Cavalcanti M C, et al. A reduced voltage range global maximum power point tracking algorithm for photovoltaic systems under partial shading conditions. IEEE Trans. Ind. Electron., 2018, 65 (4): 3252-3262.

[192] Ghasemi M A, Ramyar A, Iman-Eini H. MPPT method for PV system under partially shaded conditions by approximating *I-V* curve. IEEE Trans. Ind. Electron., 2018, 65 (5): 3966-3975.

[193] Kobayashi K, Takano I, Sawada Y. A study of a two stage maximum power point tracking control of a photovoltaic system under partially shaded insolation conditions. Solar Energy Materials and Solar Cells, 2006, 90 (18-19): 2975-2988.

[194] Koutroulis E, Blaabjerg F. A new technique for tracking the global maximum power point of PV arrays operating under partial-shading conditions. IEEE J. Photovolt., 2012, 2 (2): 184-190.

[195] Ghasemi M A, Foroushani H M, Parniani M. Partial shading detection and smooth maximum power point tracking of PV arrays under PSC. IEEE Trans. Power Electron., 2016, 31 (9): 6281-6292.

[196] Patel H, Agarwal V. Maximum power point tracking scheme for PV systems operating under partially shaded conditions. IEEE Trans. Ind. Electron., 2008, 55 (4): 1689-1698.

[197] Ahmed J, Salam Z. An improved method to predict the position of maximum power point during partial shading for PV arrays. IEEE Trans. Ind. Inform., 2015, 11 (6): 1378-1387.

[198] Boztepe M, Guinjoan F, Velasco-Quesada G, et al. Global MPPT scheme for photovoltaic string inverters based on restricted voltage window search algorithm. IEEE Trans. Ind. Electron., 2014, 61 (7): 3302-3312.

[199] Kouchaki A, Iman-Eini H, Asaei B. A new maximum power point tracking strategy for PV arrays under uniform and non-uniform insolation conditions. Solar Energy, 2013, 91: 221-232.

[200] Wang Y P, Li Y, Ruan X B. High accuracy and fast speed MPPT methods for PV string under partially shaded conditions. IEEE Trans. Power Electron. , 2016, 63 (1): 235-245.

[201] Ramyar A, Iman-Eini H, Farhangi S. Global maximum power point tracking method for photovoltaic arrays under partial shading conditions. IEEE Trans. Ind. Electron. , 2017, 64 (4): 2855-2864.

[202] Chen K, Tian S, Cheng Y, et al. An improved MPPT controller for photovoltaic system under partial shading condition. IEEE Trans. Sustain. Energy, 2014, 5 (3): 978-985.

[203] Koad A, Zobaa A F, Shahat A E. A novel MPPT algorithm based on particle swarm optimization for photovoltaic systems. IEEE Trans. Energy Convers. , 2017, 8 (2): 468-476.

[204] Sundareswaran K, Sankar P, Nayak P S R, et al. Enhanced energy output from a PV system under partial shaded conditions through artificial bee colony. IEEE Trans. Sustain. Energy, 2015, 6 (1): 198-209.

[205] Alajmi B N, Ahmed K H, Finney S J, et al. A maximum power point tracking technique for partially shaded photovoltaic systems in microgrids. IEEE Trans. Ind. Electron. , 2013, 60 (4): 1596-1606.

[206] Bidram A, Davoudi A, Balog R S. Control and circuit techniques to mitigate partial shading effects in photovoltaic arrays. IEEE Journal. Photovoltaics, 2012, 2 (4): 532-546.

[207] Karatepe E, Hiyama T, Boztepe M, et al. Power controller design for photovoltaic generation system under partially shaded insolation conditions// 2007 International Conferenccon Intelligent Systems Applications to Power Systems, 2007: 1-6.

[208] Mishima T, Ohnishi T. A power compensation and control system for a partially shaded PV array. Electr. Eng. Jpn. , 2004, 146: 74-82.

[209] Shimizu T, Hirakata M, Kamezawa T, et al. Generation control circuit for photovoltaic modules. IEEE Trans. Power Electron. , 2001, 16 (3): 293-300.

[210] Sharma P, Agarwal V. Exact maximum power point tracking of grid-connected partially shaded PV source using current compensation concept. IEEE Trans. Power Electron. , 2014, 29 (9): 4684-4692.

[211] Chen W L, Tsai C T. Optimal balancing control for tracking theoretical global MPP of series PV modules subject to partial shading. IEEE Trans.

Ind. Electron. , 2015, 62 (8): 4837-4848.

[212] Villa F L, Ho T P, Crebier J C, et al. A power electronics equalizer application for partially shaded photovoltaic modules. IEEE Trans. Ind. Electron. ,2013, 60 (3): 1179-1190.

[213] Srinivasa Rao P, Saravana Ilango G, Nagamani C. Maximum power from PV arrays using a fixed configuration under different shading conditions. IEEE Journal of Photovoltaics, 2014, 4 (2): 679-686.

[214] Gao L, Dougal R A, Liu S, et al. Parallel-connected solar PV system to address partial and rapidly fluctuating shadow conditions. IEEE Trans. Ind. Electron. , 2009, 56 (5): 1548-1556.

[215] Villa L, Picault D, Raison B, et al. Maximizing the power output of partially shaded photovoltaic plants through optimization of the interconnections among its modules. IEEE Journal of Photovoltaics, 2012, 2 (2): 154-163.

[216] Jazayeri M, Uysal S, Jazayeri K. A comparative study on different photovoltaic array topologies under partial shading conditions//2014 IEEE PES T&D Conference and Exposition, 2014: 1-5.

[217] Picault D, Raison B, Bacha S, et al. Changing photovoltaic array interconnections to reduce mismatch losses: a case study//9th Int. Conf. Environ. Electr. Eng. , 2010: 37-40.

[218] Nguyen D, Lehman B. An adaptive solar photovoltaic array using model-based reconfiguration algorithm. IEEE Trans. Ind. Electron. , 2008, 55 (7): 2644-2654.

[219] Storey J P, Wilson P R, Bagnall D. Improved optimization strategy for irradiance equalization in dynamic photovoltaic arrays. IEEE Trans. Power Electron. , 2013, 28 (6): 2946-2956.

[220] Walker G. Evaluating MPPT converter topologies using a MATLAB PV model. J. Electr. Electron. Eng. , 2001, 21 (1): 49-56.

[221] Patel H, Agarwal V. MATLAB-based modeling to study the effects of partial shading on PV array characteristics. IEEE Transactions on Energy Conversion, 2008, 23 (1): 302-310.

[222] 肖景良, 徐政, 林崇, 等. 局部阴影条件下光伏阵列的优化设计. 中国电机工程学报, 2009, 29 (11): 119-124.

[223] Balasubramanian I R, Ganesan S I, Chilakapati N. Impact of partial shading on the output power of PV systems under partial shading

conditions. IET Power Electronics，2014，7（3）：657-666.

［224］ Storey J P，Wilson P R，Bagnall D. Improved optimization strategy for irradiance equalization in dynamic photovoltaic arrays. IEEE Trans. Power Electron. ，2013，28（6）：2946-2956.

［225］ Velasco G，Negroni J J，Guinjoan F，et al. Irradiance equalization method for output power optimization in plant oriented grid connected PV generators//Eur. Conf. Power Electron. Appl. ，2005：1-10.

［226］ 廖志凌，阮新波. 任意光强和温度下的硅太阳电池非线性工程简化数学模型. 太阳能学报，2009，30（4）：430-435.

［227］ Zhang Y，Luo H，Sun Y W，et al. Study on effect of ship low frequency vibration on the ouput characteristics of PV cells under different solar irradiation//2015 International Conference on Renewable Energy Research and Applications，2015：388-392.

［228］ Shi Y X，Li R，Xue Y，et al. High-frequency-link-based grid-tied PV system with small DC-link capacitor and low-frequency ripple-free maximum power point tracking. IEEE Trans. Power Electron. ，2016，31（1）：328-339.

［229］ Sullivan C R，Awerbuch J J，Latham A M. Decrease in photovoltaic power output from ripple：simple general calculation and the effect of partial shading. IEEE Trans. Power Electron. ，2013，28（2）：740-747.